U0428570

CRACKING MATHEMATICS

YOU, THIS BOOK AND 4,000 YEARS OF THEORIES

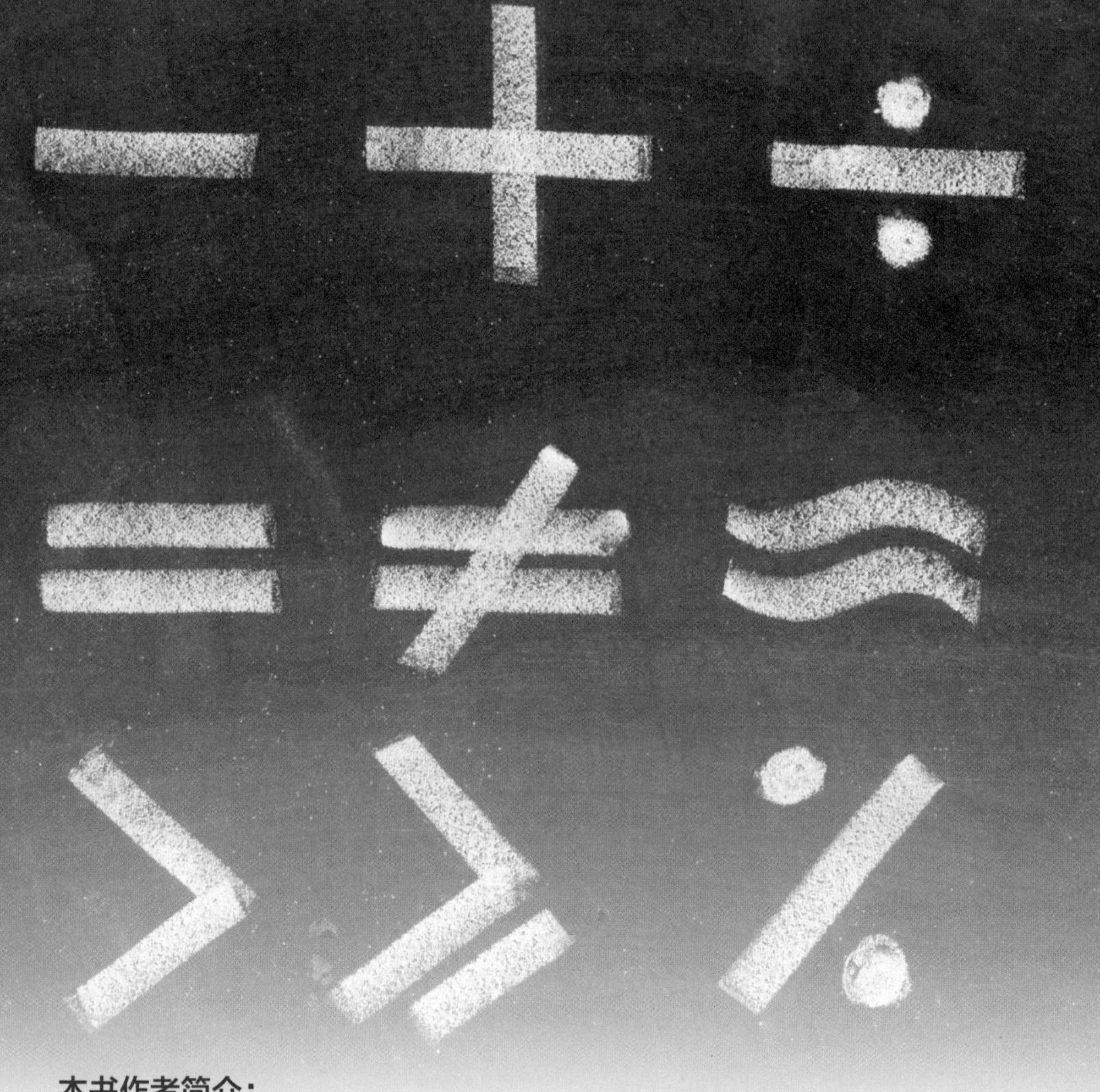

本书作者简介：

科林·贝弗里奇（Colin Beveridge）在苏格兰圣安德鲁斯大学获得数学博士学位后，在美国蒙大拿州立大学工作数年，并参与美国国家航空航天局的“与星同在”（Living With A Star）项目。在此期间，他提出了以他命名的数学方程式，该方程式已被用于拯救地球不被太阳耀斑毁灭。在厌倦学术研究之后，他重返英国，致力于培养学生们学习数学的兴趣。他竭力向这个世界展示，并非所有的数学家都是无聊透顶的书呆子，有些数学家是令人心潮澎湃、性格健全又非常有趣的。他目前生活在英国多塞特郡。

"知识新探索"百科丛书
THE CRACKING SERIES

CRACKING MATHEMATICS

数学的世界

YOU, THIS BOOK AND 4,000 YEARS OF THEORIES

[英]科林·贝弗里奇（Colin Beveridge） 著
牟晨琪 译

電子工業出版社
Publishing House of Electronics Industry
北京·BEIJING

First published in Great Britain in 2016 by Cassell, an imprint of Octopus Publishing Group Ltd.
Carmelite House
50 Victoria Embankment
London EC4Y 0DZ

版权贸易合同登记号　图字：01-2018-3250

图书在版编目（CIP）数据

数学的世界 /（英）科林·贝弗里奇（Colin Beveridge）著；牟晨琪译 . — 北京：电子工业出版社，2019.7
（“知识新探索”百科丛书）
书名原文：Cracking Mathematics

ISBN 978-7-121-36750-2

Ⅰ. ①数… Ⅱ. ①科… ②牟… Ⅲ. ①数学－青少年读物 Ⅳ. ① O1-49

中国版本图书馆 CIP 数据核字（2019）第 111648 号

策划编辑：郭景瑶（guojingyao@phei.com.cn）
责任编辑：雷洪勤
印　　刷：天津画中画印刷有限公司
装　　订：天津画中画印刷有限公司
出版发行：电子工业出版社
　　　　　北京市海淀区万寿路 173 信箱　邮编：100036
开　　本：787×980　1/16　印张：24.25　　字数：388 千字
版　　次：2019 年 7 月第 1 版
印　　次：2019 年 7 月第 1 次印刷
定　　价：138.00 元

凡所购买电子工业出版社图书有缺损问题，请向购买书店调换。若书店售缺，请与本社发行部联系，联系及邮购电话：（010）88254888，88258888。

质量投诉请发邮件至 zlts@phei.com.cn，盗版侵权举报请发邮件至 dbqq@phei.com.cn。

本书咨询联系方式：（010）88254210，influence@phei.com.cn，微信号：yingxianglibook。

目录

前言

“上帝创造了整数，剩下的就都是人类的事了。”

——利奥波德·克罗内克

“如果某个数学家或哲学家写的内容很晦涩，那么他肯定是在胡言乱语。”

——阿弗烈·诺夫·怀海德

数学可不仅仅是乘法表和对数法则，数学的历史充满了传奇的故事和人物，我已经竭尽所能地将这些故事和人物重现出来。

数学历史的进程如同繁复的历史小说一样错综复杂。这其中不乏流亡的数学英雄（20世纪30年代逃离欧洲的数学家数不胜数），针锋相对的宿怨（牛顿和莱布尼茨之间的对抗着实精彩），骇人听闻的阴谋（究竟埃瓦里斯特·伽罗华是否死于密谋？），以及豁然开朗的顿悟（威廉·卢云·汉密尔顿爵士因此而蓄意破坏了身边的一座桥梁）。

科学家、炼金术士、数学家艾萨克·牛顿爵士。

如同小说家时常从口述的历史或古老的文档中汲取灵感一样，本书的创作也受益于许多人。他们或曾经教导过我，或曾经与我分享过

埃瓦里斯特·伽罗华因骇人听闻的阴谋而在对决中失去生命。

第二次世界大战期间的恩尼格玛加密机。

他们的至爱故事，或告诉我谜题、游戏或悖论。在这些人当中，我要尤其感谢：

- T.K.布里格斯，他是布莱切利园（第二次世界大战期间，英国政府进行密码解读的地方）负责“长卷发”项目（和教育）的官员，他向我演示了恩尼格玛密码机的工作机制并指导我进行操作。

- 乔西·达蒙雷恩，她向我指出四元数的确有实际应用。
- 亨丽埃特·芬斯特布施，如果我无法清楚地解释某些事物，我就想象正在与她交流。
- 戴夫·盖尔，与我共同主持博客节目“错误但是有用”，他令人信服地假装喜欢统计学，这样我们才能就统计学争吵不休。
- 亚当·古切尔，他向我提及了椭圆曲线列线图。
- 塞缪尔·汉森，博客天才、阿贝尔奖提名者，他的网站“互素”（rel-prime.com）使得我采用从自我观点出发、未经实证的方式撰写数学历史的过程更加流畅。
- 莎莉·麦尔比，她提醒我考虑庞加莱盘。
- 克里斯·马兰斯卡，他的谜题曾是

位于西班牙格拉纳达的阿尔罕布拉宫，绝对值得造访。

（现在也还是）我数学教育的关键组成部分。

- 巴尼·蒙德-泰勒，他提醒我应该用讲故事的方式来写作，否则这本书会没有吸引力。
- 约翰·奥科诺和艾德·罗伯特森，他们激发了我对数学史的兴趣，对于我的若干错误的描述或观点，他们大概会向面对我的试卷一样频频摇头。
- 马特·帕克和柯林·怀特，他们创立了“数学大灌篮”，让我有机会与有趣的数学家相识。
- 克里斯提·珀费克特-劳森、卡蒂·斯台克雷和彼得·罗利特，他们发起了博客“The Aperiodical”，让我有机会写写有趣的数学家的故事。
- 布莱恩·罗德古斯和菲尔·斯通豪斯，教师，在他们的课上切线比曲线更为有趣。
- 雨果·罗兰和其他学生，他们耐心地听我兴奋地闲聊差分机和估计π的故事。
- 马丁·斯台拉，他带我到阿尔罕布拉观看埃舍尔的展览，我还想再回去游览一次！

家庭对我的全力支持让我感到异常幸运。我感谢我的伯父比尔·贝弗里奇，他在我可塑性正强的时候给我讲了罗伦兹

鹅成了在苏格兰咖啡馆聚会的数学家的故事中的一员。

的故事，他还建议我阅读《哥德尔、埃舍尔和巴赫》，有一天我也会对我的儿子比尔·贝弗里奇·罗斯和弗雷德里克·安德鲁·罗斯做同样的事情。我很感激我的妻子劳拉，她深陷维基百科而不能自拔，并因此问我“你听说过苏格兰咖啡馆吗？”我从没听说过。当然，我很感谢她一直的支持与鼓励，这对我十分重要。我的岳母妮基在我写作本书的大部分时间里都担负了照顾比尔的任务，成功地将这项不可能完成的任务变成了一项困难的任务。

我一如既往地感谢我的父母（琳达·亨德伦和肯·贝弗里奇）和我的兄弟（斯图尔特·贝弗里奇），他们一直鼓励我并在我抱怨时嘲笑我。

《爱丽丝梦游仙境》中的白兔先生，这很可能是历史上最受欢迎的数学书。

CHAPTER 1 第一章

死亡三角形与数学的起源

THE DEADLY TRIANGLE AND HOW MATHS DEVELOPED

在学习数学时人们很自然会问:“究竟是谁发明了数学?”通常,这个问题的答案是“某个无名氏在很久很久以前发明的”。本章试图提供数学的发源地与发源时间的一些线索,并介绍一些当时的数学名人。

白板上的大部分等式和图表都有明确的数学意义,
但我们故意犯了些错误。你不妨试试能找到几处错误。

$=r^2$ $y_{px}=y^2$

$x=mz+a$

$y=nz+b$

$e=2,79$

45° 90° 45°

$\frac{mx}{x^2+m^2}$

$\cos 2x=\cos^2 x-\sin^2 x$

$x+y-2>2$

A B C

$\left(P+\frac{av^2}{V^2}\right)\left(\frac{V}{v}-b\right)=RT$

$\phi(x,y)$ $V=\sqrt{\frac{T}{P}}$

a b

25% 50% 75%

$\pi=3,1415$

$b+b^2$ $Q^2=S^2$

$y=\cos x-s$

$\bar{x}=\frac{1}{n}\sum_{k=1}^{n}x_k$

文字出现前的数学

最初只有空集，随后事物变得混乱不堪。

想描述文字出现前的数学显然很困难，因为文字记载的缺失让我们很难对其有太多的了解。

但想推断数字究竟是如何产生的并不难。当猎人回到村庄向村民报告他所追踪的动物时，大家很可能有这样的疑问：是否有必要派出一支队伍去追赶它们？这样他们需要知道动物的数目。动物的体积有多大，是什么动物？

实际上这并非人类所独有。你可能时不时地在一些骇人听闻的资料中看到“据科学家说，马会数数”。媒体对于科学家

有科学家认为马会数数。

有一种特殊的尊重，媒体上“据科学家说”与“据政治家说”和“据运动员说”的效果显然并不相同。

马究竟会不会数数并非简单地看马能不能在地上用马蹄跺一定的次数，而是看数量的概念是否是它们重要的生存技能。

计数离记账仅一步之遥。此处的记账并非指像如今的会计一样工作，但它却是人类早期日常生活中不可或缺的组成部分。放牛时有多少头牛上山去了，又有多少头牛回来了？离雨季来临还有多少天？等等。

貌似数学物品的最古老的人工制品可能是距今有20000年历史的伊尚戈骨，它在1960年发现于如今刚果和乌干达边境处的塞姆利基河附近。最初人们认为它是“记账棒”（就像如今会计的账本），但它实际上可能是某种计算器。

这块骨头是狒狒的腿骨，在一端镶嵌有一块石英。骨头的表面布满了代表数字的各种记号。中间一栏有数字3、6、4和8，以及像是10和5的记号：这正是加倍和减半运算；左边一栏有数字11、13、17和19，这是10～20所有素数；而右边一栏则是代表9(9=10-1)、19(19=20-1)、21(21=20+1)和11(11=10+1)的记号。

第一个明确的数学物品来自公元前3000年的苏美尔（如今的伊拉克），它与巨石阵的年代相仿，一眼看上去就知道是数学工具。

距今有20000年历史的伊尚戈骨被认为是计算器。

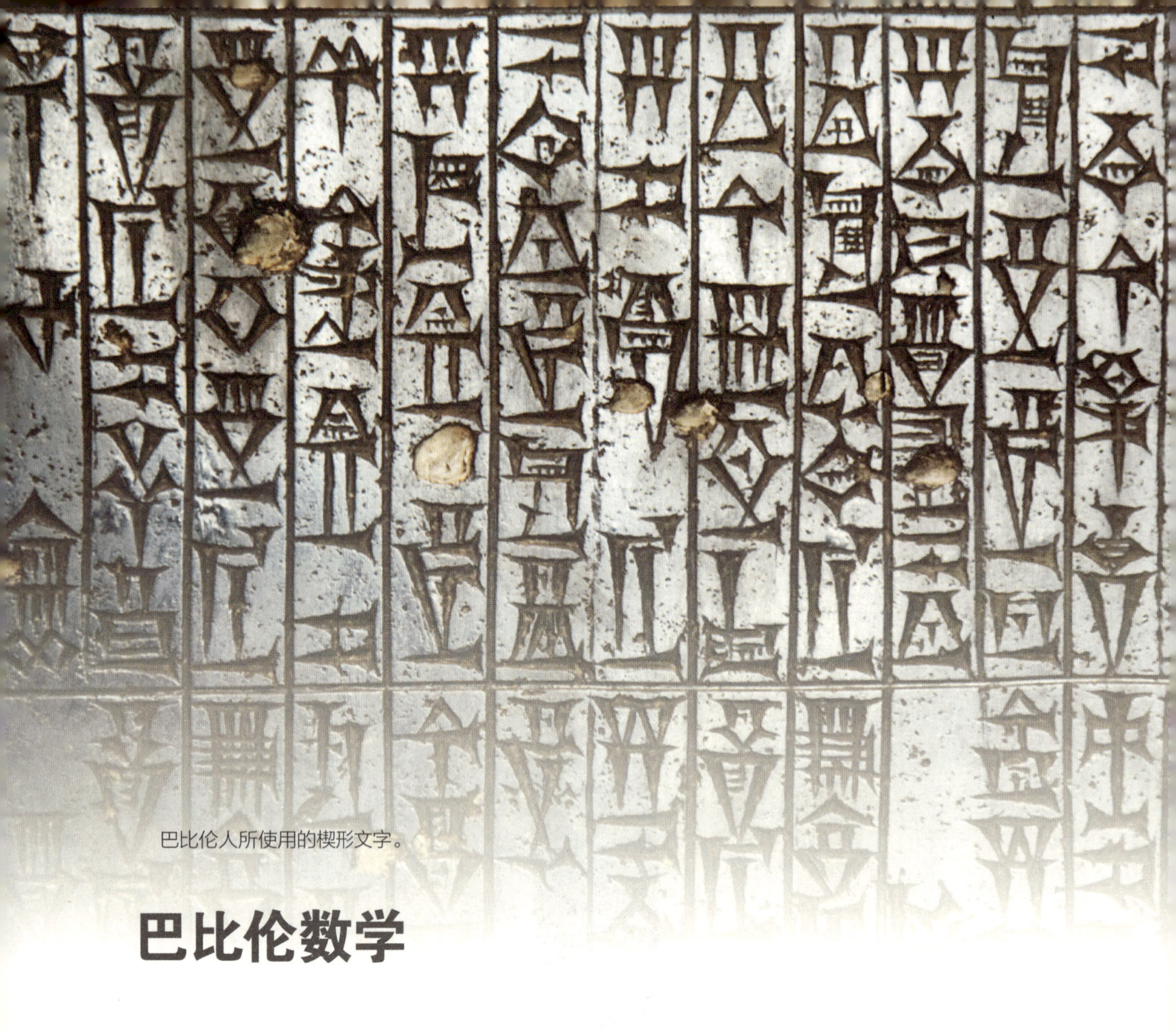

巴比伦人所使用的楔形文字。

巴比伦数学

现存最早的数学文字部分来自公元前1900年前后的巴比伦帝国。

占领苏美尔（当今的伊拉克）的巴比伦人将楔形的记号刻在黏土上，然后将黏土放在阳光下晒干，用于作为交易的永久记录和“简便计算表”。巴比伦人刻在黏土板上的内容有平方数表。在已知平方数的情况下，乘法运算可由简单的加减法与除4运算完成，而无须其他复杂的运算。例如，要计算两个数的乘积，可以先计算这两个数和的平方、差的平方，然后将两个平方求差后再除以4。

例如，为了计算7 × 18，巴比伦人会先查找$(7+18)^2=625$和$(18-7)^2=121$。其差为504，除以4后得到126（容易验证，126=7 × 18）。

类似地，巴比伦人还有用于计算除法的互补计算表以及用于求解已知特定三次方程的参照表。

有证据表明，巴比伦人对于勾股定理（毕达哥拉斯定理）也有深刻的认识，这比毕达哥拉斯要早得多。

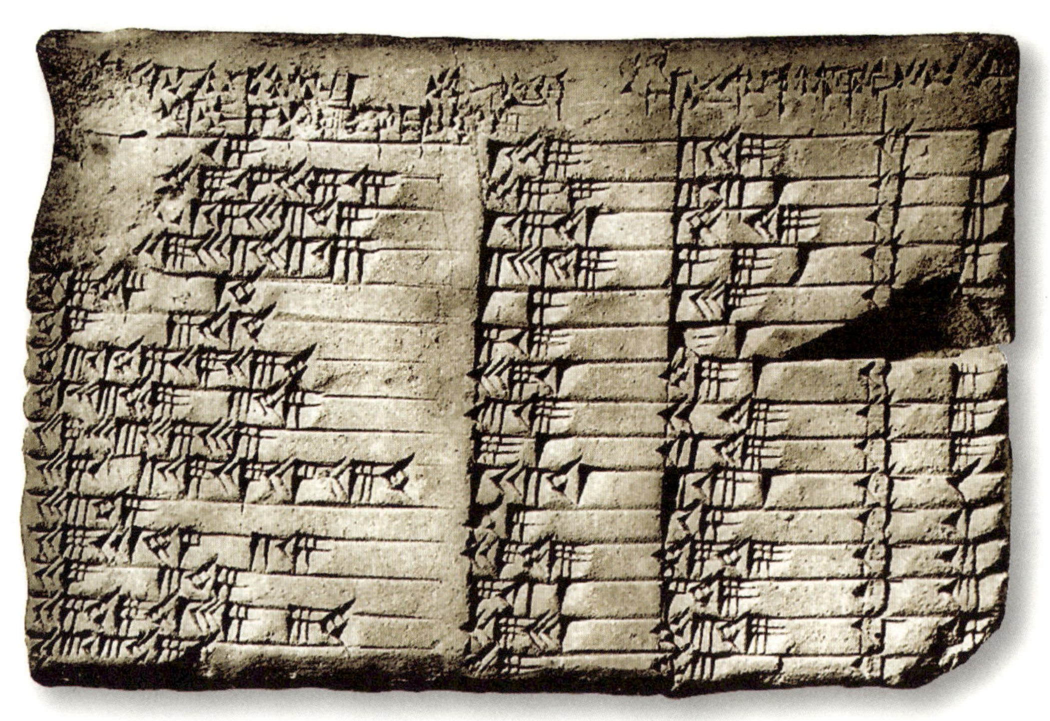

公元前1900—公元前1600年的巴比伦泥板普林顿322号说明巴比伦人对于勾股定理有一定的认识。

1	11	21	31	41	51
2	12	22	32	42	52
3	13	23	33	43	53
4	14	24	34	44	54
5	15	25	35	45	55
6	16	26	36	46	56
7	17	27	37	47	57
8	18	28	38	48	58
9	19	29	39	49	59
10	20	30	40	50	

构成巴比伦数字1～59的符号“酒杯”和“眼睛”。

60进制

我们在学校里所学的以及日常所使用的算术都是十进制：在某一位数到9之后就没有数字可用了，因此必须进位。

在十进制中，数字中每一位的位值是相邻位的10倍或者1/10。

然而还有其他进制存在。公元前3000年前后的苏美尔人和公元前1830年前后的巴比伦人所使用的人类最初的书写系统采用的就不是十进制，而是60进制。实际上，如今60进制在时间和角度的计量中仍有迹可循，例如圆有360度，正是6×60，1度又可分为60分，1分又可分为60秒，与时间类似。

巴比伦系统中并没有60个代表各个数字的独立符号，实际上他们将数字分为每10个一组。

巴比伦人用类似酒杯的形状代表1，数字1～9就是将酒杯堆叠在一起。代表10的符号看上去像是卡通画中向右看的一只眼睛。例如，数字47包含4只眼睛，后面紧跟着7个酒杯；而数字63则是1个单独的酒杯（代表60），后面跟着代表3的3个酒杯。

巴比伦人的确有零的概念，但仅限于数字中间。例如，数字7247($7247=2\times60^2+47$)应写作2个酒杯（代表2），后面是一大段空白（代表60位为0），然后后面跟着如上介绍的、代表47的符号。

令人疑惑的是，巴比伦系统中并不区分1、60和3600，它们都是用1个酒杯来表示，因此在阅读时必须根据上下文进行解读。

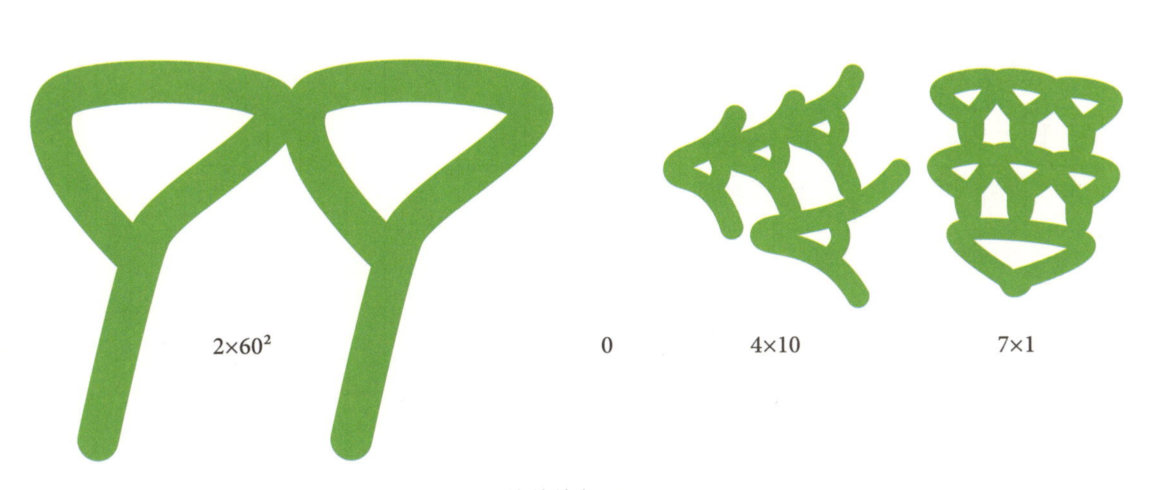

巴比伦数字7247

关于埃及的误解

时常有人主张埃及的建筑工人需要利用严格的直角来建造金字塔，为此他们使用长度为12个单位的绳子来测量直角。

埃及的建筑工人会将绳子摆成如右图所示的三角形。边长为3-4-5的三角形早在古埃及就是著名的直角三角形。

但这实际上有很多问题。首先在考古方面就存在着一个不大不小的问题，那就是从未有类似的绳索被发现。而在实用方面则有一个更大的问题：不知你是否尝试过使用绳子或类似的东西构造方形，实际上绳子并不是十分有效，它们既有弹性也不精确。即便对于小型建筑而言，绳子也完全不实用，更不用说像金字塔一样的庞大建筑了。

埃及的建筑工人究竟是如何构造直角的不得而知，但几乎可以肯定的是，他们肯定不是用边长为3-4-5的三角形来构造直角的。

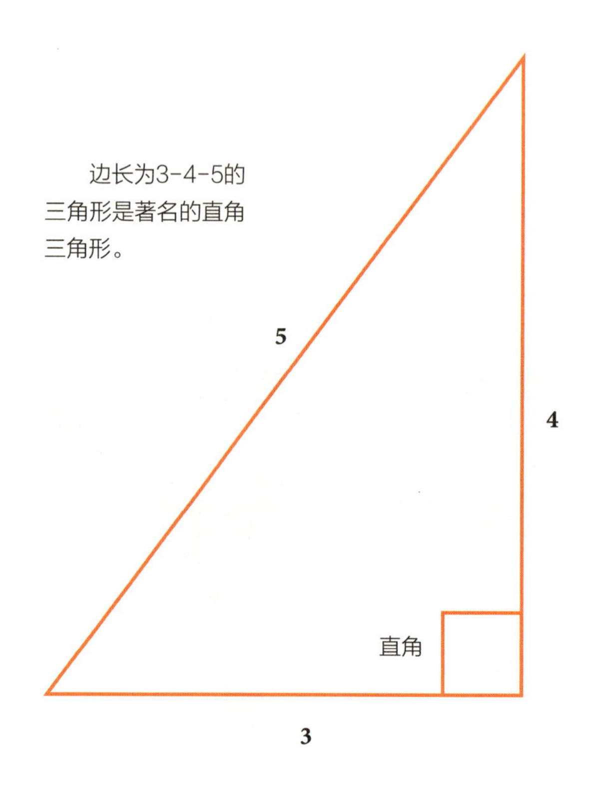

边长为3-4-5的三角形是著名的直角三角形。

埃及数学

古埃及数字的书写体系看上去十分笨拙，对于分数尤甚，但其中的确包含有一定的内在逻辑。

埃及数字中的整数与罗马数字类似：要想写245，首先将代表100的符号写两

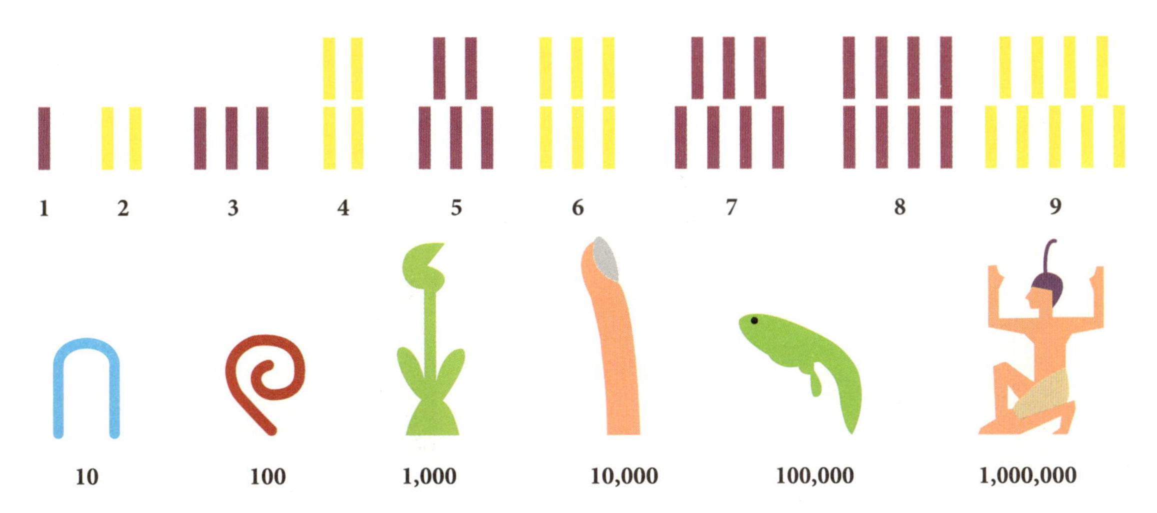

埃及数字的书写体系虽然笨拙，但却有逻辑性。

遍，然后将代表10的符号写4遍，最后将代表1的符号写5遍。

我们可以用3.1415或者是3+1/10+4/100+1/100+5/1000来近似π，但古埃及人却很可能使用3+1/8+1/60。除了2/3和3/4以外，埃及数字中分数的分子只能是1，用在代表分母的符号上画一个眼睛的方式来表示。

与希腊数学不同，埃及数学非常注重实用性。由于证明和高度抽象的缘故，希腊数学所关注的是证明，而现存的埃及问题则告诉我们，埃及人更喜欢研究如何将面包分发给工人以及如何计算土地的面积。

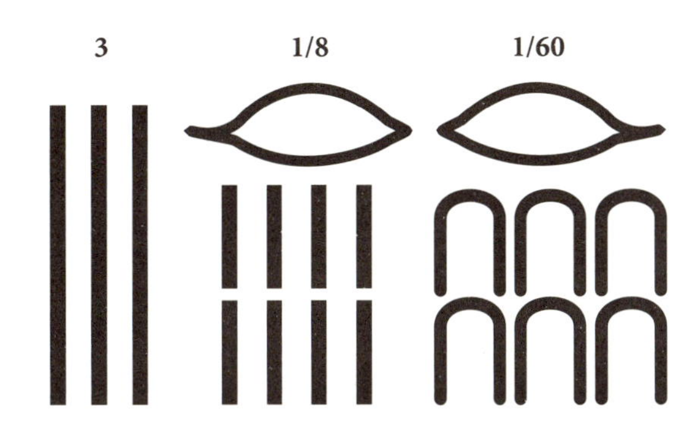

位于卢克索的古庙，亨利·雷德正是在此得到了阿梅斯草纸卷。

埃及数学中的乘法

阿梅斯草纸卷可能是现存最古老的数学演算纸，亨利·雷德（Henry Rhind）于1858年在卢克索购得阿梅斯草纸卷，因此它又被称为雷德草纸卷。

阿梅斯是这份草纸卷的抄写者。这份卷轴可以追溯到公元前1650年，而阿梅斯当时声称他所抄写的文档有大约200年的历史。这份文档中记载了一种计算长乘法的有效方法。以计算61 × 85为例，古埃及人将不断倍乘85，直至左栏中数字超过61的一半，如下所示：

1:	**85**
2:	**170**
4:	**340**
8:	**680**
16:	**1360**
32:	**2720**

然后寻找左栏中哪些数字之和为61，

$$32+16+8+4+1=61$$

再将相应行中右栏的数字相加，即得到结果5185，这就是正确答案。

$$2720+1360+680+340+85$$

除法的计算方法与之类似。实际上，这两种方法充分利用了埃及数字的特点，那就是易于做加减法，但不易于进行更为复杂的计算。

阿梅斯草纸卷中包含有一张计算分式的倍数的表格（草纸卷共有6米长，有足够的书写空间容纳这张表格）。如今我们可能认为计算2 × 1/7最好的方式是1/7+1/7，但古埃及人却不这么认为，他们会将其写作1/4+1/28。

这种计算分式倍数的方式有一定的逻辑性：第一个分式本身是2/7的良好近似（如果用现代术语描述的话，其误差约14%），但是1/7可算不上是良好近似。这份查询表使得使用上述乘法方法十分直观，而且同样适用于分式。

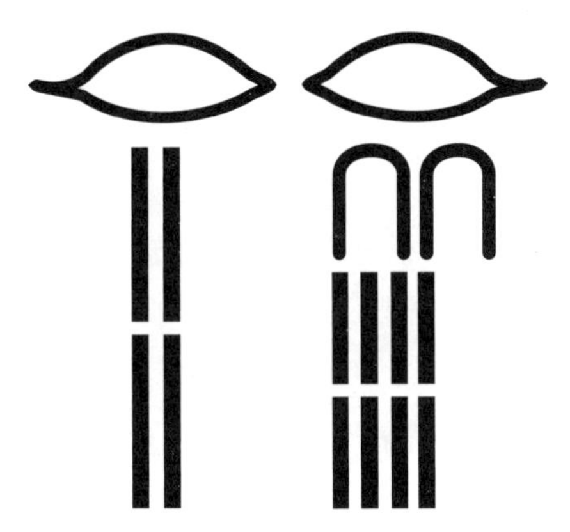

古埃及数字书写体系中的上述求和结果

死亡三角形

故事发生在古希腊，当时毕达哥拉斯学派的一位成员发现了一些奇怪的事情。

毕达哥拉斯学派认为任意一个数字均可写成分式的形式，但希帕索斯（Hippasus）一直在研究2的平方根。

尽管他并不知道当代的代数符号，但他的关键思路如下：如果2的平方根是一个分式，则可以将其写作最简形式，不妨写作

$$a/b$$

如果2的平方根可以写作这种形式，那么

$$a^2/b^2 = 2$$

从而

$$a^2 = 2b^2$$

这说明a是偶数。好，但这意味着存在整数c，使得a=2c，因此

$$a^2 / b^2 = 4\,c^2 / b^2 = 2$$

化简可得2c^2=b^2，因此b也是偶数。

矛盾产生了：如果a与b都是偶数，那么a/b就不是最简形式。这使得希帕索斯得出结论，之前2的平方根能写作分式的假设是错误的。

据说毕达哥拉斯本人仔细检查了希帕索斯的证明，问了几个问题后确认了他的证明是正确的，然后毕达哥拉斯粗鲁地将希帕索斯扔进地中海淹死了。即便是毕达哥拉斯也不喜欢自作聪明的人。

毕达哥拉斯学派对平衡与和谐深信不疑，其实是数学中的平衡与和谐。存在他们无法解释的数字这种论断会引发更多的疑问，而这种危险的观点将会逐渐侵蚀学派。

毕达哥拉斯学派正在颂扬日落，他们对平衡与和谐深信不疑。

毕达哥拉斯

萨摩斯的毕达哥拉斯（Pythagoras，公元前约570年—公元前约495年）流传下来的事迹并不多。关于其生平的大部分描述大多写于其死后多年。

毕达哥拉斯生于希腊的萨摩斯岛，他在大约40岁时来到意大利的克罗托内并创建了一个学派。

毕达哥拉斯学派的所作所为充满了秘密的气息，他们主要研究数学、音乐和天文学，同时保有严格的斋戒习俗。

在经历了一段时间后，克罗托内的民众对这个秘密而又影响广泛的团体采取了集体反抗，将他们的聚会场所付之一炬。

关于毕达哥拉斯，有一件事是可以肯定的，那就是他并非第一个发现或证明毕达哥拉斯定理的人。巴比伦人早就知道这个定理，他们使用该定理的方式说明他们已经证明了它，尽管时至今日他们的证明

毕达哥拉斯在如今意大利的克罗托内创建了他的学派。

尚未被发现。柏拉图将这个定理归功于毕达哥拉斯，因为这对他个人更为有利。

在音乐方面，毕达哥拉斯调音法由他发明，这种调音法中音调的比例为3∶2（纯五度）。据说他相信天上共有9大行星，但很可能是因为他很喜欢数字10而且将太阳也算作其中。

关于毕达哥拉斯的逝世时间有各种谣传，仍没有定论。为了纪念毕达哥拉斯，萨摩斯的毕达哥利翁镇以他命名。

哲学家、数学家和科学家毕达哥拉斯的半身像

希腊萨摩斯岛毕达哥利翁的毕达哥拉斯纪念碑。

毕达哥拉斯定理

直角三角形斜边的平方等于其他两边的平方和。

毕达哥拉斯定理很可能是数学中最著名的定理。如今它常简写作$a^2+b^2=c^2$，尽管这非常不准确。

早在毕达哥拉斯之前人们就已经对这个定理有了一定程度的认识：巴比伦、美索不达米亚、中国和印度的数学家都对它有独立的认识。

尽管究竟是否是毕达哥拉斯给出了这个定理的首个证明并无定论，但他所给出的证明的确十分漂亮，如下图所示。

通过排列4个初始直角三角形可以构造两个正方形，外侧正方形的边长为$(a+b)$，而内侧正方形的边长为c。移动对角的两组三角形将构造两个新的正方形，一个边长为a，而另一个边长为b。由于三角形和外侧正方形的面积均未改变，原图中小正方形的面积(c^2)一定等于新图中两个正方形面积之和(a^2+b^2)。

詹姆斯·艾伯拉姆·加菲尔德在当选美国第20任总统前是一名教师。

毕达哥拉斯定理有非常多的证明方法，有一本书中记录了370种证法：有的基于几何，有的基于代数，还有的涉及微积分。这其中的一种证法归功于詹姆斯·加菲尔德，他后来当上了美国总统。

“在二项式定理中我发现了许多新奇，而斜边的平方中蕴含了许多欢愉”

——吉尔伯特与沙利文

意大利锡拉库扎的阿基米德广场。这位伟大的数学家在这座城市被罗马人占领时惨遭杀害。

阿基米德

锡拉库扎的阿基米德（Archimedes，约公元前287年—公元前212年）被公认为是历史上最为重要的科学家之一。

在E.T.贝尔所著的《数学伟人》一书中，他将阿基米德与牛顿和高斯并列为数学领域的领袖人物。

阿基米德有许多伟大的传奇故事，无法确定这些故事是否都真实发生过，故事的内容也随着在过去2500年间的不断重复而添枝加叶。

最著名的莫过于阿基米德洗澡的故事

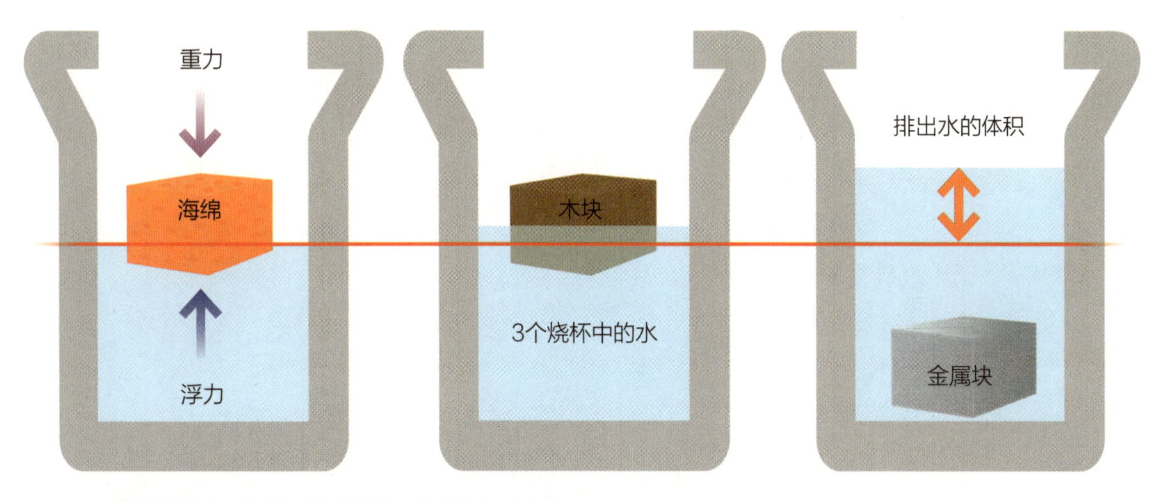

阿基米德意识到可以通过测量物体排出水的多少来计算物体的体积。

了。每个人心目中都有一幅裸体的阿基米德在锡拉库扎的街头狂奔并大叫“找到了！找到了！”的画面，当时他发现可以通过将物体浸入水中并测量所溢出水的体积的方式来确定物体的体积。

正是通过这种方式，耶罗二世发现给他制造皇冠的金匠偷工减料、有意欺瞒他。

另一个关于阿基米德的传奇故事是说他带领锡拉库扎人民用擦亮的盾牌反射太阳光的热能，将罗马舰队点燃。

近来的实验无法重现阿基米德加热光束的传奇，而且实际上有人指出，利用投石器或者弓箭比阿基米德来点燃舰队的方法要有效得多。

阿基米德之爪是阿基米德发明的一种知名武器。顾名思义，这是一种一端是爪子的杠杆装置。将爪子一端扔向船只，然后岸上的人拉另一端的绳索借重力作用将船从水中吊起或击沉。

阿基米德最后所说的一句话可能是让罗马士兵当心他在地上所画的圆圈。

阿基米德最终的传奇故事就是他的死亡。尽管尽全力抵抗，锡拉库扎最终还是被罗马人占领了。罗马士兵受命不得伤害阿基米德，但据说阿基米德警告一位粗心的士兵不要踩地上他画的圆圈，因此这位罗马士兵在盛怒之下杀死了阿基米德。在故事的另一个版本中，阿基米德在搬数学仪器，而罗马士兵以为他拿着武器。不过无论如何，阿基米德都未能免去一死。

上面这些故事只是揭示了阿基米德成就的冰山一角。他还发明了将水移到高处的螺旋提水器，据传他曾利用滑轮系统将船从港口中拉出，他建造了太阳仪（太阳系的模型）、改进了投石器，他还发明了用于测量距离的里程表。

在数学方面，阿基米德提出了近似π的一种方法，他在发现微积分的道路上进展颇多，他利用几何级数计算出了抛物线与直线之间的面积，还估计出了究竟需要多少颗沙粒才能将整个宇宙填满。

阿基米德的肖像刻在菲尔兹奖的奖章上，而他的名言“找到了！（Eureka）”是美国加利福尼亚州的座右铭。

阿基米德在进行武器研发。

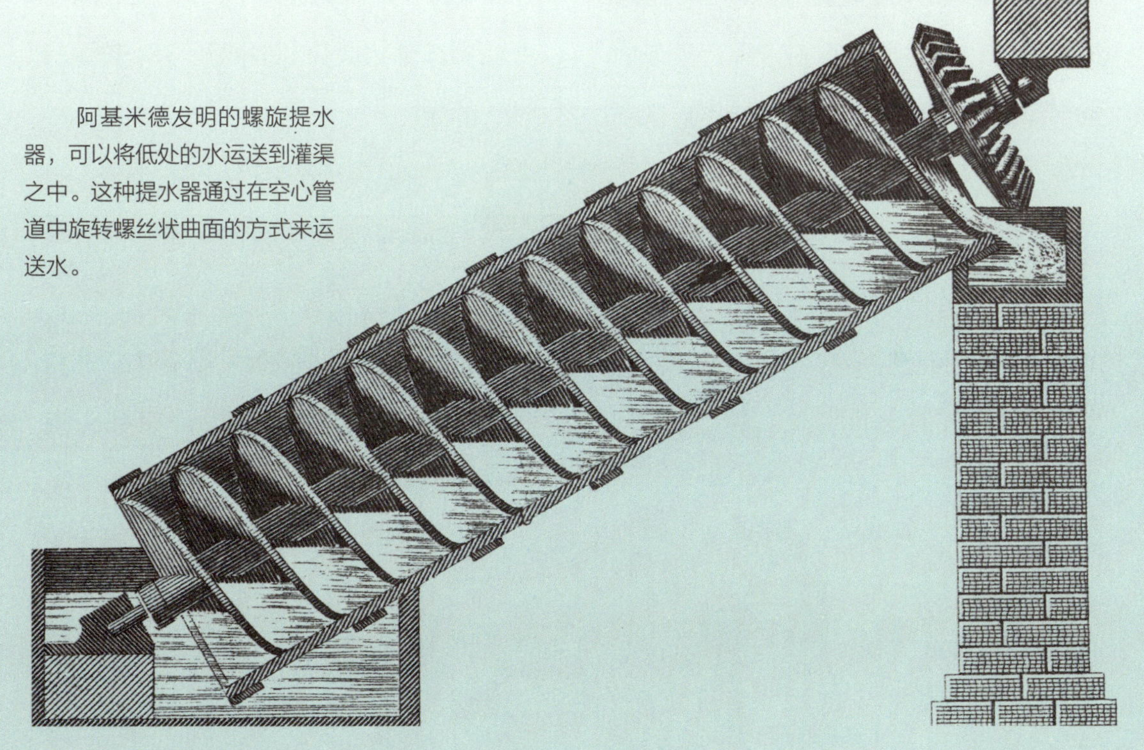

阿基米德发明的螺旋提水器，可以将低处的水运送到灌渠之中。这种提水器通过在空心管道中旋转螺丝状曲面的方式来运送水。

欧几里得的《几何原本》

公元前约300年，在埃及的亚历山大城内，一位数学家欧几里得写了一本书。更精确地说，他写了一套书共计13卷。

这些书成为随后两千多年来的标准数学教科书。直至19世纪30年代数学家们才开始发现他著作中的问题，实际上欧几里得（Euclid）的《几何原本》直至20世纪仍在使用。

关于欧几里得的生平我们几乎一无所知，只知道他的研究时间在托勒密一世的统治时期。即便是这点关于欧几里得的生平信息也还是源自几个世纪之后的记录。

《几何原本》的内容并非完全是原创，但却是首次将当时关于数学的全部知识记于一处。它就是当时的《傻瓜数学》（本书作者的另外一本著作。——译者注），非常简洁而富有逻辑性地展现了数学中的各种知识，而且给出了由一个命题推导出另一个命题的步骤。

除了不证自明的常见记号与假设正确的公理外，欧几里得坚持给出所有结论的证明。这些公理包括“过两点可以做一条直线”，“如果事物一等于事物二，而事物二等于事物三，则事物一与事物三相等”。

其中一个假设是平行假设，它后来引发了大量的问题。因为平行假设并不像其他假设那么优美，因此许多数学家多次尝试利用其他假设证明其正确性，却徒劳无功。

尽管《几何原本》作为几何著作广为人知，但实际上它也包含

欧几里得雕像，牛津大学自然历史博物馆。

THE ELEMENTS
OF GEOMETRIE
of the moſt auncient Philoſopher
EVCLIDE
of Megara.

Faithfully (now firſt) tranſlated into the Engliſhe toung, by H. Billingſley, Citizen of London. Whereunto are annexed certaine Scholies, Annotations, and Inuentions, of the beſt Mathematiciens, both of time paſt, and in this our age.

With a very fruitfull Præface made by M. I. Dee, ſpecifying the chiefe Mathematicall Sciẽces, what they are, and wherunto commodious: where, alſo, are diſcloſed certaine new Secrets Mathematicall and Mechanicall, vntill theſe our daies, greatly miſſed.

欧几里得《几何原本》1570年英译本的封面（亨利·比林斯利爵士译）。

数论中的若干内容。欧几里得对于存在无限多素数的证明是数论领域的不朽经典。

欧几里得在其著作中还研究了完美数、因式分解，并给出了计算两个数最大公因子的算法。

拜恩的《几何原本》

奥利弗·拜恩（Oliver Byrne，1810—1890）是英国数学家、福克兰群岛的勘测员。他因其令人眼前一亮的著作《欧几里得几何原本前六卷》而知名。

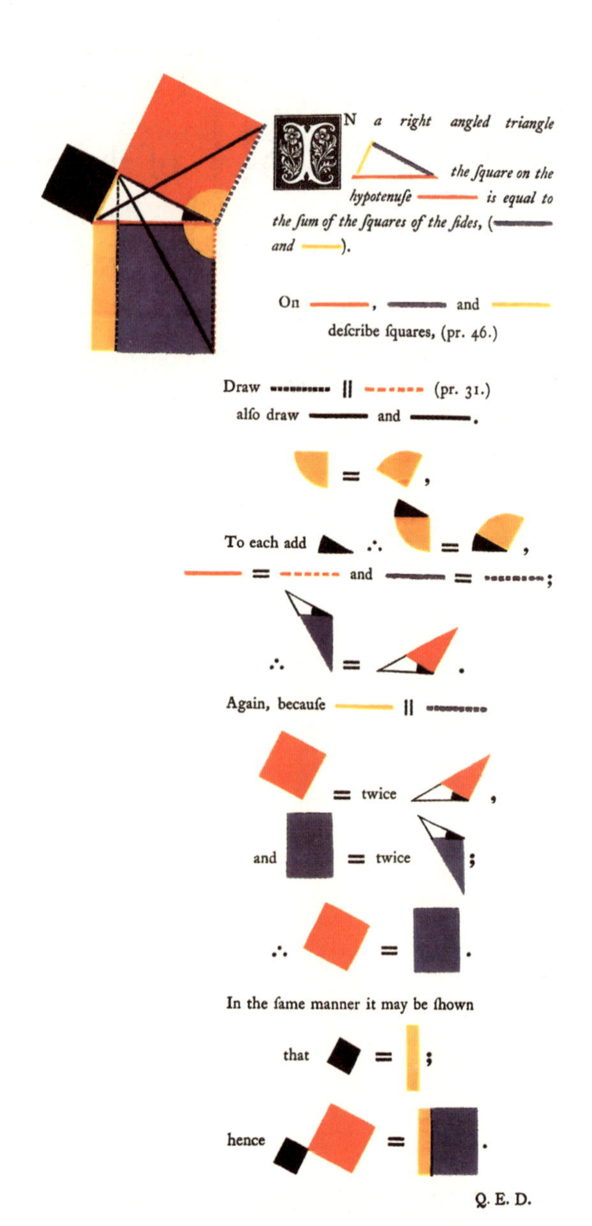

欧几里得著作的拜恩插图版中的一页。

当然并非拜恩写成了《几何原本》，这艘数学巨轮在拜恩出生前就已经航行了超过2000年，但拜恩却将欧几里得书中涉及角*ABC*和线段*OP*的晦涩难懂的证明换成了色彩丰富、通俗易懂的证明，还将问题中的形状作为嵌入书中文字的插图。

尽管拜恩的《几何原本》并不比其他各种译本更为实用，但它的确是一部光彩照人的著作。数学博客“The Aperiodical”就以拜恩对于一个有关圆的定理的图形描述作为标志。

素数的无穷性

素数指除了1和本身再无其他因子的数，例如2、5和17都是素数。欧几里得对于存在无穷多个素数的证明是数学中最广为人知的证明之一。关于欧几里得的论述，如果没有提及这个证明，那肯定是不完整的。下面就来介绍下这个证明。

正如欧几里得的其他许多证明一样，他使用了反证法：即首先假设欲证结论的对立面成立，如果借此推导出错误的结果，那么上述假设肯定是错的，因此欲证结论就是正确的。

用反证法意味着首先假设仅有有限多个素数，那么就存在一个最大的素数。

接下来将小于等于这个最大素数的所有素数都乘起来，得到一个大整数（请不要尝试做这个乘法，我们只需假设计算出了这个非常大的整数），然后加上1得到一个更大的整数。

这个更大的整数将不是2的倍数（因为大整数以2为因子，再加1后将不能被2整除），也不是3的倍数（因为大整数同样以3为因子），实际上它不是小于等于最大素数的所有素数的倍数。

这就产生矛盾了！因为这个更大的整数比最大素数还大，所以它肯定有素因子，但所有有限多个素数都不是它的因子。因此这个更大的整数要么是素数，要么包含比我们假定最大的素数还大的素因子。

无论如何，矛盾都说明假设是错误的，因此其对立面成立：不存在最大的素数，因此素数肯定有无穷多个。

大整数+1=更大的整数

东阿拉伯	٠	١	٢	٣	٤	٥	٦	٧	٨	٩
西阿拉伯/欧洲	0	1	2	3	4	5	6	7	8	9

东阿拉伯数字与西阿拉伯/欧洲数字的对比。

阿尔·花刺子模的简明书

穆罕默德·本·穆萨·阿尔·花剌子模（约公元780年—850年）是阿拔斯王朝位于巴格达的智慧宫中的波斯学者。

阿尔·花刺子模关于印度数字（目前常被称为阿拉伯数字）的著作是最早一批被译作拉丁文的十进制著作，因此他是十进制系统在全世界广泛传播的重要环节。

阿尔·花刺子模的著作《集项与移项计算法》是第一批详细介绍如何利用代数方法求解线性方程和二次方程的论著。实际上，代数（algebra）一词是阿拉伯单词“al-jabr”的讹用（此词也出现在阿尔·花刺子模这本著作的题目中），它的本意是“恢复”或“完整”。顺便说一句，算法（algorithm）一词是阿尔·花刺子模（al-Khwarizmi）的讹用。

阿尔·花刺子模并未按照目前我们的方式使用字母或数字，而是将其用语言描述出来。例如，方程 $x^2 + 2 = 3x$ 可以解释为“将某事物平方后加2等于原事物的3倍”。而书中的集项运算（在方程两端加同一事物）和移项运算（在两端减去同一事物）正是我们在当今高中代数学中首先会学习的知识。

阿尔罕布拉宫和伊斯兰艺术

阿尔罕布拉宫在西班牙南部格拉纳达的要塞，这座要塞始建于公元889年。

这座要塞在11世纪重建，大约300年后成为苏丹优素福一世的皇宫。在1492年西班牙人占领格拉纳达之后，这座宫殿变为断壁残垣，直至最近200年才逐步恢复了它光彩炫目的最佳面貌。

阿尔罕布拉宫矗立山顶，俯视整个城市，是一座壮丽的建筑。而且，从建筑学的角度来看它也充满情趣。但阿尔罕布拉宫对我来说如此重要的原因不是它的景色，而是它的墙壁。

在阿尔罕布拉宫中，目光所及之处都有不同的几何图案。有的图案均匀有序、令人心情安定，有的图案充满对称结构、让人难以言表。我们可以在这里找到17种壁纸群中的许多种（有可能涵盖全部17种），而且没有两个房间是相似的。M.C.埃舍尔曾在1922年参观阿尔罕布

阿尔罕布拉宫在落日余晖之中。

西班牙阿尔罕布拉宫的瓷砖装饰。

拉宫，从中获得了一些灵感。宫殿中砖瓦的对称结构和镶嵌式的铺装方式在他后期的艺术作品中清晰可见。而当你行走于这座宫殿的众多房间中时，很可能最终走到貌似从起点根本无法到达的地方。从这种叫作望楼的拱门放眼望去，谁又能说清哪根柱子在前、哪根柱子在后呢？

位于西班牙格拉纳达的阿尔罕布拉宫内围绕着狮子喷泉的众多立柱。

阿尔罕布拉宫是联合国教科文组织认证的世界遗产，它在我个人必须再去一次的景点列表上排名很高，而且下次去我一定要带一台好相机。如果你曾在纸上用几何图形进行涂鸦，那么阿尔罕布拉宫将是你的必去之地。

壁纸群

覆盖平面的任意重复二维图案均属于17种壁纸群之一，这17种壁纸群是描述设计中对称关系的元图案。

壁纸群中共有四类对称关系：

- 平移：整个图案均可移动。
- 旋转：整个图案可以绕某一点进行旋转（只能转1/2圈、1/4圈、1/3圈或1/6圈）。
- 镜面反射：整个图案可沿一条直线翻转，就像镜像一样。
- 滑动反射：先将图案沿一条直线平移，然后进行镜面反射。

这四种对称结构可以以多种形式组合，其组合方式可简单（例如群p1是一个非对称图案沿两个方向不断重复）、可复杂（例如群p6mm有6重旋转对称结构，然后在6个不同的方向进行镜面反射）。

如果重复而对称的覆盖形式无法打动你，那么你可能喜欢非对称覆盖。彭罗斯覆盖就是一种非对称覆盖，它以数学家、物理学家罗杰·彭罗斯（Roger Penrose，1931—）命名。彭罗斯覆盖中略微展现了一定的对称结构，但没有大规模的对称。彭罗斯覆盖是数学发现最终变为具体问题解答的绝佳示例。丹·舍特曼（Dan Shechtman）于1982年发现非对称覆盖是

壁纸图案在世界上随处可见。
A：埃及式　B：塔希提岛式
C：亚述式　D：中国式

准晶体的优秀模型，而他也于2011年因为他的工作而获得了诺贝尔奖。

印加人用带有各种绳结和不同长度绳索的奇普系统来进行记录。

奇普

奇普看上去有点像水母，它是一块编织而成的棉布，上面挂着几根绳索，这些绳索本身可能又挂着绳索。有的奇普可能有多达10层甚至12层的子绳索。在展开时，奇普看上去有点像思维导图。

在印加时期，奇普（在克丘亚语中是绳结的意思）主要用于保存记录、在安第斯山脉间传递消息。现存的奇普大多源自15世纪前后。绳索上的绳结充满了神秘感，但有些绳结却显然是某种十进制计数系统。结绳师可能会被传唤至法庭，以便从这些奇普中读出所记录的证据，从而证明某笔交易或某项所有权。其他绳结则显然与数字无关，关于它们背后的含义以及表示这些含义的方式有各种争辩（这些绳结明显不是克丘亚语中某些词语的音译）。

呈现彭罗斯覆盖的玻璃窗，这是数学中的一种具体几何图形。

更为有趣的是，加里·厄尔顿解码了奇普中的一些信息，他认为这是类似某个村庄的邮编之类的信息。他认为这些记录在奇普上的信息采用了一种三维坐标系统，这比笛卡儿重新发现这种观点可要早得多。

令人遗憾的是，许多奇普被西班牙征服者毁坏，因为他们认为奇普是反天主教的。

奇普中的信息需要由结绳师来解密，他们会使用如图中左侧所示的名为宇帕那的印加算盘。

第二章

文艺复兴、复数和虚数

在本章中，数学的风潮席卷欧洲，带来了负数及其虚平方根的概念，有一位占星师成功地预测了自己的死亡，有一位僧侣的发现领先了曼德布洛特，而意大利文艺复兴时期的两位数学家为三次方程大打出手。

13世纪亚琛的僧侣巫笃被称为史上最伟大的数学家之一。

斐波那契

实事求是地说，现代欧洲数学发源于比萨的列昂纳多（1170—1250），他的别名斐波那契（Fibonacci）更广为人知。

斐波那契的父亲古吉尔莫·波那契（斐波那契意指波那契的儿子）是一位富有的商人。正是在与父亲的旅行中，年轻的列昂纳多在阿尔及利亚无意中发现了阿拉伯数字。

意大利比萨的列昂纳多·斐波那契塑像。

这对他的冲击非常巨大，他意识到阿拉伯数字能够让算术大为简化。随后他在地中海附近跟随伟大的阿拉伯数学家学习数学达20年之久。

13世纪初，斐波那契返回意大利，并将其所学总结为《计算之书》一书，这是第一本宣扬阿拉伯数字的欧洲书籍。这本书彰显了利用阿拉伯数字进行簿记、转换与利息计算的便捷性，为欧洲的数学研究带来了彻底的变革。

斐波那契最被人熟知的主要贡献并非这本著作，而是斐波那契数列。但实际上斐波那契数列并非他的发现，因为印度人大约在他500年前就知道该数列了。

斐波那契思考了在特定假设下虚构的兔子种群的增长问题：假设每一代的数目是先前两代数目之和，此时数目序列将以

向日葵花盘中螺旋线的数目可能是斐波那契数。

1，1，2，3，5，8，13为开头。这个序列非常漂亮，相邻两项之比趋近于黄金分割比例φ（约等于1.618）。

尽管黄金分割比例并非像有些人宣称的那样广泛存在，但包括萨尔瓦多·达利在内的众多艺术家都在其艺术作品中使用了它，而它也的确可以生成非常漂亮的螺旋线。不太严谨地说，黄金分割比例是“最无理”的无理数，因为它最难找到接近的分式近似。这也解释了为什么向日葵花盘或菠萝皮上螺旋线的数目常常是斐波那契数。

斐波那契还曾研究过丢番图方程，婆罗摩及多—斐波那契恒等式即以他命名：两对平方数之和的乘积也是另外两个数的平方之和，例如：

$$(100+4)(49+81)=104\times130=13520=2704+10816=52^2+104^2$$

卢卡·帕乔利与《数学大全》

卢卡·帕乔利（Luca Pacioli，1447—1517）在数学研究上并无太多建树，但他却是复式记账法与72法则的发明人，72法则是快速确定资金何时翻倍的经验法则。

Summa de Arithmetica geo metria. Proportioni: et proportionalita:

Continentia de tutta lopera:

帕乔利所著《数学大全》的封面（1523年）

帕乔利的主要贡献是在15世纪末将当时数学的研究现状总结成了一部厚重的教科书。这是第一本以当地方言而非拉丁文写成的数学教材，因此它比当时大部分数学书都更为易懂，也将数学推向了更为广泛的人群。

这本书在记号的使用方面也意义深远，除了以“p.”和“m.”代替“+”和“-”、以“R.”代替“√￣”外，它在数学上十分简洁易读。帕乔利在书中总结了据他所知可以求解的四次方程，还给出了近似平方根的一种方法。他还早于费马和帕斯卡分析了几种运气游戏，只是他的分析有点离谱。

几年后，帕乔利在《神圣比例》一书中与达·芬奇合作，这本书研究了包括黄金分割比例在内的比例和透视法中的数学。说实话，我有点嫉妒帕乔利。虽然本书中与我合作的插画师都非常棒，可是谁能比肩达·芬奇？

iuina

proportione

Opera a tutti glingegni perſpi
caci e curioſi neceſſaria Oue cia
ſcun ſtudioſo di Philoſophia:
Proſpectiua Pictura Sculptu
ra: Architectura: Muſica: e
altre Mathematice: ſua
uiſſima: ſottile: e ad
mirabile doctrina

帕乔利在《神圣比例》一书中与达·芬奇合作。

72法则

如果你以2%的利息投资了100英镑的本金，那么你的资金将在大约36年后翻倍。如果利息是8%，那么翻倍的时间大约是9年。更为一般的是，如果投资利息是n%，那么资金翻倍的年数大约是$72/n$。

本金100英镑，利息2%=36年后变为200英镑

本金100英镑，利息8%=9年后变为200英镑

本金x英镑，利息n%=$72/n$年后变为$2x$英镑

帕乔利很可能是依靠经验发现了这个法则（要想从代数上推导出这个法则需要对数的概念，显然帕乔利并不了解对数），但这的确是一个非常准确的经验法则。

卡尔达诺不可思议的人生

在谈起具有文艺复兴精神的人时，人们通常指通才，而非某个领域的专才。吉罗拉莫·卡尔达诺（Girolamo Cardano，1501—1576）正是这种通才的典型代表。

卡尔达诺是医生，他首次对伤寒做出了临床描述。他是当之无愧的数学家；他是纸牌赌徒和国际象棋狂魔。他是占星师，据说他成功地预测了自己的死期，尽管据传言他是自杀的，这种行为扭曲了概率。他是哲学家，是著作逾200本的作者，音乐、物理和宗教都是他感兴趣的学科。他发明了组合锁、平衡环（陀螺仪之所以能够三维旋转的关键）和万向接头。他还是首批发现聋人有能力读写却无法学习说话的人之一。

意大利物理学家、数学家
吉罗拉莫·卡尔达诺。

卡尔达诺在数学上的贡献有些特别：他是首位理解负数的数学家，同时他对虚数也有敏锐而深刻的认识。他在其著作中描述了如何求解三次方程和四次方程，还写成了历史上第一本介绍概率规律的书。但该书直到完稿后一个世纪才发表，而且当时已经有好几位数学家独立地发现了他的成果。

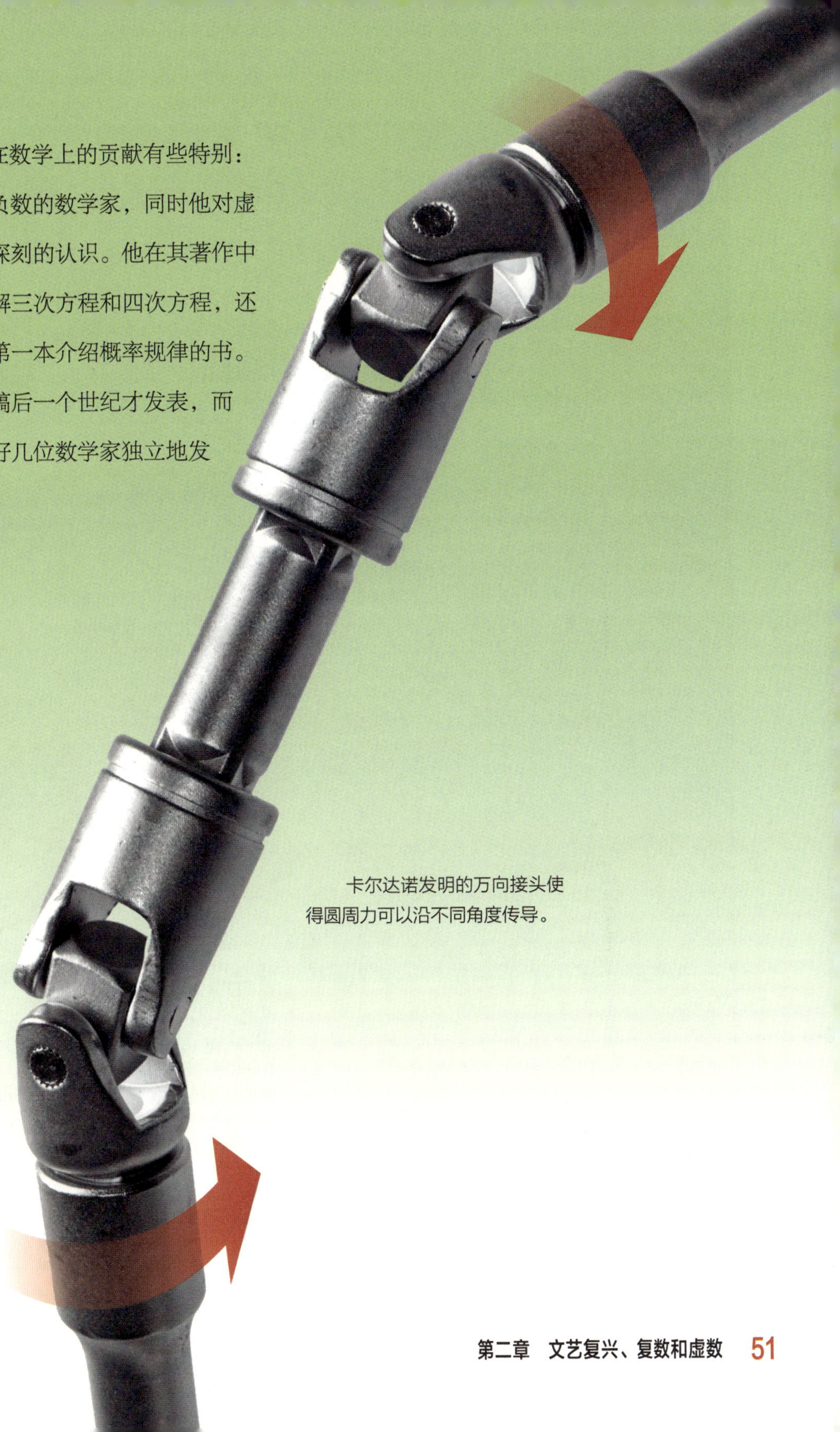

卡尔达诺发明的万向接头使得圆周力可以沿不同角度传导。

卡尔达诺的人生就是一部彻头彻尾的肥皂剧。他的父亲是达·芬奇的密友，他在进入米兰医学院一事上颇费周折，这主要归根于他好斗的性格。

卡尔达诺在意大利帕维亚大学求学。

在卡尔达诺行医时，他远道来到苏格兰，并在此成功医治了患有哮喘的圣安德鲁斯大主教，先前圣安德鲁斯大主教曾因

由于了解概率知识，卡尔达诺在赌博中占尽优势

哮喘而无法说话。尽管作为当时唯一懂概率的赌徒（同时也是作弊专家）占尽优势，但他却出乎意料地常年穷困潦倒。当他的大儿子因毒杀妻子而被处死、小儿子阿尔多偷他的东西最终被他告发而流放之后，他的人生每况愈下。1570年，卡尔达诺因公布对耶稣的占星算命结果而作为异教徒受到审判，这令他跌到人生的谷底。最终他得以平息与基督教的纠纷，并获得了教皇格里高利十三世的年金资助。

卡尔达诺死于1576年，他因提出了求解三次方程的方法而被世人所铭记。

因子分解的挑战

要不是文艺复兴时期的意大利人热衷于对自己的求解方法秘而不宣，求解三次方程（例如 $6x^3-31x^2-7x+60=0$）的故事反倒不会如此精彩。

博洛尼亚大学的数学教授希皮奥内·德尔·费罗（Scipione del Ferro）于1515年前后在三次方程的求解上做出了历史上的首个突破性贡献，他给出了形如

$$x^3+5x=6$$

的三次方程的求解方法。

上述三次方程中不含平方数和负数，实际上整个欧洲在当时都不了解负数。如果费罗知道负数，那么他的方法实际上足以求解任意三次方程：可以通过对x进行巧妙的替换将一般三次方程中的平方项消去，从而将其归结为上述费罗可解的形式。

费罗十分擅长数学，但他更擅长保密，直到临死之前他才将他知道如何求解三次方程的事情告诉他的学生安东尼奥·菲奥（Antonio Fior）。可惜菲奥并不擅长数学和保密，之后有关三次方程已经可解的流言旋即四起。

问题解的存在性会让问题的求解变得大为简单：受流言所启发，尼科洛·塔塔利亚（Nicolo Tartaglia，人称“口吃者”）给出了形如

$$x^3+5x^2=6$$

的三次方程的解法。

塔塔利亚可以求解此类不含x项的三次方程。至于是否有人知道他会求解，他则概不关心。想学习他的方法？没门，绝密。

菲奥并不喜欢事情按照这种节奏发展。我猜想他在向塔塔利亚发起挑战、要进行一场耗时长久的数学挑战时一定是气得直跺脚。在这次挑战中，菲奥和塔塔利亚两人各向对方出30道三次方程的求解问

希皮奥内·德尔·费罗所任教的博洛尼亚大学内阿尔基金纳西奥宫的庭院。

题，然后两人在接下来的两个月中进行求解。在跺完脚之后，菲奥揉着自己的双手咯咯直笑，他相信塔塔利亚只会解不含x项的方程，因此他只需给塔塔利亚出含x项的方程的题即可取胜。

但出乎菲奥意料的是，塔塔利亚在比赛开始前一周将他求解三次方程的方法进行了推广。这样，在比赛中他仅仅花了两个小时就迅速写出了全部30道题的答案，轻松地赢得了胜利。

卡尔达诺对塔塔利亚求解三次方程的绝密方法倍感兴趣，在他不断地乞求和诱骗下，塔塔利亚最终将该方法传授给了卡尔达诺，条件是卡尔达诺不得在他之前将方法公之于世。但是卡尔达诺却欺骗了塔塔利亚，他宣称他的学生洛多维科·费拉里（Lodovico Ferrari）已经得出了四次方程的求解方法，而三次方程仅仅是四次方程的特例，因此塔塔利亚的方法已然公之于世。

塔塔利亚的方法有一个瑕疵，卡尔达诺在处理它时照常将其遮盖了起来，只是

卡尔达诺、塔塔利亚和费罗都在隐秘地开展研究，并严守各自的方法。

HIERONYMI CAR
DANI, PRÆSTANTISSIMI MATHE
MATICI, PHILOSOPHI, AC MEDICI,
ARTIS MAGNÆ,
SIVE DE REGVLIS ALGEBRAICIS,
Lib. unus. Qui & totius operis de Arithmetica, quod
OPVS PERFECTVM
inscripsit, est in ordine Decimus.

Habes in hoc libro, studiose Lector, Regulas Algebraicas (Itali, de la Cossa uocant) nouis adinuentionibus, ac demonstrationibus ab Authore ita locupletatas, ut pro pauculis antea uulgò tritis, iam septuaginta euaserint. Neq; solum, ubi unus numerus alteri, aut duo uni, uerum etiam, ubi duo duobus, aut tres uni æquales fuerint, nodum explicant. Hunc aūt librum ideo seorsim edere placuit, ut hoc abstrusissimo, & planè inexhausto totius Arithmeticæ thesauro in lucem eruto, & quasi in theatro quodam omnibus ad spectandum exposito, Lectores incitarētur, ut reliquos Operis Perfecti libros, qui per Tomos edentur, tanto auidius amplectantur, ac minore fastidio perdiscant.

《大术》是由卡尔达诺于1545年以拉丁文写成的数学巨著。

说明该方法最终会奏效。实际上在特定情形下，该方法需要计算负数的平方根。作为同时期数学家的先行者，卡尔达诺承认负数的概念。但对负数计算平方根？他恳请他的读者忽略这种奇怪的平方根所带来的精神折磨。

塔塔利亚受到的最后侮辱涉及他所提出方法的命名。尽管卡尔达诺在《大术》一书中将求解三次方程的方法归功于塔塔利亚和费拉里，但实际上如今该求解公式被称为卡尔达诺方法。

邦贝利与虚数

数学的发展历程中有两种互补的流派。一种流派由理论数学家组成，他们为数学而研究数学，全然不顾数学是否有用。

月球上有一个陨石坑以著名数学家邦贝利命名。

而另一流派则由意识到现有数学工具能力有限的工程师和科学家们组成，他们为此发展了自己的数学工具，全然不顾数学家对其使用基础所做出的“这是不可能的！”的呐喊。拉斐尔·邦贝利（Rafael Bombelli，1526—1572）显然在第二个流派中保有一席之地。

邦贝利是首个假设卡尔达诺求解三次方程的方法中所出现的无意义数字是可以实际操作的数学对象的数学家。在他离世前的1572年，邦贝利出版了一本名为《代数》的书，在该书中他以浅显易懂的方式介绍了当时代数学中错综复杂的内容，使得没有受过高等教育的读者也能读懂。

尽管卡尔达诺是理解负数的首位数学家，但正是邦贝利在《代数》一书中在欧洲首次描述了负数的计算法则。

实事求是地说，负数运算的研究开局不利。邦贝利是首个说出著名的“负负得正”一语的人，这句话在近5个世纪之后仍然困扰着当今的青少年们。

$$(-6)\times(-6)=36$$

尽管邦贝利引入了一个最令我头疼的数学概念，但我还是选择原谅他，因为他继续研究了复数，其描述方式与如今我们描述复数的方式相差无几。唯一的本质差别是在当今数学中我们将-1的平方根记作i，而邦贝利将其记作“负之正”。我很难想象如今的青少年如何理解用那种方式描述的复数运算规则。

费罗求解三次方程和四次方程的方法因这些反复出现的不可能的数而遭遗弃，但通过重新回顾费罗的方法，邦贝利发现他所发展的复数理论可以很好地解释费罗的方法，让其重获新生。

当今的数学学生将很难理解邦贝利描述复数运算规则的方式。

亚琛的巫笃

亚琛的巫笃（1200—1270）是本笃会的僧侣、学者、诗人和数学家。他最为人所熟知的诗作是《命运，世界的女皇》，其唱诗班题目是布兰诗歌中的《哦，命运女神》。

以上这并非巫笃最令人称道的成就。当鲍勃·施普克教授于1999年访问亚琛大教堂时，他在一幅描述耶稣诞生的场景中发现伯利恒之星呈现出曼德布洛特集的形状，这令他大为诧异。

施普克教授查阅了巫笃的一些原稿，这些原稿于19世纪被发现后竟然立即被归档，做这个决定的可能是某个对数学一无所知的博物馆馆长。巫笃在这些原稿中描述了概率论的基本理论，进行了布丰投针实验，还记录了“亵渎数”和“宗教数”（对应所谓的“实数”和“虚数”）的运算规则。重复将“亵渎数”和“宗教数”相乘和相加（曼德布洛特集中常有这种操作）意味着决定谁将拜见上帝而谁将被抛进无边的黑暗。

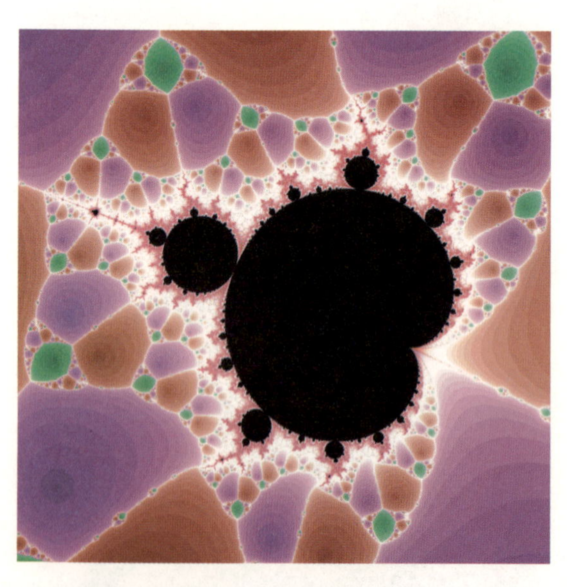

曼德布洛特集可用于生成大量具有迷幻色彩的计算机图形。

亚琛的巫笃是一位伟大的数学家，他领先其所处的时代几个世纪，而他所使用的数学技巧即便在几十年后也未见在欧洲普及。但令人备感遗憾（或者备感幸运）的是，巫笃是一个虚构的人物：他是作家雷·格尔文于1999年精心创作的一个愚人节笑话。

正如其他设计精妙的恶作剧一样，巫笃的故事包含了各种看似合理的细节，而

当真相大白时，人们又不禁扪心自问："我到底是要多蠢才会相信这个荒唐的故事？"

亚琛大教堂，按照剧情安排，正是在这里，鲍勃·施普克教授受到启发去研究德高望重的巫笃。

虚数简史

大约在公元50年，亚历山大的赫伦出于至今未知的原因尝试寻找本不存在的金字塔横切面。

在此过程中，赫伦发现需要计算(81-144)的平方根，然后他就非常理智地放弃了。当时他还不知道负数的概念，更不用说计算负数的平方根了。但是，这是首次出现虚数的已知案例，因此赫伦理应获得一定的称誉。即便在邦贝利以虚数应得的尊重对待它们之后，虚数仍然并不那么合法。笛卡儿在几个世纪之后将其命名为“虚”数（指“虚构”的数），并写道：我呼吁数学家们不要再创造这种现实中并不存在的事物。

正如大多数数学概念的故事一样，是

亚历山大的赫伦构造了已知的首个虚数。

理解负数的概念有助于赫伦解决他的金字塔问题。

欧拉将虚数的发展引入正轨。欧拉在其著作《代数的要素》中引入了虚数，而且他并未为这种行为进行任何的道歉。欧拉是首个发现公式 $e^{i\theta} \equiv \cos(\theta) + i\sin(\theta)$ 的数学家，这可以导出著名的欧拉恒等式：$e^{i\pi} + 1 = 0$。

欧拉恒等式经常被数学家们投票选为最漂亮的等式，它将数学中5个最重要的常数e、i、π、1和0以及3种最重要的运算（加法、乘法和求幂）联系起来，当然还有等号，它是整个数学大厦的基石。

复数的用途

在长达几个世纪的时间里，复数几乎仅仅作为理论对象出现。复数简化了三次方程和四次方程的求解方式，简化了多项式理论（每个复系数n次多项式均有n个根），简化了正弦和余弦的表达式。复数的确简化了很多数学理论，但这些简化并非是不可或缺的。

但是在物理学的两个领域中，复数的确是不可或缺的，一个是电路理论，而另一个是混沌的量子世界。

在直流电路中无须引入复数就可以描述势差、电流与电阻之间的关系，实数统治着直流电路的世界。但在交流电路中会出现电感和电容的影响，它们使事情变得异常复杂。

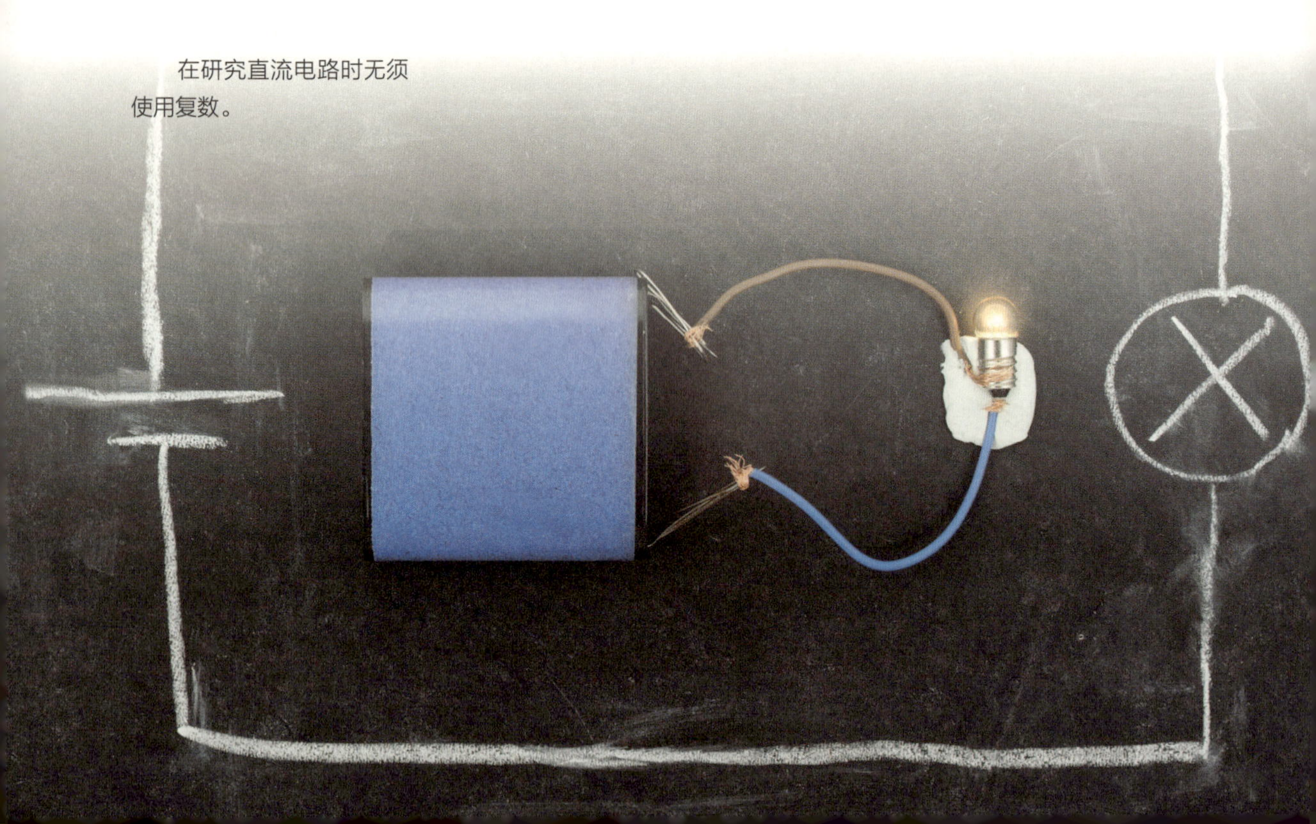

在研究直流电路时无须使用复数。

尽管我们仍可以将交流电路中的各项数值用实值方程进行关联，但这些方程将极为复杂。但是如果将电阻、电感和电容联系起来描述为一个称为阻抗的复值数值，事情将大为简化。而且这还可以导出一个联系电流、势差和阻抗的直观公式，它与直流电路中电流、势差和电阻的公式极为相似。

在量子物理学中，复数是绝对不可或缺的。想抛开复数来理解概率波的概念几乎是不可能完成的任务。原则上可以发展不使用复数描述概率波的理论框架，但物理学家和数学家会将其看作百无一用的异类。

复数可用于简化交流电路中的计算。

阿根图

关于虚数有这么一个漂亮的描述：虚数跟现实垂直。如果将复数的实部和虚部看作平面上的坐标，它就解释得通了。

x轴对应于复数的实部，而y轴对应于复数的虚部。复数的模对应于复数在坐标轴中相应点距离原点(0, 0)的距离，而复数的复角对应于x轴与过原点和复数点的直线之间的夹角。

下图以让-罗伯特·阿根（Jean-Robert Argand，1768—1822）命名，被称为阿根图，尽管实际上它是卡斯帕·维塞尔（Caspar Wessel，1745—1818）首先构造出来的。在复分析中阿根图常用于描述各种事物，其用途与解决几何问题时的草图相同。例如，曼德布洛特集中的点正是画于阿根图之上。

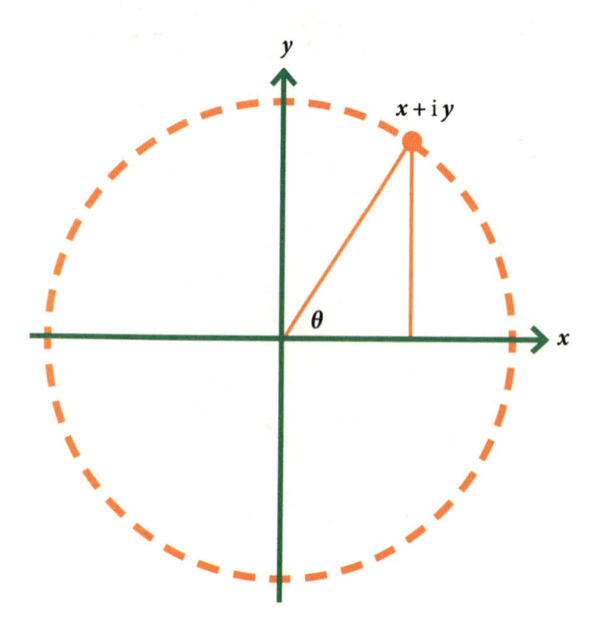

阿根图是以形如$z = x + iy$ 的复数为点的图形。

从几何的角度考虑复数有助于将其概念化，这对于擅长视觉思维的人更有利。两个复数的加减法在阿根图上就是将代表复数的线段首尾相连，然后观察组合后端点的位置。两个复数的乘法在阿根图上的描述有点复杂（将夹角相加后再将长度相乘），但也有助于理解复数乘法的本质。

对于常规图形的各种操作在阿根图上通常很奏效。直线和圆的方程以复数表示时十分雅致，而阿根图更是打开周线积分领域大门的金钥匙。

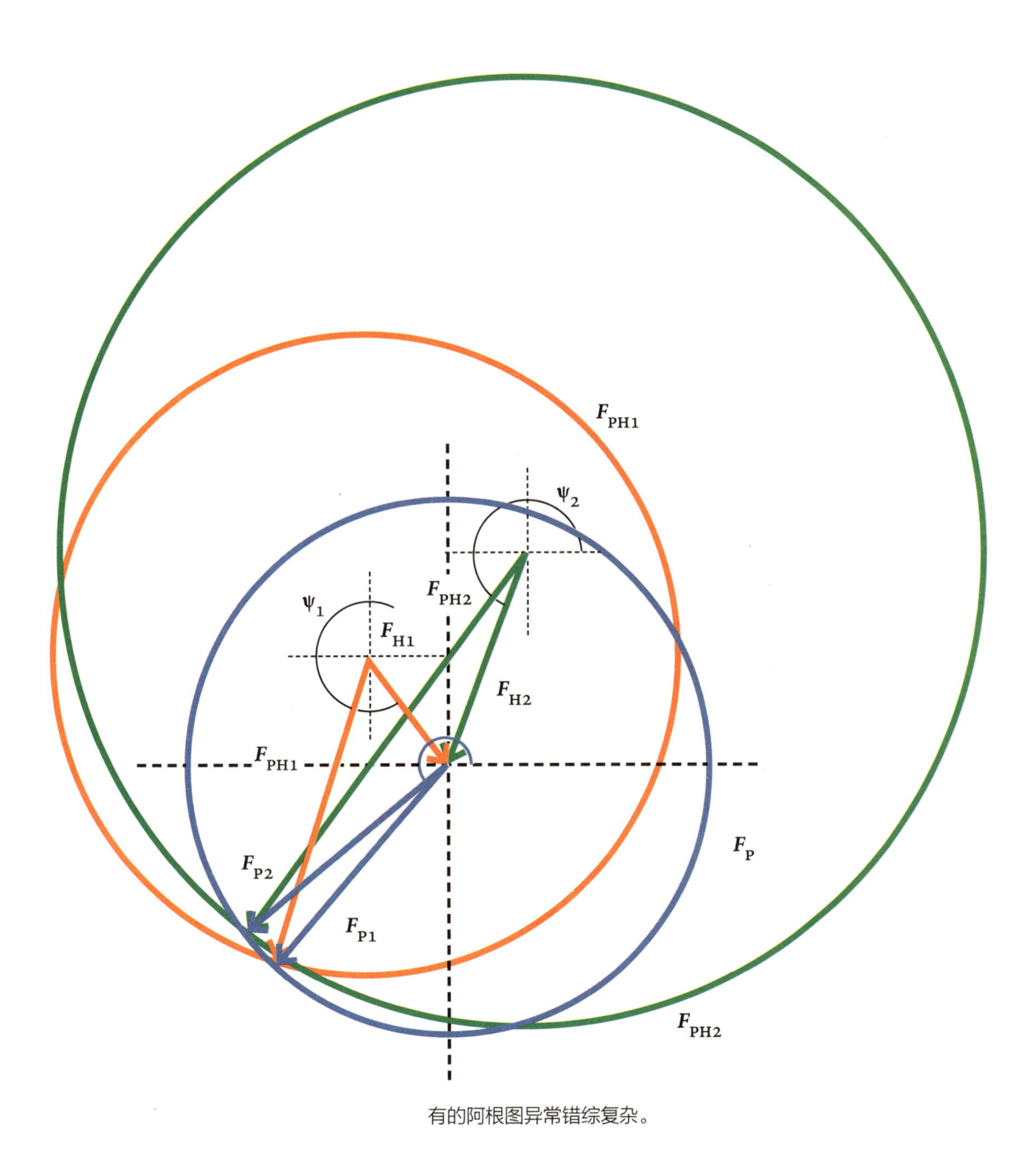

有的阿根图异常错综复杂。

CHAPTER 3 第三章

旧秩序

ANCIEN RÉGIME

在本章中，一位真正的僧侣苦苦追寻完美数，一位假扮的骑士试图染指赌博，而一位真正的律师（他假装自己并非真正的数学家）觉得页边太窄无法写下证明。

数学家是赌徒最好的朋友。

亚历山大城的丢番图

要想真正了解法国17世纪的数学，就必须回到3世纪的希腊，先去了解亚历山大城的丢番图（Diophantus of Alexandria，公元201—285年）。

业余数学家很可能是从一个谜题开始认识丢番图的。

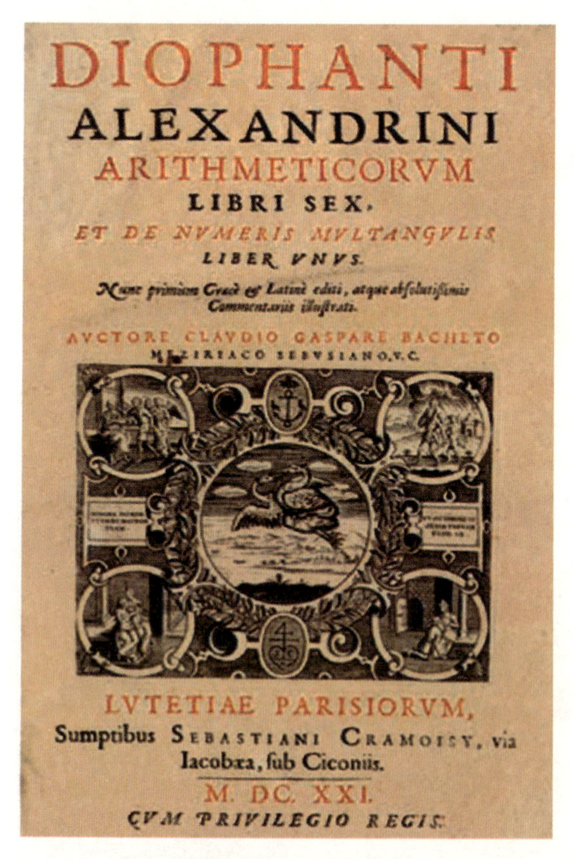
DIOPHANTI
ALEXANDRINI
ARITHMETICORVM
LIBRI SEX,
ET DE NVMERIS MVLTANGVLIS
LIBER VNVS.
Nunc primùm Græcè & Latinè editi, atque absolutissimis Commentariis illustrati.
AVCTORE CLAVDIO GASPARE BACHETO MEZIRIACO SEBVSIANO, V.C.
LVTETIAE PARISIORVM,
Sumptibus SEBASTIANI CRAMOISY, via Iacobæa, sub Ciconiis.
M. DC. XXI.
CVM PRIVILEGIO REGIS.

《算术》是丢番图最为知名的著作。

“这里安葬着丢番图，真是令人惊奇。

利用代数学，可以从石碑中计算出他的年龄。

上帝赐予他的童年，占他寿命的1/6。

他的青年又占1/12，此时他胡须浓密。

又过1/7后，他迈入婚姻的殿堂。

5年之后，他活蹦乱跳的儿子出生了。

哎，能干又睿智的儿子呀。

仅活过他父亲寿命的一半，残酷的死神就夺走了他的生命。

随后丢番图只得以数论来抚平丧子的悲伤。

4年后他也离开了人世。”

据我所知，我们没有理由相信这个谜题就是丢番图的生平传记。实际上令我更为困扰的是，这首谜题诗的作者在最后几行中才思枯竭，竟然没有对仗与押韵。但这种谜题可能正是丢番图本人所欣赏的类型。丢番图最知名的著作《算术》就充满了各种谜题，而如今我们称其为代数题。

《算术》提出并解决了许多包含已知数与未知数的问题（因此丢番图有时被称为代数之父，而我更喜欢把他想象为受人爱戴的叔祖父），每个问题都需要特定的技巧来求解。尽管丢番图并没有使用负数和无理数（因为他认为它们荒诞可笑），但他却是首批认为分式也是合理解的数学家之一。

在古希腊末期至15世纪前后的这段时间里，丢番图一直被世人所遗忘，直至其著作《算术》被邦贝利和巴歇翻译（后者的译作更为著名）。后世的费马手中的版本正是巴歇所翻译的。

时至今日，仅有多项式和整数方程以他的名字命名，被称为丢番图方程。

亚历山大城的庞贝柱可追溯的历史与丢番图生活于此的时代相近。

求解丢番图谜题

要想从谜题中计算出丢番图和他大儿子的年龄并不困难，你只需利用一些常识，再将几个分数相加即可。

从谜题中我们知道，父亲丢番图先活了1/6的寿命，然后是1/12的寿命，然后是1/7的寿命，然后是5年，然后是1/2的寿命（等于他儿子的寿命），最后是4年。

将所有分式相加得到

$$\frac{1}{6}+\frac{1}{12}+\frac{1}{7}+\frac{1}{2}=\frac{14+7+12+42}{84}=\frac{75}{84}=\frac{25}{28}$$

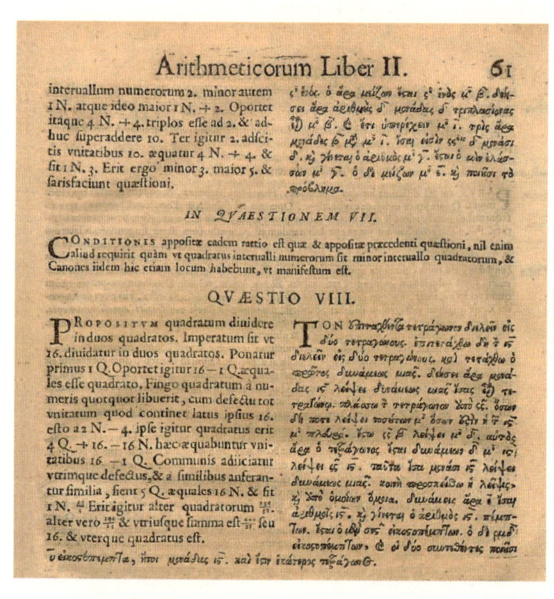

Arithmeticorum Liber II. 61

interuallum numerorum 2. minor autem 1 N. atque ideo maior 1 N. + 2. Oportet itaque 4 N. + 4. triplos esse ad 2. & adhuc superaddere 10. Ter igitur 2. adscitis vnitatibus 10. æquatur 4 N. + 4. & fit 1 N. 3. Erit ergo minor 3. maior 5. & satisfaciunt quæstioni.

IN QVAESTIONEM VII.

CONDITIONIS appositæ eadem ratio est quæ & appositæ præcedenti quæstioni, nil enim aliud requirit quàm vt quadratus interualli numerorum sit minor interuallo quadratorum, & Canones iidem hic etiam locum habebunt, vt manifestum est.

QVÆSTIO VIII.

PROPOSITVM quadratum diuidere in duos quadratos. Imperatum sit vt 16. diuidatur in duos quadratos. Ponatur primus 1 Q. Oportet igitur 16 − 1 Q. æquales esse quadrato. Fingo quadratum à numeris quotquot libuerit, cum defectu tot vnitatum quod continet latus ipsius 16. esto 2 N. − 4. ipse igitur quadratus erit 4 Q. + 16. − 16 N. hæc æquabuntur vnitatibus 16 − 1 Q. Communis adiiciatur vtrimque defectus, & a similibus auferantur similia, fient 5 Q. æquales 16 N. & fit 1 N. 16/5 Erit igitur alter quadratorum 256/25. alter vero 144/25 & vtriusque summa est 400/25 seu 16. & vterque quadratus est.

丢番图的著作《算术》中的问题II.8激发了17世纪法国数学家费马的灵感。

因此上式中并未包含其寿命的3/28，而我们知道这等于他寿命的剩余部分，即9年。如果他寿命的3/28等于9年，那么寿命的1/28就等于3年，因此他的寿命是

$$3\times28=84\text{年}$$

从谜题中我们知道，丢番图的寿命是84岁，因此他儿子的寿命是42岁。

马林·梅森在素数方面的研究是开创性的。

马林·梅森

实际上马林·梅森（Marin Mersenne，1588—1648）并不是数学家，而是一个对于音乐的机理有着浓厚兴趣的神父。但是在17世纪初，数学、音乐与神学之间并没有本质的文化差别，充满求知欲的人可以游刃有余地在它们之间转换。

梅森于1635年创建了一个讨论神学和科学的非正式学院——巴黎学院，它由140余名通信作者所组成，其中就有笛卡儿和费马。

在当时，梅森是颇负名望的音乐神父。他是首批给出描述固定的弦震动规律的音乐家之一：弦的频率与弦长、拉力的平方根以及弦的线性密度成反比。反射望远镜的发明人也是他，尽管当时他并未意识到其意义之重大。

但这些都不是梅森在青史留名的原因，至少在数学方面不是。实际上，梅森因梅森素数而广为人知。梅森素数指形如$M_p = 2^p-1$的素数，其中p是素数。例如：

$$M_3 = 2^3-1= 7$$

位于法国拉弗莱什的前亨利四世耶稣会学院的大门，梅森曾在此求学。

就是一个梅森素数。梅森列出了他认为能令2^p-1为素数的前几个素数p，它们分别是2，3，5，7，13，17，19，31，67，127和257。但如果这是一份试卷的答案的话，那么显然这列数字不会得高分，因为它既有错，也没有解释为什么这些p能够使得2^p-1为素数。

这列数字中有5个错误：M_{67}（约等于1.5×10^{20}）和M_{257}（约等于2.3×10^{77}）都是合数，而且数列中漏掉了素数M_{69}、M_{89}和M_{127}。当然，上述错误并非显而易见。M_{69}、M_{89}和M_{127}直至19世纪末才被确定为素数，而整个梅森素数序列直至20世纪才完全确定。

相对而言，梅森素数比较容易发现，因为卢卡斯-莱默检验法可以快速确定形如2^p-1的整数是否有因子。这意味着，目前已知的很大的素数大多是梅森素数。自梅森时代至今，所有已知的最大素数都是梅森素数。2015年最大素数的记录是$M_{57885161} \approx 10^{17425170}$。

梅森素数的另一个长处是与完美数密

切相关。完美数指等于自身真因子之和的整数。例如，28的所有真因子包括14、7、4、2和1，其和刚好为28。同理，496等于248、124、62、31、16、8、4、2与1之和，它们是可以整除496的所有整数（除496本身之外）。你可能会发现，上述数列接近中间的位置处正是梅森素数，实际上这并非巧合。对于任意一个梅森素数，$M_p \times 2^{p-1}$都是完美数。证明留作大家练习。

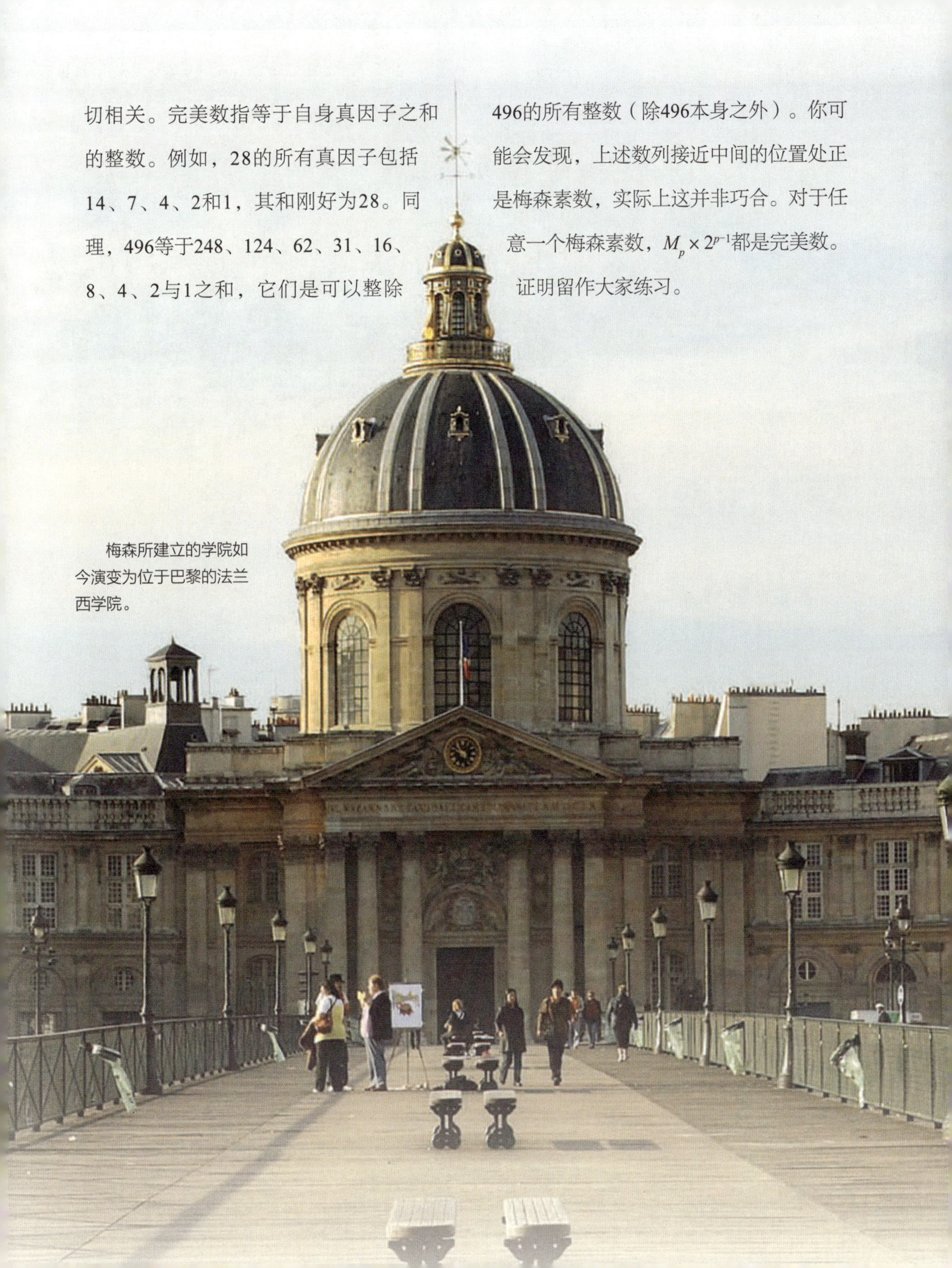

梅森所建立的学院如今演变为位于巴黎的法兰西学院。

分配两个赌徒所赢取的奖金
是只有数学家才能解决的问题。

得分问题

巴黎的两个贵族在玩七局四胜的赌博游戏。

在第四局比赛后，一位玩家（权且叫他雅克）突然想起自己在别处还有一个要紧的约会，因此他不得不放弃比赛。那么问题来了："我们该怎么分配赌注呢？"

另一位玩家（权且叫他儒勒）说："硬说你接下来的比赛都输呢是有点可耻，毕竟你已经3∶1领先了，因此你应得的筹码比我多。"

这种得分问题是一个悬而未决的谜题。卢卡·帕西奥利（Luca Pacioli）建议按照当前的得分比例分配赌注，但实际上这也很难算得上公平：在抢十胜的比赛中，2∶0领先并不能稳操胜券，而9∶7领先的玩家比2∶0领先的玩家获胜的概率要大得多。

塔塔利亚发现了帕西奥利方案中的问题，并建议以领先者的局数与总局数之比为比例分配赌注，但这种方案同样也存在问题。

在1654年前后，舍瓦利耶·德·梅内（Chevalier de Méré）向他的朋友布莱士·帕斯卡（Blaise Pascal）请教，看他

费马对于这个问题的解答十分完整且富有逻辑性。

能否解决这个问题。帕斯卡和他的好伙伴费马首次给出了这个问题的正确解答。

他们指出，获胜的概率与已经发生的结果关系不大，而是依赖于接下来要发生的事情。如果某人在七局四胜的比赛中以3∶1领先，那他获胜的概率与在11局6胜的比赛中以5∶3领先是相同的。在这两种情况下，他都需要再赢一场比赛，而对手需要再赢三场比赛。

帕斯卡和费马殊途同归，他们使用不同的方法得到了相同的结论。上述问题中比赛的赌注应当以7∶1的比例分配，其中领先者占多数。

费马利用一个精细的表格系统计算出剩下的比赛如果玩完后可能发生的结果，进而得到了上述比例。

而帕斯卡却从全然不同的观点进行考虑。

帕斯卡的方法更为巧妙，他利用归纳法来决定赌注的公平分配方法。他的方法最终涉及帕斯卡三角形，尽管其发明人并非帕斯卡，但他的确在其著作中描写过它。

再回到两个贵族的问题，帕斯卡的方

1

1 1

1 2 1

1 3 3 1

1 4 6 4 1

1 5 10 10 5 1

帕斯卡三角形是由二项式系数构成的三角形阵列。

法如下：

- 假设雅克要获胜需要再赢a局比赛，而儒勒需要b局。因此接下来所需进行比赛的最大局数为$a+b-1$，我们将其记作G。
- 在帕斯卡三角形中找到以“1 G”开头的那一行，然后在其第b位后画一条线。计算线左侧数字之和与右侧数字之和。
- 左右侧数字之和的比例就是雅克和儒勒所下赌注的公平分配比例。

在最开始两个贵族的例子中，雅克在七局四胜的比赛中以3∶1领先，因此他只需再赢1局即可获胜，而儒勒需要再赢3局。因此，接下来所需进行比赛的最大局数为3。记下来我们需要在帕斯卡三角形中找到以“1 3”开头的那一行（“1 3 3 1”）。在这一行的第3位后画一条线。那么雅克的份额是线左侧数字之和，即1+3+3=7，而儒勒的份额是右侧数字之和，即1。因此所下赌注应以7∶1的比例分配。

帕斯卡和费马的答案意义重大，因为这是人类首次使用期望价值，这正是当今概率论的起源。任何画过概率树的人都会发现费马穷尽所有可能结果的方法与其如出一辙。

布莱兹·帕斯卡

“我是否应该相信上帝？”是早期使用概率解决的一个严肃问题。

布莱兹·帕斯卡（1623—1662）的答案是肯定的，他的推理过程如下：如果你相信上帝而最终你是正确的，那么你将获益颇多，永驻天堂；如果你不相信上帝而最终你是错误的，那么你将蒙受重大损失，余生在孽火中推石头度过。与之对应的，如果你相信上帝而上帝并不存在，那么相较于不相信上帝而上帝并不存在的情况，你失去的只是每个周日去教堂做礼拜的时间。综上所述，相信上帝是一份小额保单。

帕斯卡的这种打赌正是选修哲学的大学本科生喜欢做的事情（哪个上帝？如果上帝只让非信徒进天堂怎么办？），但即

帕斯卡三角形可用于解决得分问题。

帕斯卡进行过有关气压和真空的实验，他曾在奥弗涅地区的一座死火山多姆山的山顶测量气压。

便你不同意帕斯卡的推理，它仍然是一种充满趣味的方法。

顺便说一句，实际上帕斯卡是十分虔诚的，他是天主教派杨森主义的信徒。

帕斯卡在帕斯卡三角形方面著作颇丰，帕斯卡三角形在概率论、代数和数论中均有广泛的应用。要想构造帕斯卡三角形，首先在第一行中写下数字1，然后在第二行中写下两个数字1，分居第一行中数字1的两侧。接下来每一行的构造方式是将上一行对角线相邻的两个数字相加。因此第三行的构造方式如下：在第三行中第二行两个1中间的位置处写下数字2，然后在这一行的首尾各写下数字1，因此第三行中的数字是“1 2 1”。接下来的各行中的数字分别是1 3 3 1、1 4 6 4 1等。帕斯卡三角形中蕴含着许多种图案，分形学中的谢尔宾斯基三角就是其中之一。如果你

谢尔宾斯基三角是一组无限的图案，一个等边三角形被不断地等分，生成更多三角形。

有兴趣，不妨在阴雨绵绵的日子里把玩一下帕斯卡三角形。

除了数学家的角色外，帕斯卡还是一名颇具革命性的物理学家。他曾经带着一套水银气压计攀爬多姆山，从而成功证明了真空的存在，这与亚里士多德所宣称的真空不存在背道而驰。压强的国际标准单位正是为了纪念帕斯卡而以他的名字命名的。帕斯卡还发明了机械计算器“加法器”。

另外，帕斯卡还通过添加“无穷远点”发明了射影几何，这使得透视在数学上十分便捷（尽管必须付出多一维度的微小代价）。

帕斯卡一生饱受疾病困扰，几次在事故中险些丧命，终年39岁。

皮埃尔·德·费马

17世纪，法国有三位数学伟人：第一位是帕斯卡，其事迹我们刚刚介绍过；第二位是笛卡儿，他的故事稍后你就会读到；第三位是皮埃尔·德·费马（Pierre de Fermat），我们现在就来介绍他。

费马最广为人知的事就是著名的“费马大定理”。在解决丢番图的著作《算术》中的问题II.8（给定有理数k，寻找两个非零有理数u和v，使得$k^2 = u^2 + v^2$）后，他在页边的空白处写下了历史上最为著名的一段评论。原文是拉丁文，译作中文是：

“三次方无法写作两个三次方之和，而四次方也无法写作两个四次方之和。更为一般地，任意高于二次的方幂均无法写作两个同幂次之和。我发现了一个漂亮的证明，但页边太窄写不下来。”

费马螺线，又称为抛物螺线。

换言之，对于$n > 2$的方程$a^n + b^n = c^n$，没有整数解。目前已知费马的确证明了$n = 3$和$n = 4$的情形，这是一个好的开端。但没有证据说明他给出了更高次方幂情形的证明，遑论其证明漂亮与否。因此有理由猜测，费马所给出的证明实际上是错误的，否则在安德鲁·怀尔斯最终给出证明前的350年的漫长岁月里，他的证明应当被重新发现。

但费马的成就可不仅仅限于课本上一段神秘而且很可能是错误的评论。他是一位天赋异禀的业余数学家（他的日常工作是律师），他奠定了微积分的部分基础。

铜板雕刻中的费马（作者弗朗索瓦·德·普瓦利）。

费马所提出的“适当性”的概念仍然存在于非标准微积分的准则之中，当然还有重要的证明技巧“无限递降法”，后者的数学基础是“如果存在整数解，那么必然存在更小的整数解，这样递降下去将穷尽所有更小的整数，因此说明不存在整数解”。

费马并不赞同丢番图求解其问题时允许各种形式的解（如果必要可以使用分式）的观点，他本人坚持寻找这些问题的所有整数解。

费马还研究过因子分解，其中一种方

法以它命名，当然还有著名的费马小定理：对于任意素数p和整数a，整数a^p-a是p的倍数。他还研究素数（与梅森素数有一定关系的一类素数被称为费马素数），以及物理学（他在1657年利用光沿最快路径传播推导出了斯涅尔定律），当然还有我们已经知道的概率论。

费马首次利用严谨的统计分析方法解决了由梅内所提出的另外两个问题。

梅内所提出的问题

问题1：投掷4个骰子，如果结果中至少有一个6点，那么你获胜，否则你告负。那么究竟是获胜的概率大一些呢，还是失败的概率大一些，还是两者的概率相等？

问题2：投掷一对骰子24次，如果其中你投掷出了一对6点，那么你获胜，否则你告负。同样，获胜的概率大还是失败的概率大？

费马分析了上述两个问题。他的推理过程如下：问题1中失败的概率等于4个筛子都没有投出6点，因此概率为$(5/6)^4 \approx 48.23\%$，因此实际上获胜的概率更大一些。同样的方法也适用于问题2，此时失败的概率为$(35/36)^{24} \approx 50.86\%$，因此失败的概率更大一些。

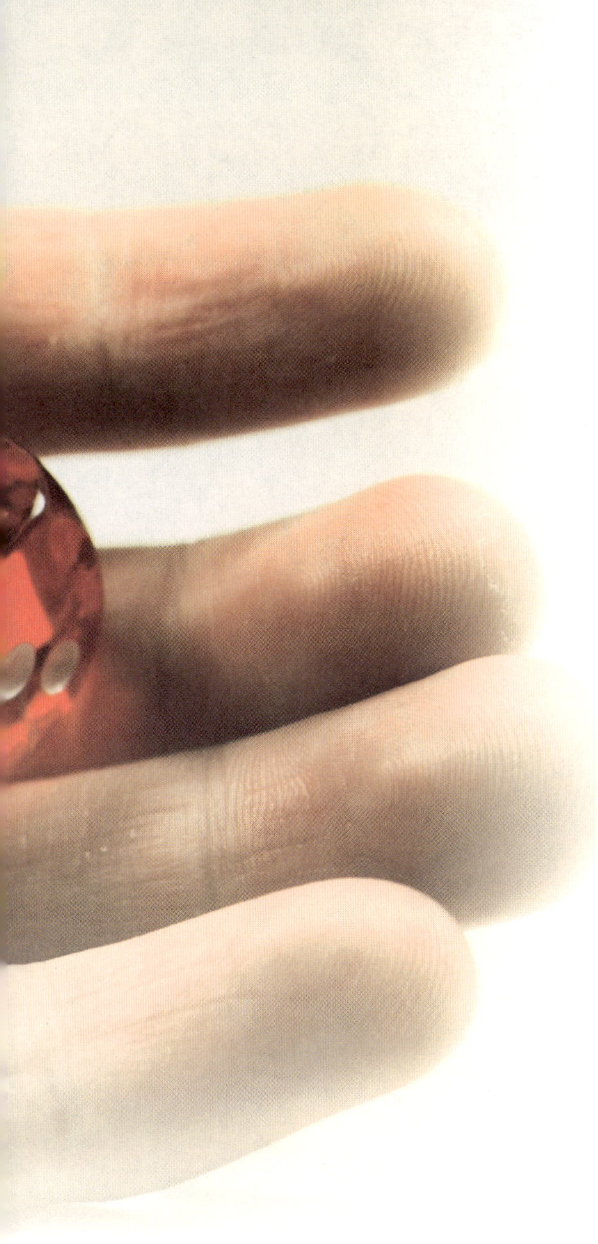

投掷4个骰子至少有1个6点的概率是多少？

投掷一对骰子得到2个6点的概率是多少？

勒内·笛卡儿，他奉行怀疑一切的行事准则。

笛卡儿

知道勒内·笛卡儿（René Descartes，1596—1650）的人都知道他那句名言“我思故我在”。

笛卡儿因其哲学家的身份而广为人知，但实际上他的影响比此更为深远。他怀疑一切可怀疑事物的信条正是现代科学的基石。

笛卡儿并非只因其在科学方法论上面的重要影响而为人所铭记，他本人也是一位充满才干的科学家，他重新发现了斯涅尔定律（最早发现该定律的是伊本·沙尔，比斯涅尔还要早600年）。在法国，斯涅尔定律被称为笛卡儿定律。

当然，本书主要关心笛卡儿在数学上的贡献。故事是这样的，笛卡儿躺在床上准备睡觉，他一边盯着一只苍蝇在房间里飞来飞去、嗡嗡作响，一边无所事事地思考着如何描述苍蝇的运动轨迹。他发现，如果令苍蝇距房间一堵墙的距离为x，距与其垂直的另一堵墙的距离为y，而距离地板的距离为z，那么苍蝇的运动轨迹就是一条可以同时用几何和代数的方法描述的曲线。笛卡儿是首位发现这种关联的数学家，因此他被公认为解析几何的创始人，而x、y和z的取值则以他命名，被称为笛卡儿坐标。在建立这种联系后，笛卡儿令人难以置信地指出x^4也具有一定的研究价值，尽管它并不代表任何物理对象。

笛卡儿还确立了将已知数记作a、b和c，而将未知数记作x、y和z的数学惯例，确立了方幂的表示方式，还建立了微积分的部分基础。作为其研究的副产品，他还是首位使用对角化论证法的数学家，之后康托借鉴了这种方法。

“对于我，一切皆数学。”

——勒内·笛卡儿。

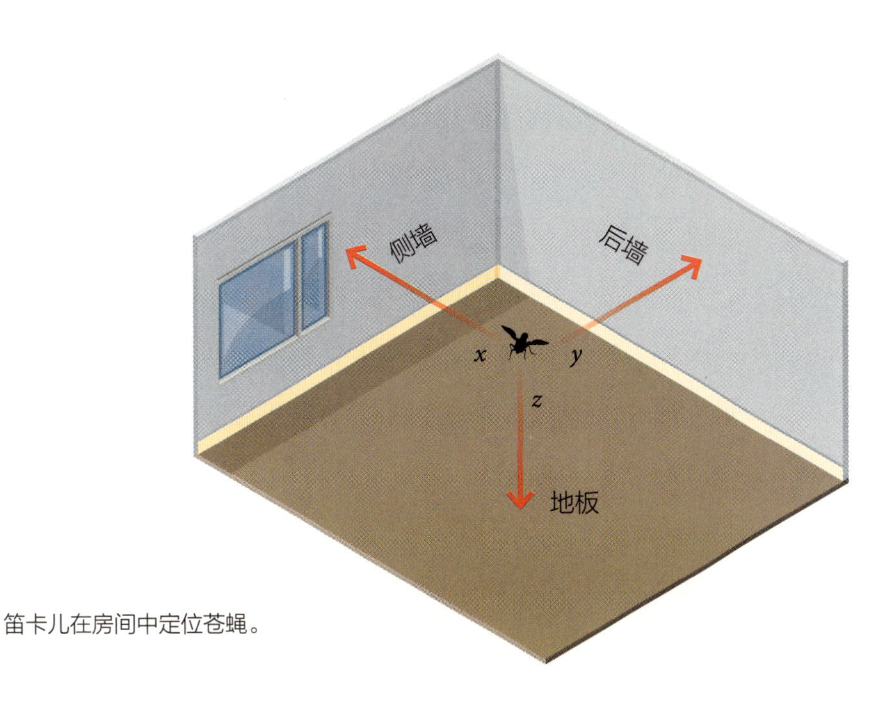

笛卡儿在房间中定位苍蝇。

CHAPTER 4 第四章

THE SHOULDERS OF GIANTS 巨人的肩膀

在本章中人们利用数学揭示宇宙的奥秘。

自然界及其法则，都隐藏在无尽的黑夜之中。上帝说“要有牛顿！”，于是一切变为光明。

——亚历山大·蒲柏

大秘密

月亮究竟离我们有多远？它有多大？太阳呢？那颗明亮的物体看上去与星星一样在天空中游走，那它究竟是星星吗？

地球究竟有多大？它是什么形状的？为什么会有四季变化？为什么太阳的运动轨迹是这样的？

如果某个人对太空一无所知，他可以问一系列诸如此类的问题，这些问题的答案对于其他太空白痴而言一点也不显然，而在他穷尽类似的问题之前就会开始觉得无聊。

“但是，但是，但是！”我仿佛已经听到了数学家们奋力抗议的声音，“这是天文学，充其量是物理学。你怎敢用这些与现实有关的污言秽语来玷污我们圣洁的

一部分数学研究的目的就是为了更好地认识太阳系。

学科？”

好吧，我假想的数学家朋友，让我来告诉你一个有关数学的肮脏而重大的秘密：实际上近3个世纪以来，很大一部分数学研究就是为了让我们更加了解我们所居住的星球及其在太阳系中的地位而建立与发展的。当然，“我们所居住的星球”这种说法属于地心论，因此如果有外星人碰巧看到《数学的世界》一书，出于公平反击的缘由我也会对其怒吼。

撇开天文学而谈论数学，就犹如撇开进化论而谈论生物学一样。这种探讨可能可行，但对于整个学科而言都百害而无一利。

据传，直到中古时期，所有人都还认为地球是平的。但在孩童时期，并没有太多人对这个问题进行过深刻思考。

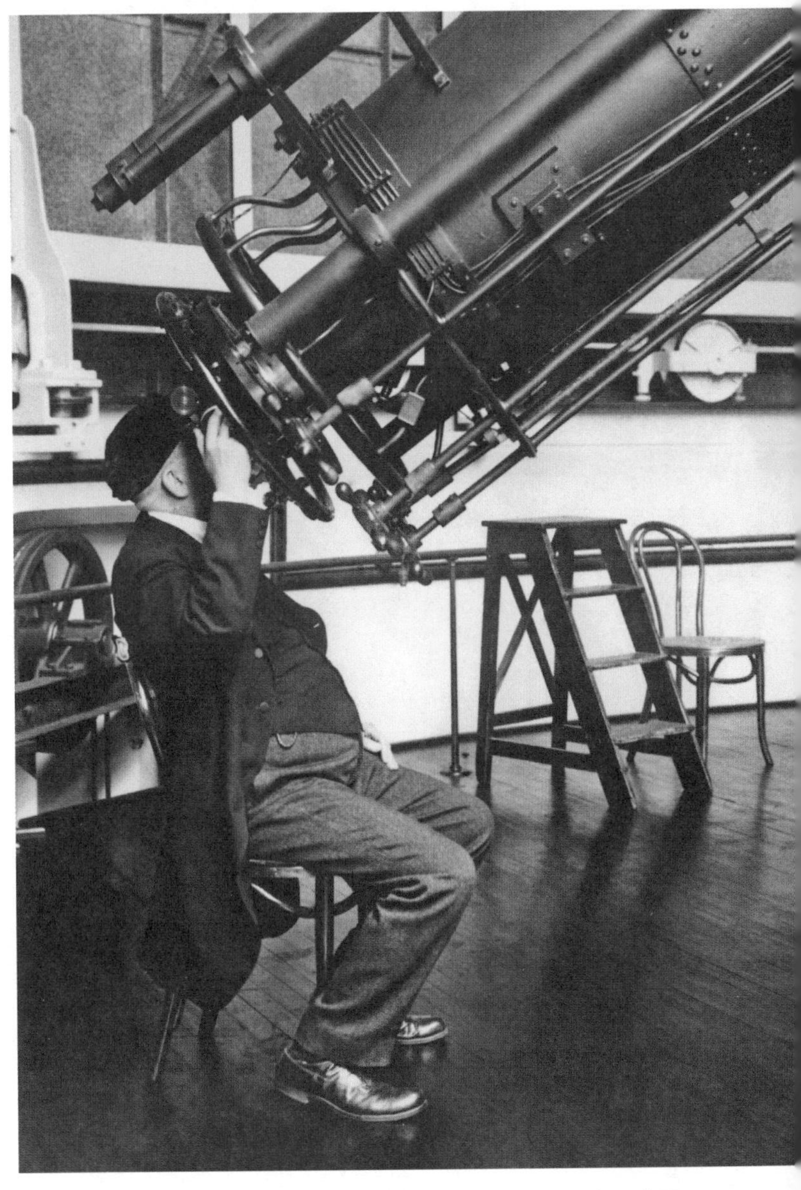

数学与天文学之间有着深刻的内在关联，位于华盛顿的美国海军天文台的这位天文学家可以作证（照片摄于1925年）。

无论如何，“地球是球状的”这个想法至少可以追溯至古希腊时期（约公元前600年）。目前已知是埃拉托色尼（Eratosthenes）首次于约公元前240年尝试丈量地球。他的方法如下：在太阳直射他所居住的埃及阿斯旺时（此地位于北回归线之上，因此仲夏时太阳恰好直射此地），他测量了亚历山大城（几乎位于阿斯旺的正北部）一块立柱影子的角度，发现该角度为圆周的1/50，于是，他推导出，亚历山大城到阿斯旺的距离是地球圆周长度的1/50。当然，他知道两地之间的距离！

因为埃拉托色尼在其测量方法中做了一些假设，所以关于其准确性有些许争论。阿斯旺并非在亚历山大城的正南方，而埃拉托色尼说出的两地的距离是一个非常惹人怀疑的整数。我们目前已经无法得知他究竟是如何测量得到了这个距离。斯塔德（stade）这个长度单位有若干种定义。依据不同的长度选择，埃拉托色尼的结论与地球圆周的实际长度相差约2%或者16%，显然前者更为精确。然而，如果我们考虑到误差并且在埃拉托色尼方法中选用现代已知的两地距离，那么所计算出的地球圆周长为40074千米，这与当今已知的实际圆周长仅相差几十千米。

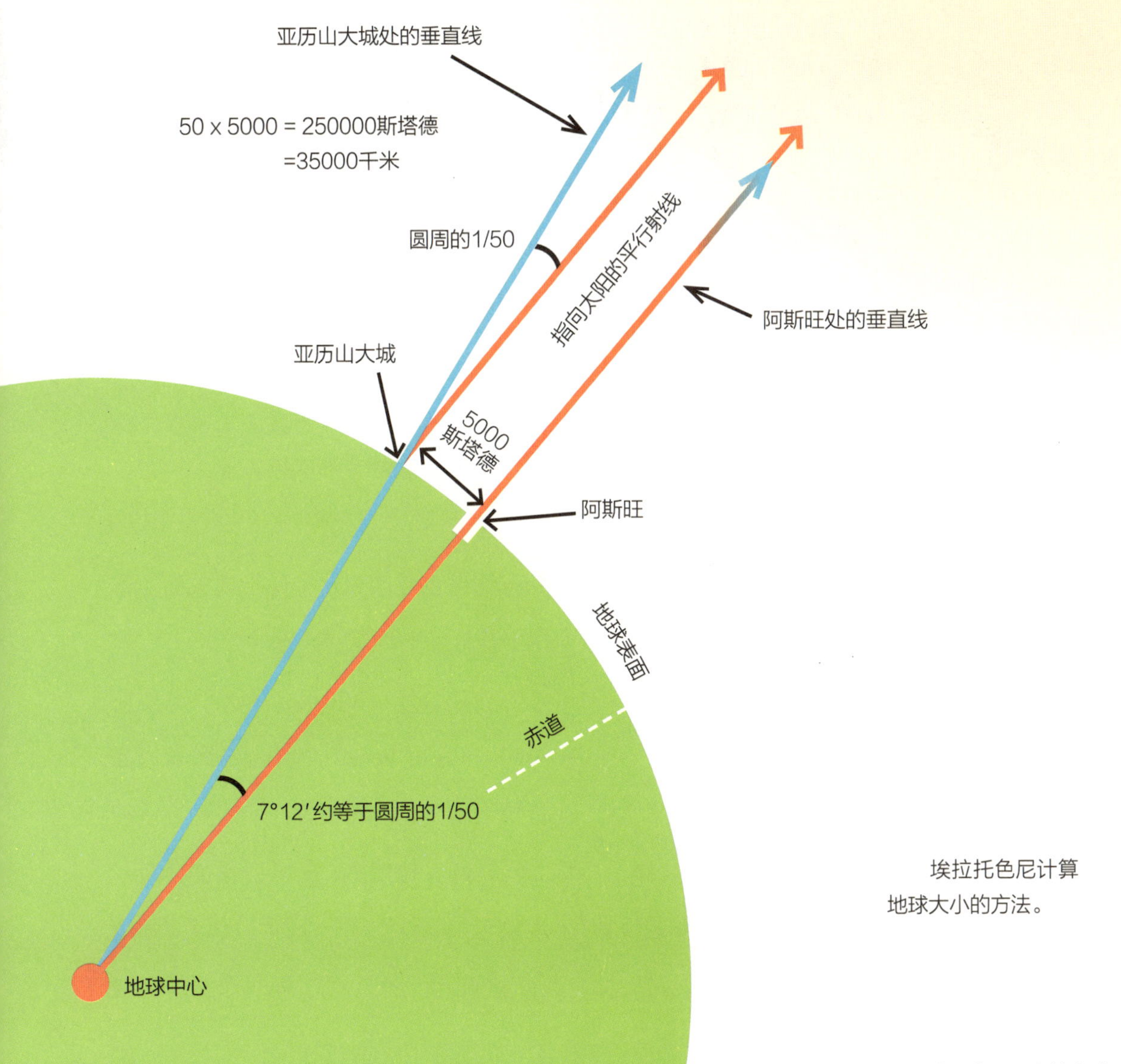

埃拉托色尼计算地球大小的方法。

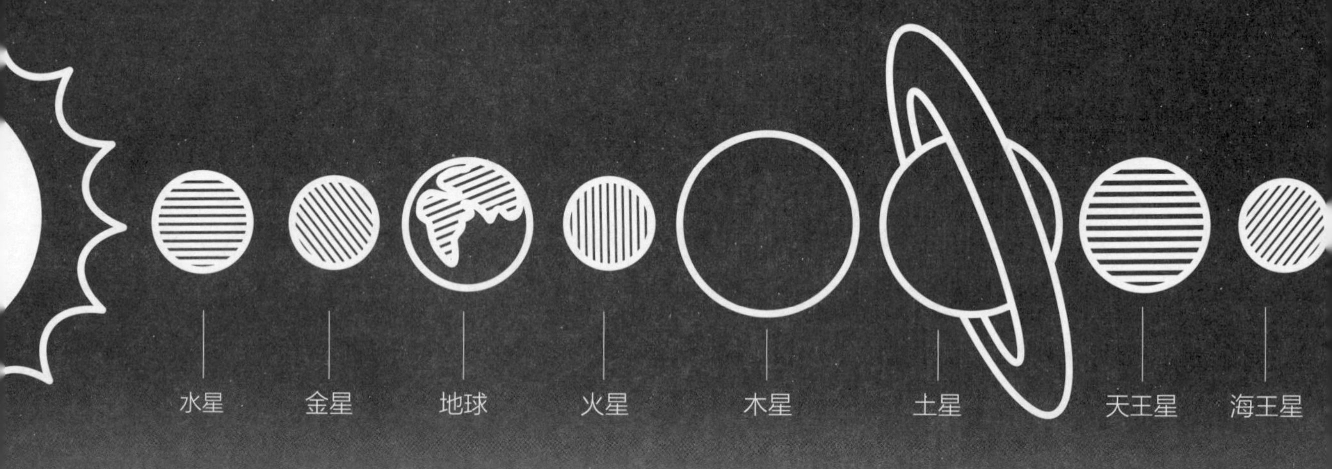

周转圆方法

古人可以理解地球是一个球体，但对于地球在宇宙中的位置却百思不得其解。

有理由相信，我们所居住的星球正是宇宙的中心，不是吗？但问题是，宇宙中其他行星在漫漫宇宙中遨游时的路径却无法支撑这个论点。

这些行星并非按接近恒定的速度以完美的直线运行，它们在运行轨迹上时快时慢，甚至有时会逆行。占星家认为这种逆行现象寓意深邃，然后开始抱怨自己无法找到车钥匙也是因为这种逆行现象而非本身的无能。我好像有点跑题。

大约在公元前300年，阿波罗尼奥斯（Apollonius of Perga）提出了一种可以描述行星运动变化的建模方法，这种方法被称为周转圆。他指出，每颗行星都会沿一个大致与太阳处于同一平面上的巨大圆周（称为圆心轨迹）运动，而每个行星又绕其圆心轨迹上的位置沿小圆周（周转圆）运动。

这种方法有效地描述了太阳的运动轨迹。公元前200年前后，托勒密（Ptolemy）尝试利用巴比伦人收集到的实际数据来验证阿波罗尼奥斯的方法，结果他发现了一个问题：行星的公转速度并非常数。

他指出，如果他能够从其他地方（他称为等分处，equant）测量相关的角度，那么他就能使之奏效。实际上，他对于木星运动轨迹的预测直到1500年前后仍然奏效。

尽管在12世纪时伊本·巴哲（Ibn Bajjah）曾提出了不基于周转圆的行星轨迹理论，但周转圆长久以来一直是西方天文学的根基，直到开普勒（Kepler）时期才告终止。

实际上，利用傅里叶级数可以说明，周转圆方法可以画出任意划过天空的行星的轨迹。如果某个模型与某个星球的轨迹不符，那么你只需要添加更多的周转圆，直至相符为止，而这种举动简直就是对于科学的侮辱。

添加周转圆只会使粗糙的模型变得更加粗糙，但本质上却有一个更为简洁有效的模型。

托勒密发现行星的公转速度并非常数。

地球的确在动

尼古拉·哥白尼（Nicolaus Copernicus，1473—1543）将周转圆融入托勒密的方法，取得了巨大的突破。

位于波兰华沙的哥白尼雕像。

哥白尼发现，如果我们不将地球作为行星运动的中心而是选用太阳的话，那么添加周转圆的过程将大为简化。

哥白尼的同事力劝他发表自己的发现，但哥白尼却拒绝了，他认为将宇宙的中心换作太阳可能会引发争议，进而受到天文学家和教会的强烈抵制。实际上，教会并不十分反对。教皇的秘书约翰·魏特曼斯泰德（Johann Widmannstetter）在罗马做有关日心说的演讲时，教皇克莱蒙七世和几位红衣主教都现身了，其中卡普亚红衣主教还明确加入支持哥白尼发表其发现的阵营。当哥白尼最终发表其发现时，他将其献给了教皇保罗三世。

哥白尼的学说为人所知花费了不少时间。在其去世

开普勒发现行星的运动轨迹可能是椭圆而非圆周。

那年，哥白尼发表了其传世著作《天体运行论》（据说哥白尼在临终前躺在床上时才收到该书的样书）。此时，距离哥白尼学说的两个主要捍卫者伽利略和开普勒的出生尚有几十年的时间，而后来，正是开普勒最终完全抛弃了周转圆。

哥白尼体系的主要问题是他仍然坚持行星沿圆周运动。如果我们放弃圆周，而让行星沿以太阳为焦点的椭圆运动，那么所有行星的运动轨迹都可以以一种更为直观的方式描述。

这就是开普勒第一定律。开普勒第二定律指出，如果按相等的时间间隔从行星向太阳画一条线，那么各段时间内的面积相等。开普勒第三定律指出，行星的轨道周期与椭圆大小（准确而言是椭圆长半轴的长度）的3/2次幂成正比。

牛顿最终解释了上述定律的内在原因，那就是两物体之间的引力大小与其距离的平方成反比。

开普勒和哥白尼在推广日心说时幸免于承受教会的盛怒，而伽利略却没有那么幸运。

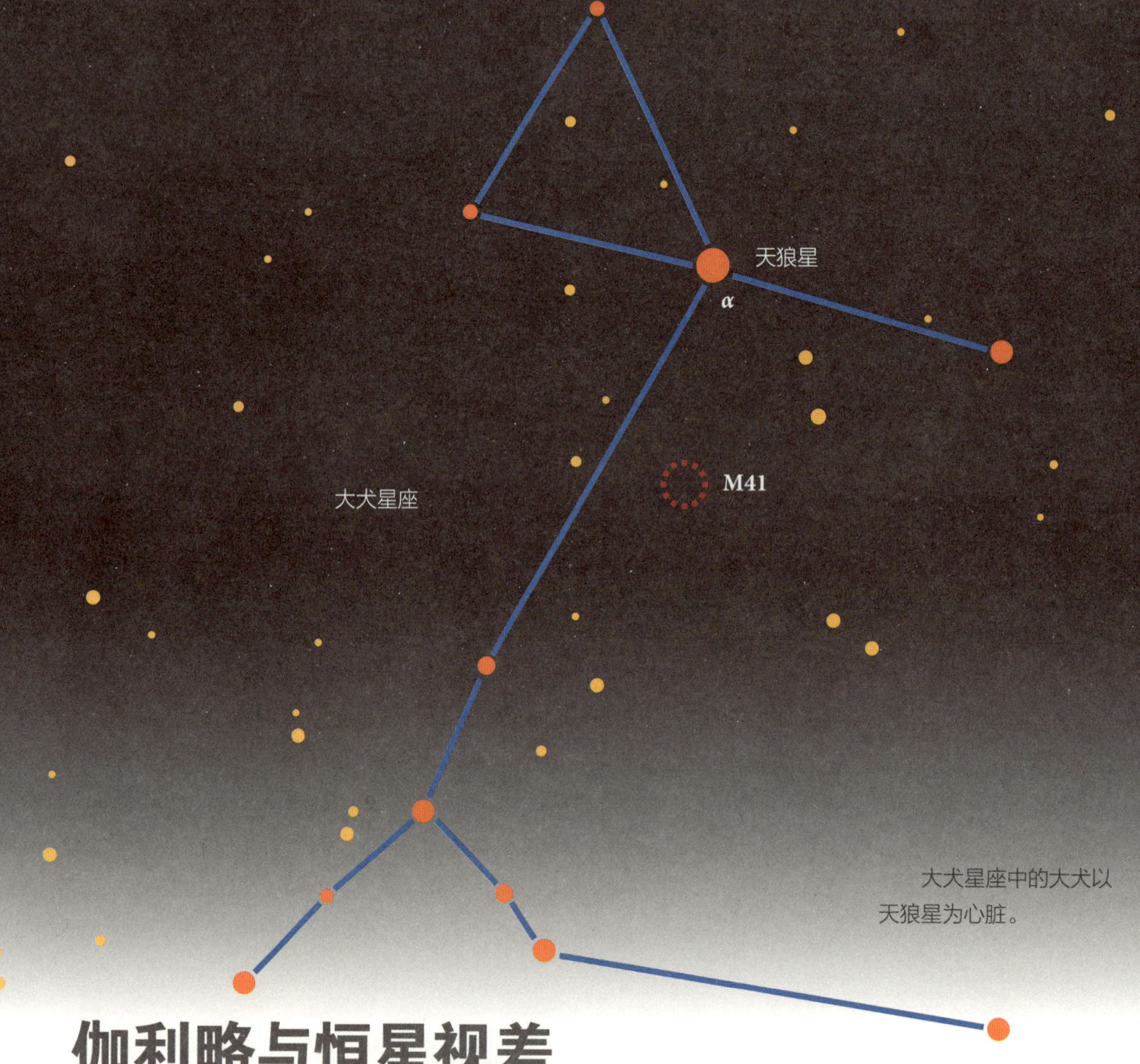

伽利略与恒星视差

17世纪初期广大天文学家对日心说产生疑问的一个理由是挺站得住脚的。

他们的论据是，如果地球绕着太阳转，那么人们将会察觉行星位置在仲夏与仲冬间的变化，但没有人观测到这种被称为恒星视差现象的任何迹象。

然而恒星视差是确实存在的自然现象，只不过十分难于观测，它在伽利略时代无法被观测到的原因正是因为它过于微小。以我最喜爱的恒星天狼星为例，它距离地球8.6光年。地球公转的直径约为16光分，相较于地球到天狼星的距离实在小得可怜（8.6光年是16光分的28000多倍）。因此天狼星在星空中划过的距离对于当时的望远镜而言实在是难以观测。

罗马宗教审判所对尚未发现恒星视差的论据十分满意。该审判所于1615年宣布日心说不仅仅是错误的，而且从哲学上认为是愚蠢而荒唐的，简直就是异教学说，随后便禁止伽利略宣传他的观点。接下来伽利略做了最为狂热的举动，那就是以三人对话的形式写成了一本书，书中的对话者分别名叫萨尔维亚蒂（他支持伽利略的观点）、萨格雷多（中立的外行人）和辛普利西奥（托勒密地心说的拥护者）。

辛普利西奥的许多论据均取自教皇，因此让教皇觉得自己在书中被描写得像是一个傻瓜。显然教皇不会喜欢这本书：伽利略最终被判定为异教徒，在软禁中度过了人生的最后九年，而他的畅销书则被列为禁书。直至1835年，伽利略的著作才被允许再度印刷。

罗马宗教审判所勒令伽利略“公开宣称其放弃、诅咒和憎恶日心说中的观点”。据传，伽利略在诅咒完日心说后，低声细语道：“可地球的确在动！”。但与其他传奇故事不同，这句话似乎是近代才加于伽利略的。

伽利略在宗教审判所审讯后说：“可地球的确在动！”

伽利略后来的故事

哥白尼说“以太阳为中心，事事变得更为简单”，而开普勒说“为什么不以椭圆代替圆？”

牛顿则说：“看我的，让我们把新发展的微积分技巧用在天文学上。看，所有问题都迎刃而解。”这是天文学背后的数学，但事实就是如此吗?

不，并非如此。

除了擅长惹恼教皇外，伽利略的确有一些看家本领。

伽利略利用他所发明的望远镜发现了木星的几颗卫星，这是日心说模型的有力佐证。起初伽利略以为他所发现的是行星，但在几天的观察后，他意识到这几颗行星正围绕着木星旋转，这是地心说所完全无法解释的。

伽利略还观测到了太阳黑子，这推翻了亚里士多德认为太阳是完美而永恒不变的观点。

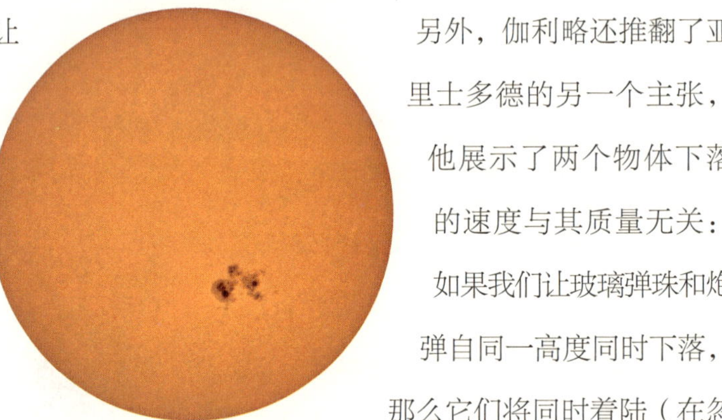

伽利略通过望远镜观测到了太阳黑子

另外，伽利略还推翻了亚里士多德的另一个主张，他展示了两个物体下落的速度与其质量无关：如果我们让玻璃弹珠和炮弹自同一高度同时下落，那么它们将同时着陆（在忽略空气阻力的前提下）。

伽利略提出了牛顿第一运动定律（运动物体均保持匀速运动，直到外力迫使它减速为止）。

伽利略指出平方数与整数一样多，这领先于集合论学者康托（因为每个整数均有平方，因此平方数与整数一样多，即便平方数比整数更为稀疏）。

伽利略还指出，物理学定律在任何匀速直线运动的体系中均相同。

这就是为何人们在火车上跳起后仍

伽利略在重力和运动学定律方面的工作领先于牛顿。

然会落在起跳位置，而不是撞在车厢的后部。

这种观点是相对论的基本原则，而相对论要在300年后才出现。

爱因斯坦所做的阐释

俗话说，阳光是最好的消毒剂，但正是光最终毁灭了牛顿对于天体系统的解释。

并非所有事物都遵循牛顿定律。

首先请允许我说明，牛顿定律在大部分情况下都是描述物体行为的优秀模型。牛顿定律并非有误，至少在其适用领域内是正确的，但它并不适用于高速运动的事物或质量巨大的事物。

阿尔伯特·爱因斯坦（Albert Einstein，1879—1955）所关注与研究的正是这些情形。众所周知，爱因斯坦的各种实验通常是在其大脑中而不是实验室中完成的。但世界上没有哪个实验室能够产出比爱因斯坦更为影响深远的结论。爱因斯坦从两个假设出发，最终发展出了变革整个物理学的一套理论。

第一个假设来自伽利略：物理学定律对于相对于各自进行匀速运动的所有观测者是相同的。第二个假设是光速对于所有人都是相同的，与光或人的运动方式无关。

上述假设能推导出大量结论，其中最让人难以想象的是时间并非对于所有人而言都是沿直线消逝的。例如，假设我以接

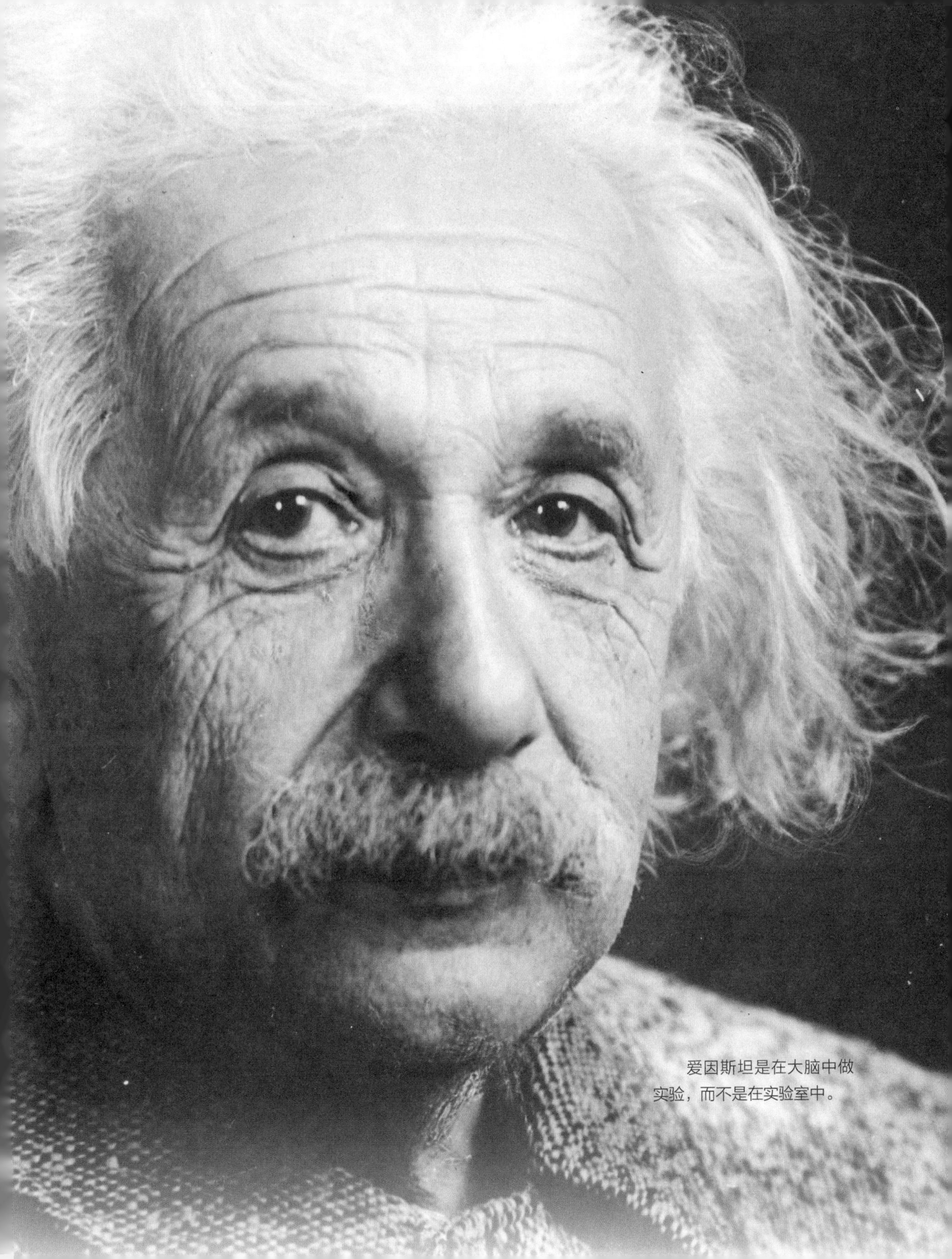

爱因斯坦是在大脑中做实验，而不是在实验室中。

在以接近光速行驶的太空巡洋舰中旅行会对时间以及太空巡洋舰的外观产生各种影响。

近光速的速度往返月球，那么在我归来时我的手表将不再与你的手表同步。

在您看来同时发生的事情在我看来可能不是同时发生的，这取决于我的运动方式。任何事物的速度都不会超过光速（至少信息和物质如此）。运动的物体比它们所展现出来的更短。

当然，爱因斯坦最为知名的结论是：物体所蕴含的能量等于其质量乘以光速的平方，即

$$E = mc^2$$

这就是狭义相对论。随后爱因斯坦提出了广义相对论，将重力重述为时空（在三维空间添加时间后得到的四维推广）的曲率。

我似乎听到了此起彼伏的反对声：“但这绝对是物理，不是数学！”的确如此，但我的理由早已阐述：在本章大部分

爱因斯坦最为著名的公式。

内容中，数学如同骑在闪闪发光的白色战马上，它帮助人们改进糟糕的模型，以便让其更好地解释物理实验。

爱因斯坦的工作却并非如此，他提前给出了数学公式，静待物理实验来验证其正确性。

天文学家的工作令人羡慕。他们只需查看庞大的计算机程序输出的结果，然后考虑发生了什么就行，而数学家们却需要查看源代码。

然而此情形时日不长，恶魔喝道："嗬，要有爱因斯坦！"于是一切又归于原状。

——J. C. 斯夸尔

CHAPTER 5 第五章

无穷小 THE INFINITESIMAL

在本章中，龟兔赛跑的胜者将是乌龟，人们细心地用多边形来裹住圆周，人类历史上两个最聪明的人就数学争吵不休，相互声明："不，我才是它的发现者。"而最终，人类得以测量斜率与面积。

芝诺"阿基里斯与龟"的悖论后来演变为"龟兔赛跑"。

芝诺

芝诺悖论是数学家最喜爱的工具之一。从假设中利用逻辑推导出荒诞的结论是说明假设、逻辑或对于荒诞事物的理解中存在问题的有效手段。

埃利亚的芝诺（Zeno of Elea，约公元前490年—公元前430年）除了研究悖论似乎并无其他爱好。芝诺是巴门尼德（Parmenides）的追随者，巴门尼德相信“变化并不存在，运动只是假象”。据说许多巴门尼德的反对者造出了许多悖论，用来诋毁他的学说。

根据古希腊的街道法则，如果某人以悖论来诋毁巴门尼德，那么他可能马上遭到芝诺以悖论进行的攻击。这种事情的确上演了，如同帕特农神庙巍巍矗立一样真实。

芝诺最为知名的悖论是阿基里斯与乌龟赛跑的故事，显然大家一致认为阿基里斯会轻松获胜。

埃利亚的芝诺

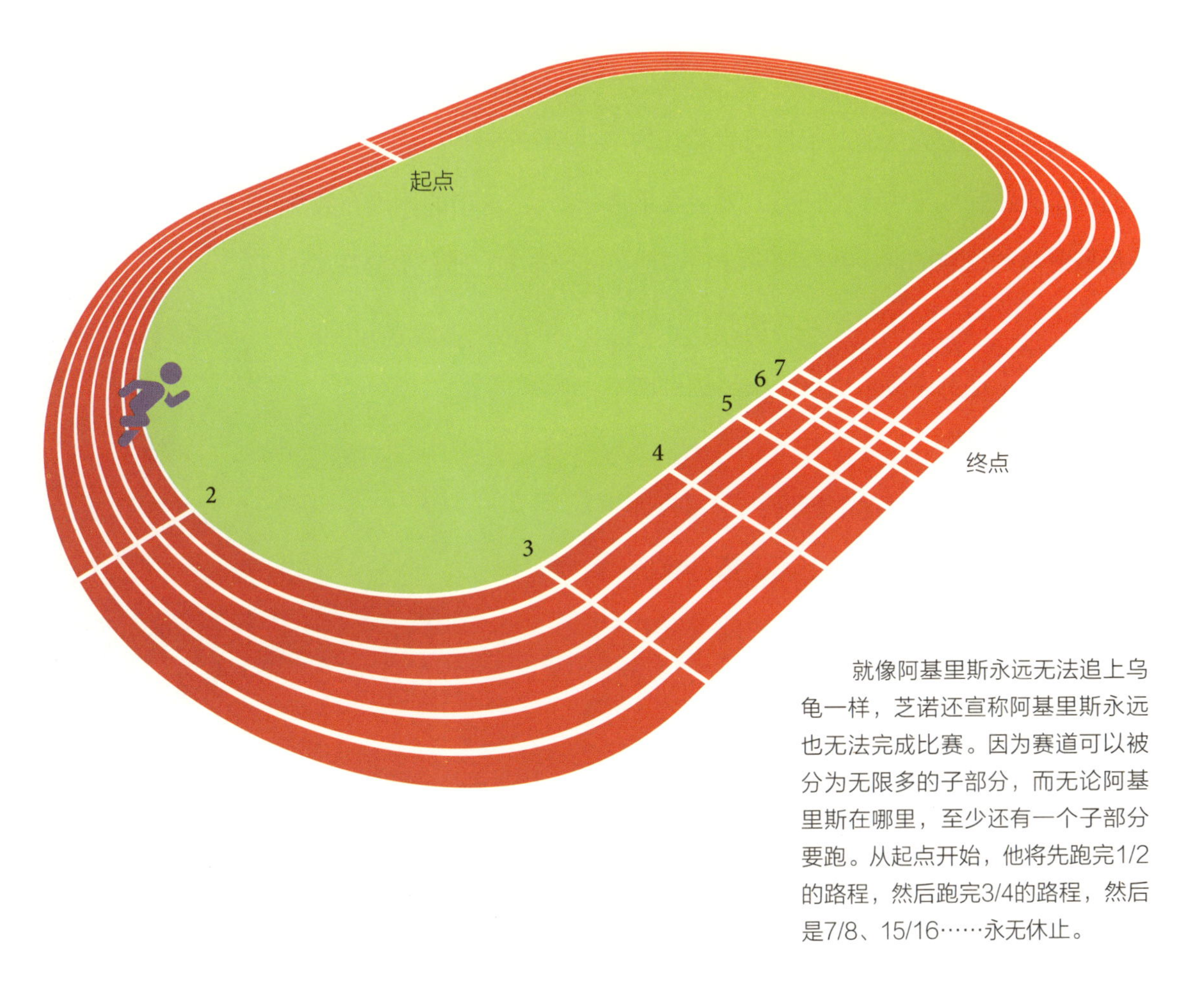

就像阿基里斯永远无法追上乌龟一样，芝诺还宣称阿基里斯永远也无法完成比赛。因为赛道可以被分为无限多的子部分，而无论阿基里斯在哪里，至少还有一个子部分要跑。从起点开始，他将先跑完1/2的路程，然后跑完3/4的路程，然后是7/8、15/16……永无休止。

很自然地，阿基里斯让乌龟先跑而后自己去追赶乌龟。阿基里斯是奔跑速度最快的人类，而乌龟是行动最慢的生物之一。

芝诺承认结果显而易见，但他却不承认比赛的胜者是阿基里斯。他的论据是，当阿基里斯跑到乌龟出发的地方时，乌龟已经前进到了其他地方。

而当阿基里斯跑到那个地方时，乌龟又已经前进到了其他地方，如此往复。这样阿基里斯将永远无法追上乌龟！

类似地，芝诺还宣称飞矢是无法穿越空气击中目标的：如果飞矢要击中目标，那么它必须先飞行一半的距离，而要想到达中点又必须先飞1/4的距离，以此类推。

时间是无穷无尽的，但任意有限长的时间都无法完成无穷多个任务。要让我来反驳芝诺的论点的话，我就会拿来弓箭对芝诺说："好，芝诺，你站在这儿，让我试试我手上这支本应永远也无法到达目标的箭能否射中你。"

芝诺还有一些其他的悖论：飞矢不动是因为在任意时间点它在空间上都是静止的，而任意物体都无法在同一时间点位于两个不同的位置。因此，在任意特定的时间点，箭必然在空间中的某一点。那么在彼时彼刻，箭必然是静止的，因此它将会从天上掉下来。还有一个悖论是关于从口袋中倒出的大米，每一颗米粒都不会发出声音，但倒出时的大米却沙沙作响。据传芝诺创造了大约40个悖论，只是现存的仅有9个。

芝诺的悖论在数学和哲学上都有十分巧妙的解答。阿基米德和圣托马斯·阿奎那（St Thomas Aquinas）是尝试解答芝诺悖论的众多学者之二。尽管让运动员与乌龟进行真

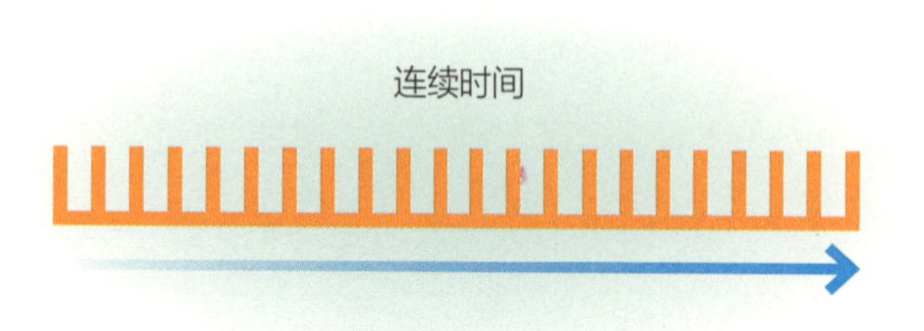

飞矢的运动轨迹。

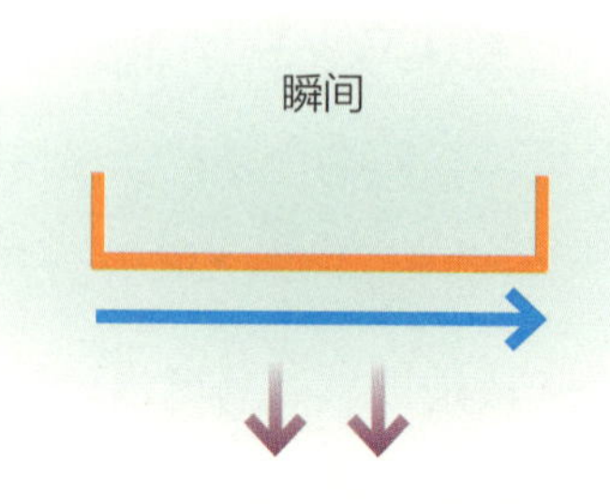

在任一瞬间点飞矢都应当是静止的，因此它会跌落下来。

实赛跑的结果会令人信服，但这种方法并未阐述出芝诺论据的错误在哪里。要想严格地说明芝诺是错误的，我们需要微积分的知识。

一粒大米能发出多大的声音？

阿基米德和无穷小

阿基米德是首批计算出非正则形状面积的数学家之一。

正方形和矩形的面积十分容易计算。三角形、平行四边形、梯形和菱形等各种多边形无论正则与否其面积也较易计算。但计算这些图形面积的方法均不适用于计算弯曲图形的面积。例如，抛物线是将球扔向空中后球所划过的轨迹，它是某二次函数的曲线。如果你试着将抛物线下的图形分解为三角形（或其他任意直线构成的图形），那么你很快就会发现，无论怎么分，必然会剩下一块弯曲的图形。

阿基米德敏锐地发现他不应止步于此：如果继续添加三角形，那么所有三角

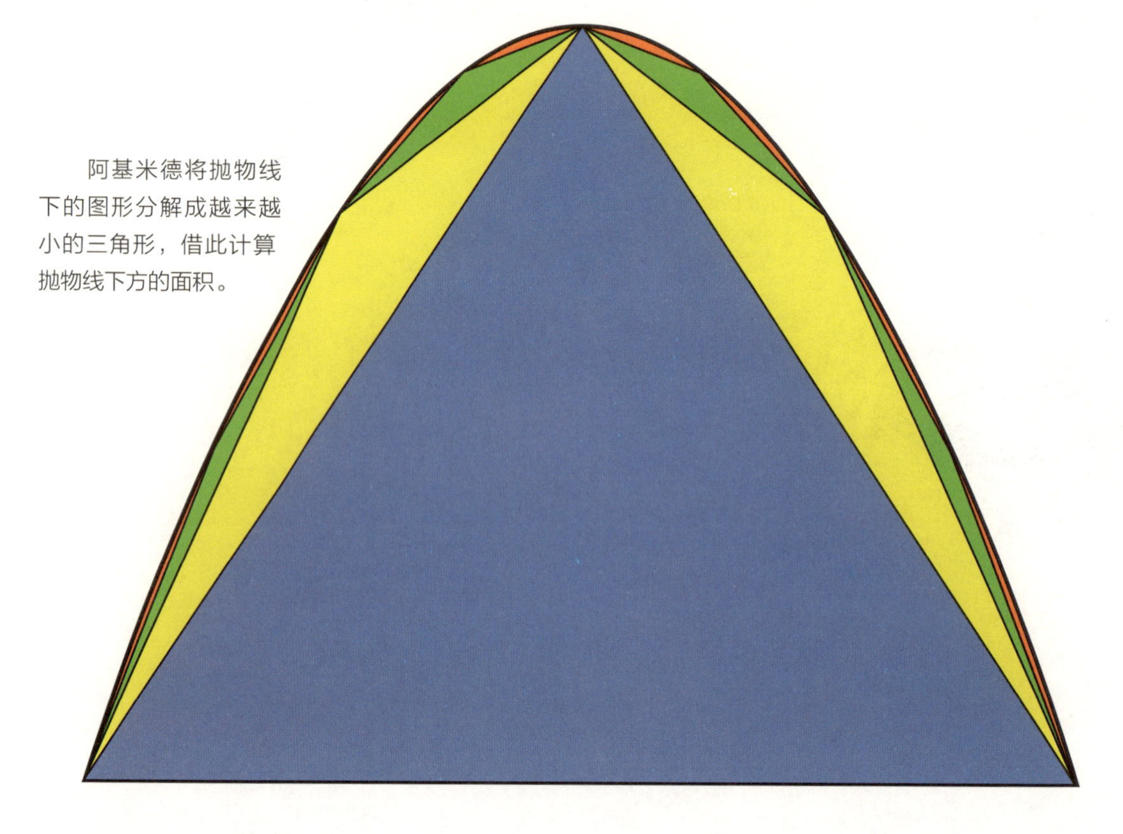

阿基米德将抛物线下的图形分解成越来越小的三角形，借此计算抛物线下方的面积。

据传阿基米德被罗马士兵杀害时正在研究曲线与圆。

形面积之和将与抛物线下图形的面积越来越近。

在画出包含于抛物线下图形的第一个三角形后，可以在这个三角形的两边分别添加一个三角形，经计算，每个三角形的面积为第一个三角形面积的1/8。因此，添加两个三角形意味着添加第一个三角形面积的1/4。

下一步，在之前添加的两个三角形的两边再分别添加两个三角形，共计4个三角形。通过计算发现，这4个新添加的三角形面积之和为之前所添加的两个三角形面积之和的1/4。

如此反复，每一步所添加的面积为上一步所添加面积的1/4。如果用现代数学语言描述，设第一个三角形的面积为A，则所得的面积之和为：

$$A\,(1+1/4+1/16+1/64+\cdots)$$

阿基米德当然不知道现代的数学记号，更不用说几何级数的计算公式了。因此，阿基米德必须自己证明该计算公式。

他的证明方法如下：首先考虑一个面积为4的正方形（如下图所示），在左下方放置一个面积为1的正方形，再在它的右上方放置一个面积为1/4的正方形，再在它的右上方放置一个面积为1/16的正方形，如此反复。

你会发现，面积为4的正方形内左上、左下和右下方的3个最大的面积为1的正方形中有1个是绿色的，而其右上方的面积为1的正方形中同位置的3个面积最大的正方形中有1个是绿色的，以此类推。因此，所有绿色正方形面积之和为正方形面积的1/3，即4/3。由此可知，抛物线下图形的面积为内接三角形面积的4/3倍，而内接三角形的面积很容易计算。

阿基米德所想象的不断变小的正方形序列。

圆周率π

阿基米德还尝试过计算圆形的面积。实践证明，古希腊时期的各种方法均无法计算圆形的面积，但这并没有阻止阿基米德继续探寻的脚步。他在计算圆形面积上也迈出了重要一步，其方法如下。

首先，在圆内画一个内接正六边形。这不难做到，而且不费太多气力就可以算出这个六边形的周长。设圆的半径为1，那么正六边形的周长为6。

然后你可以在圆外画一个外接正六边形，其周长为$4\sqrt{3}$。这意味着，圆的周长（2π）在6～6.93之间，从而π在3～3.46之间。

幸运的是，阿基米德并未止步于正六边形。接下来他尝试了正十二边形，它的外围形状比正六边形更加圆滑、更加接近圆形，因此所得到2π的上下界也更为精

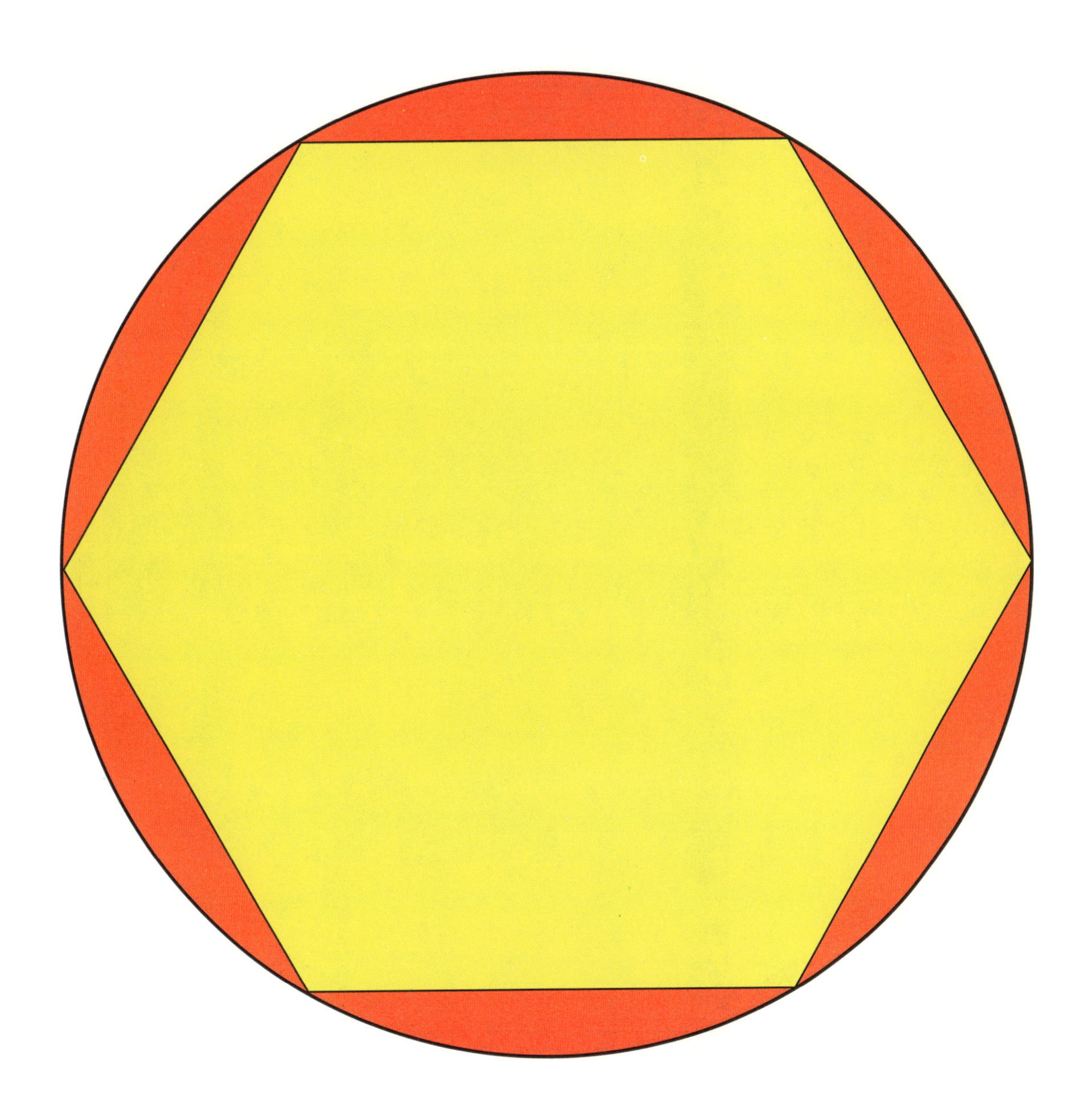

半径为1的圆形与周长为6的内接正六边形。

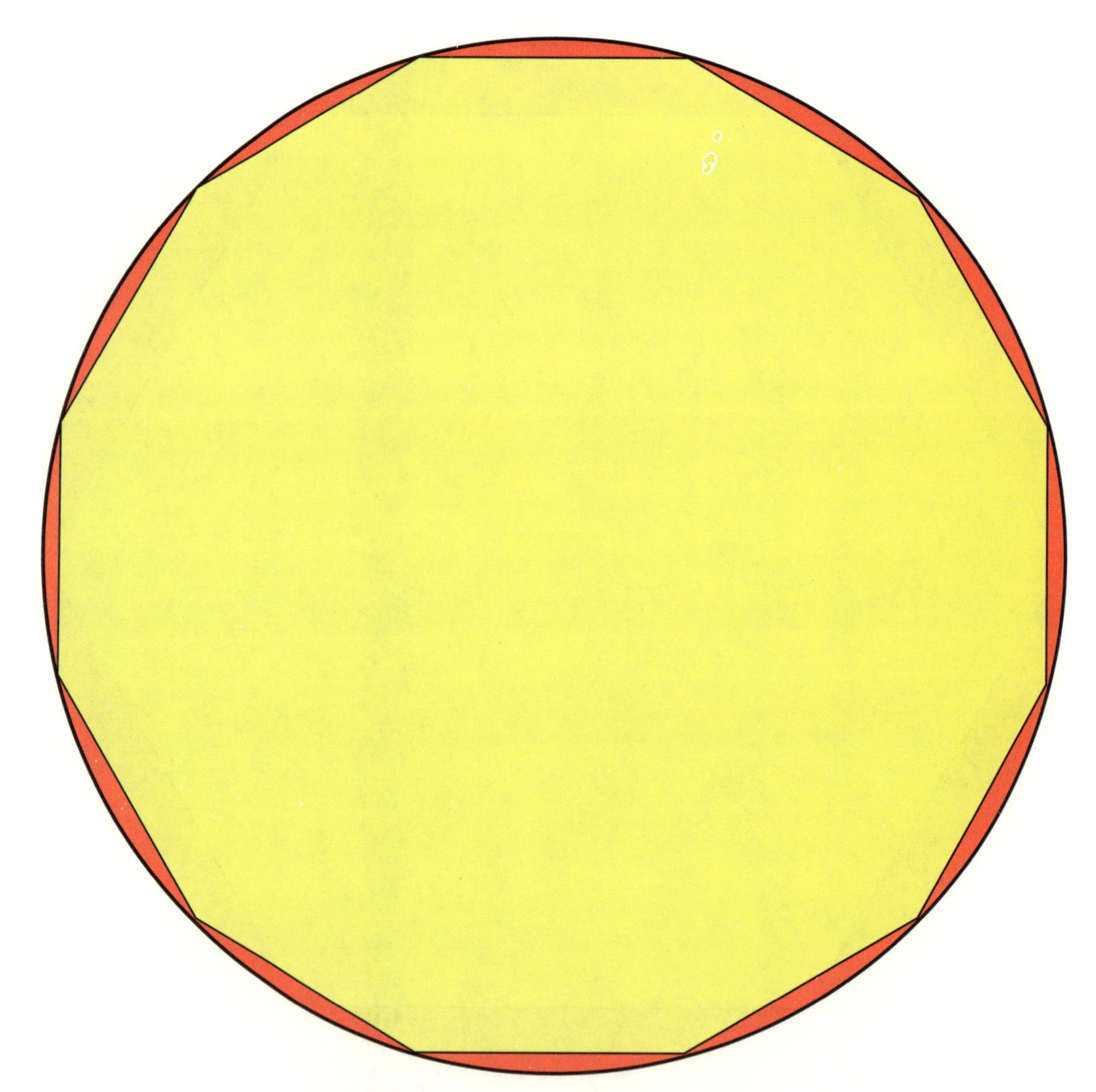

在圆内做内接十二边形使得阿基米德更上一层楼。

确。使用这种方法所得到的2π的上下界为$24(2-\sqrt{3})$和$6(\sqrt{6}-\sqrt{2})$，约等于6.43和6.21，因此π在3.11～3.21之间。

下一步是使用正二十四边形，它的逼近效果更好。然后是正四十八边形和正九十六边形，这就是阿基米德所尝试的最大边数。

阿基米德能够用有理数表示他画的图中各种无理数的上下界（当然，正二十四边形的周长已经很难用根式表示了），进而他发现π在223/71～22/7之间，如果用十进制表示，就在3.1408～3.1429之间。

取上述上下界的平均值所得到的π的近似值与其实际值仅相差1/12000，可见阿基米德的方法行之有效。

阿基米德所采用的这种方法直到17世纪末仍是计算圆面积最为先进的方法（至少在欧洲如此），只是后来计算三角函数值的方法得到了很大的改进。截至1630年，π的前39位数已经确定：

3.14159265358979323846264338327950288419

使用无穷级数所得到的近似值直到1699年才超越上述纪录。

圆的内接二十四边形。

刘徽的方法

阿基米德的方法直到17世纪末在欧洲仍是计算圆面积最先进的方法。然而，他的方法早在3世纪即被中国数学家刘徽（公元225—295年）的方法所超越。

刘徽的方法与阿基米德的方法如出一辙但更进一步。他发现前后两个内接多边形的面积之差约为1/4。

刘徽利用这个发现来披沙拣金。在与阿基米德一样利用正九十六边形计算出π的近似值后，他将正九十六边形和正四十八边形面积之差乘以1/3并将其加于π的近似值之上（正如阿基米德已经证明的，将每一项为前一项1/4的无穷数列从第二项起相加等于首项的1/3）。

刘徽的这种方法可以使正192边形就达到阿基米德方法中正1536边形才能达到的精度！这意味着计算更加高效。后来的中国数学家在刘徽的方法上更进一步，祖冲之（公元429—500年）利用正12288边形估计出3.14159261864<π<3.141592706934。这个上下界的均值与π的实际值仅相差亿万分之三。祖冲之还利用拟合算法得到了π著名的近似值355/113，此近似值与π的实际值仅相差一千二百万分之一。

难以想象还有什么场合需要比这个还高的精度！

祖冲之将阿基米德的方法推广至正12288边形。

牛顿VS莱布尼茨

这是数学史上最为著名的假设之一：假设牛顿与莱布尼茨并未将生命的最后几十年用于反复争论究竟是谁发明了微积分，而是用于扩展微积分理论或者调和二人所用记号之间的差异。那么牛顿和莱布尼茨将可以获得更多成就。

微积分发展的时间线并无争议：牛顿于1666年开始研究微积分但并未立刻发表其研究结果。在牛顿研究微积分期间，莱布尼茨于1674年按照自己的方式开始研究，并于1684年发表其研究结果。

牛顿所著的《自然哲学的数学原理》一书于1687年出版，书中较为详细地介绍了微积分的几何形式。1696年，洛必达在缩写的介绍莱布尼茨版微积分的著作中时感谢了牛顿书中的几何形式。

牛顿直至1704年，也就是他形成微积分观点之后约40年，才解释了牛顿版微积分的符号版本。

究竟是牛顿还是莱布尼茨先想到微积分并无争议。牛顿的密友尼古拉·法蒂奥·丢勒（Nicolas Fatio de Duillier）最先发起了一项更为严重的指控，即莱布尼茨剽窃了牛顿的想法。

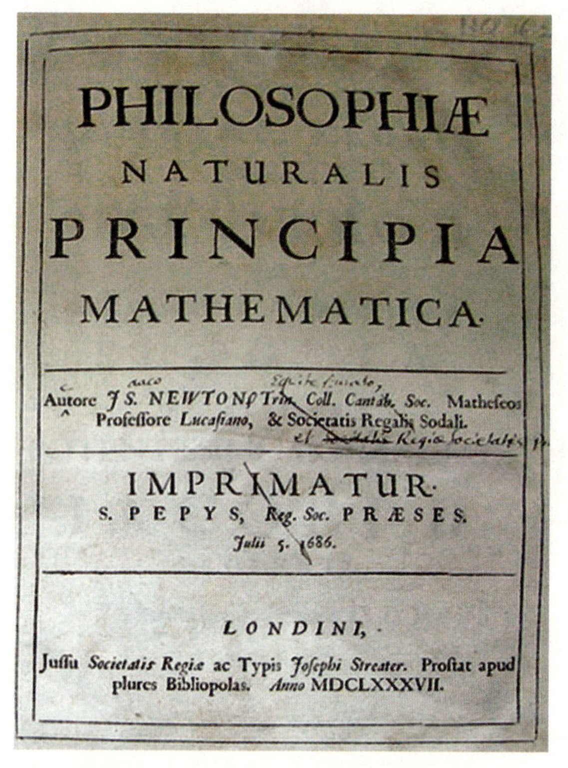

PHILOSOPHIÆ

NATURALIS

PRINCIPIA

MATHEMATICA.

Autore JS. NEWTON, Trin. Coll. Cantab. Soc. Matheseos Professore Lucasiano, & Societatis Regalis Sodali.

IMPRIMATUR.

S. PEPYS, Reg. Soc. PRÆSES.

Julii 5. 1686.

LONDINI,

Jussu Societatis Regiæ ac Typis Josephi Streater. Prostat apud plures Bibliopolas. Anno MDCLXXXVII.

牛顿本人的《自然哲学的数学原理》书稿，上面写有牛顿为第二版所手写的更正。

1712年，伦敦皇家学会（主席：牛顿，显然他在此事中是一位“抽身事外”的权威人士）出版了一份报告，声称包含了证实莱布尼茨剽窃的所有通信往来。可莱布尼茨却并未受邀在此报告中陈述他的观点。

然而莱布尼茨的行事的确令其处境更为艰难。牛顿的一篇于17世纪60年代流传的文稿曾神秘地出现在莱布尼茨的文案之上。另外，莱布尼茨的文稿发现曾被修改、补充过，或时间有所改动（有一篇文稿如此）。有一段时间，莱布尼茨的确与牛顿有书信往来，也曾向其同事寻求建议。

即便莱布尼茨的确曾自其手中的文稿汲取灵感（一个精明的抄袭者肯定会恰当地处理这份文稿，而莱布尼茨本人十分精明），但每个曾经教授或学习过微积分的人都知道，即便有一整本教材在手边，也很难掌握微积分的精髓。

即便真是如此的话，莱布尼茨仅从几条暗示中就构建起了一整套复杂的学术体系、采取了完全不同的研究路线（莱布尼茨从积分出发，而牛顿从微分出发），还采用了更为有效的记号（牛顿以点和线来表示不同的导数，而莱布尼茨的符号体系则大量采用了字母d，这也是如今广泛使用的导数记号），我认为这将是比从草稿中发展出微积分更为精彩的脑力劳动。

我为莱布尼茨的境遇感到些许惋惜：他是独立发明微积分的第二人，却被人冠以骗子和强盗的名声。这很大程度上是因为牛顿滥用其在伦敦皇家学会的职权发起了一场针对莱布尼茨的运动，而牛顿却假装在这场运动中保持中立。就此事而言，我想我们每个人的眼睛都是雪亮的。

莱布尼茨被牛顿爵士指控剽窃其成果。

微分原理

当你接近某个斜坡时，你可能会看到路旁写有“12%”或“1∶8”的警告标志，告诉你这个斜坡究竟有多陡。

“12%”的标记指每水平移动100米就会上爬12米，而“1∶8”的标记则意味着每水平移动8米就会上爬1米。在驾驶和

数学中，它们被称为斜坡的斜率。

问题是，如果山坡是逐渐变陡的怎么办？如何描述时刻变化的斜率？这就是微积分的研究内容。

假设你痴迷于得到某处最精确的斜率，你所能做的是，自该处起取一小段斜坡并计算出这段斜坡的斜率。水平移动多少毫米会上升1毫米？你可以将这种测量做到微米级、纳米级，等等。此时的斜率会趋近于一个数值（尽管该数值可能意义不甚明确）。

对于数学函数而言，这个数值的意义更为重要，而计算此数值的技巧与此并无二致：你首先计算函数在你希望计算斜率处的取值，不妨设为$f(X)$，再计算其在该处微小位移后一点的取值$f(X+h)$。为了计

算过两点的直线的斜率，你只需首先计算两处取值之差（代表着上升的距离），然后除以水平的位移h，得：

$$\frac{f(X+h)-f(X)}{h}$$

令h逐渐减小，那么你对于该点处斜率的近似值就越来越准确。通过一些数学技巧，可以研究当h变为0时上式的取值（至少对于性质良好的曲线如此），这就是数学上对于某点斜率的定义。

牛顿

毫无疑问，牛顿（1643—1727）是一位极具影响力的科学家。尽管牛顿在发现重力方面并没有太多贡献（毕竟前人早就发现物体会落到地面上），但是正是他利用数学方法对重力进行了解释。

正是为了纪念牛顿的重要贡献，经典力学又被称为牛顿力学。牛顿在光学领域也取得了许多重要进展（不知你是否知道平克·弗洛伊德以棱镜作为封面的著名专辑？牛顿是第一个做棱镜实验的人，当然牛顿在前卫摇滚方面的影响尚未得知）。

牛顿最重要的贡献是开创了微积分这门学科，随后几十年他一直都在与莱布尼茨争吵究竟谁才是该学科的创始人。

重力的数学理论框架意义重大、影响深远。牛顿成功解释了开普勒的行星运动定律，然后转而解决了潮汐与彗星等天文学中的理论问题。牛顿还成功解决了一个重要的实际问题：他建成了世界上第一台可以有效工作的反射望远镜。

树上的苹果砸到牛顿？牛顿的确曾经提及他看到苹果落地后受到启发。他意识到是重力使苹果朝地球的中心下落，而苹果也会将地球拉向自己。而且，他还意识到重力不仅仅存在于地球表面。既然如此，月球上自然也可能有重力。

牛顿在用光学器件对阳光做实验。

在数学上，牛顿推导出了关于冷却的指数定律（该定律被奇怪地称为牛顿冷却）、将正整数情形的二项式定理进行了推广、提出了一种求解方程的数值解法（称为牛顿-拉夫森方法，即牛顿迭代法）。实际上，只要牛顿对某事感兴趣，他就肯定能在这件事上取得进展（除了炼金术）。牛顿死后被发现头发中含有水银，这就解释了为何他晚年行事怪僻。

牛顿的反射望远镜。

显然牛顿对议会政治不感兴趣，虽然他是代表剑桥大学的国会议员，但据说他在议会中唯一做过的事是抱怨有风。

在担任英国皇家铸币局局长期间，牛顿行事成效颇高。他几近疯狂地发起了一场对抗货币伪造的运动。他乔装打扮游走于酒吧和酒馆之间收集证据，最终成功判处了近30名伪造货币者。

牛顿于1705年被安妮女王授勋爵位，当然这可能主要是出于政治目的而非对其科学成就的认同。牛顿于1726年或1727年的冬天在睡眠中离世，其逝世年份不明是因为当时新旧两种历法同时生效。

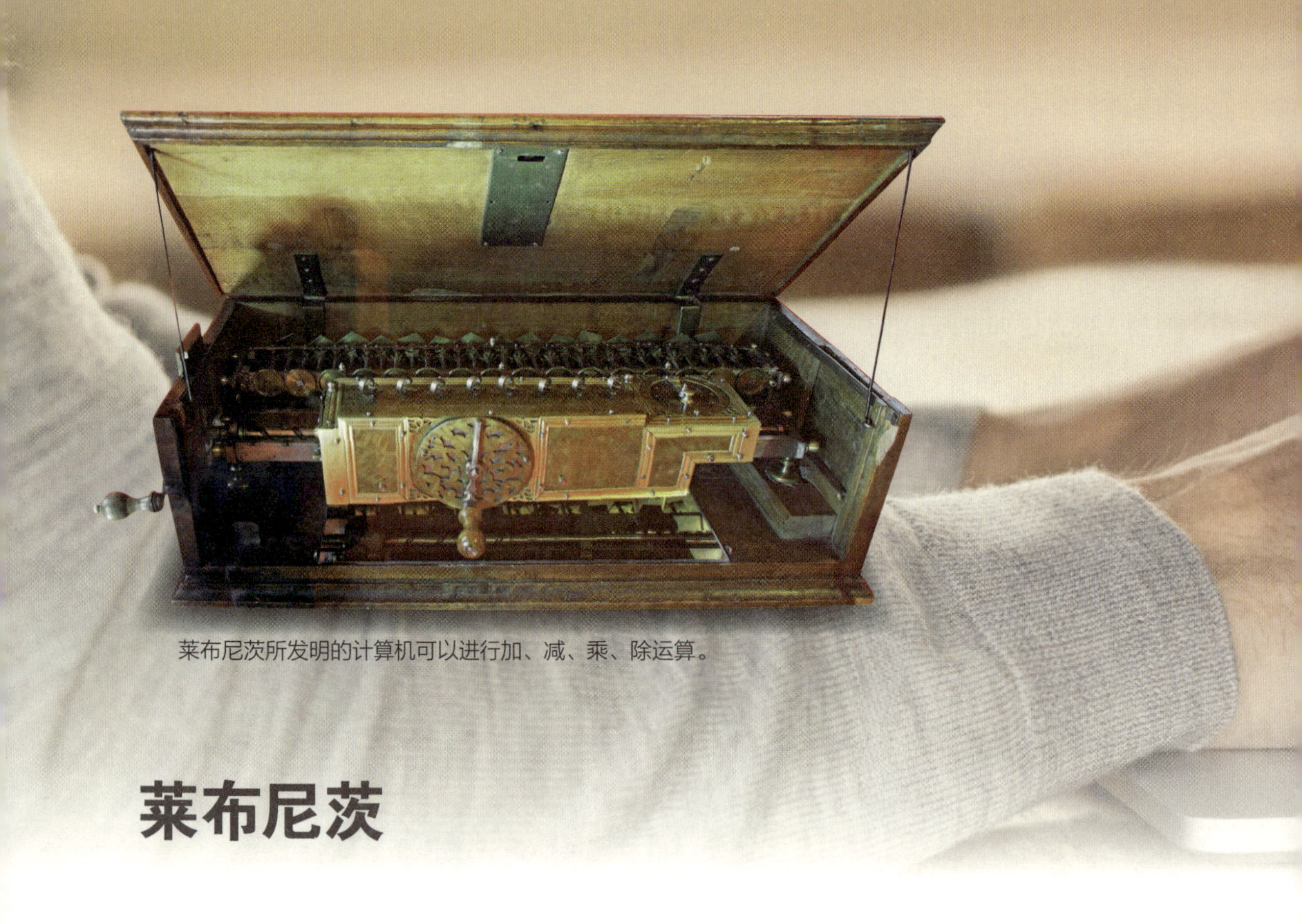
莱布尼茨所发明的计算机可以进行加、减、乘、除运算。

莱布尼茨

戈特弗里德·莱布尼茨（Gottfried Leibniz，1646—1716）并非微积分的创始人，但他很可能是独立于牛顿共同开创了微积分。更为关键的是，莱布尼茨做得比牛顿好。

除了开创了可能是数学史上最为重要的进展之一外，莱布尼茨在计算机的发展历程中也占有重要的一席之地。显然，如今的许多学生都应当很感激他在这方面的贡献。

莱布尼茨不仅发明了几种计算器，他更是想出二进制系统的首批科学家之一。没有二进制系统的存在，我将无法在计算机上键入本书的内容，而你也无法用手机或平板电脑对本书留下好评。

莱布尼茨的父亲是道德哲学教授，将其所有藏书都留给了莱布尼茨。年轻的莱布尼茨如鱼得水，其涉猎比一般的学生广泛得多，还熟练掌握了拉丁文。他在莱

莱布尼茨是计算机程序的奠基人之一。

比锡研读哲学，在获得硕士学位后转修法律。莱布尼茨于1666年在阿尔特多夫毕业，而后成为一名外交官。在被委派至巴黎期间，他遇到了惠更斯，并意识到自己的数学与物理知识是多么的参差不齐。在导师惠更斯的指导下，莱布尼茨很快找到了窍门，据说他在学习期间就开创了微积分。当然，实际上两者是不同的时间段。

莱布尼茨还提出了高斯消去法（求解联立方程的方法）和布尔逻辑（当今的计算机也部分地归功于此），并引进了能量转化的观念，先于爱因斯坦指出空间与时间是相对的而非绝对的。

莱布尼茨于1716年逝世，生前一直以外交官和法学家的身份在多方资助下开展他的研究工作。在逝世之时莱布尼茨已在法院失宠，逝世之后他也在无名的墓碑中安卧了50年之久。莱布尼茨在许多方面的成就超越了牛顿，但他的名字却只在与牛顿并列时才被提及，不禁令人唏嘘不已。

鹦鹉螺的对数螺线等自然现象都可以通过无穷小的方式进行探究。

非标准微积分

微积分的传统表述方式主要基于切线和极限，但这并非唯一的表述方式，人们还可以利用无穷小来推导微积分。

无穷小是极其小的数，它比任何实数都小。早在牛顿和莱布尼茨的工作中就有无穷小出现的迹象，只是后来极限成了标准方法。直到20世纪60年代，亚伯拉罕·鲁滨逊（Abraham Robinson）才奠定了无穷小的基础。

超实数与数学的标准公理完美契合，它为计算导数提供了稍显更为直观的方法。在非标准微积分中，没有标准微积分的极限、ε和δ，而是函数在某点以及与该点距离无穷小的另外一点处的取值除以无穷小，同时忽略其他的无穷小。这就是你想计算的导数！

尽管有实验表明，采用这种方法理解

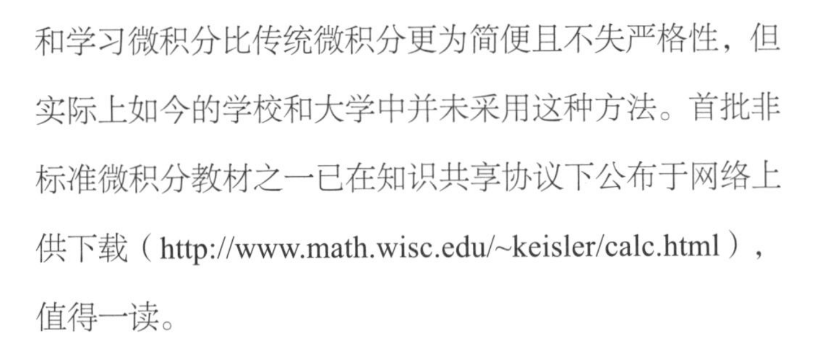

和学习微积分比传统微积分更为简便且不失严格性，但实际上如今的学校和大学中并未采用这种方法。首批非标准微积分教材之一已在知识共享协议下公布于网络上供下载（http://www.math.wisc.edu/~keisler/calc.html），值得一读。

重温芝诺悖论

微积分解决了芝诺悖论，因为微积分为探讨微小尺度下所发生的事物提供了理论框架。

尽管每时每刻乌龟都在前进，而阿基里斯都需要追上它，但阿基里斯追上乌龟所需的时间在逐渐变短。阿基里斯追上乌龟所花的无穷多个短暂的时间加起来是一个实数，此刻他与乌龟平手，而后便绝尘而去。同样的论断也适用于飞矢不动的悖论，我射出去的箭将芝诺钉在墙上时，箭飞过的距离是房间宽度的无限多个分区之和。

实数意味着箭会抵达目标。

第六章 CHAPTER 6

法国大革命 THE FRENCH REVOLUTION

在本章中，人们发现十进制更易于进行单位转换，一名政治狂热分子在进行了一夜艰深的数学推导后被人射杀，而无穷多的波形被叠加在一起。

决斗用的手枪、配件和火药，正是这些东西终结了伽罗华的生命。

十进制

在《哈利·波特与魔法石》的起始，海格向哈利·波特做了如下有关巫师货币系统的解释：

“金色的称为加隆，17个银西可等于1加隆，而29个科纳等于1西可，非常简单。”

多么离奇有趣！因为你肯定无法想象世界上哪个如同美国一样的重要经济体如今还使用如下的度量体系：12英寸等于1英尺，3英尺等于1码，22码等于1测链，10测链等于1浪，8浪等于1英里。

同样，英国如今也不会使用如下愚蠢的度量体系：16盎司等于1磅，14磅等于1英石，8英石等于1英担，20英担等于1吨。

如果英国的品脱、加仑和美国的品脱和加仑是不同的度量，那将会是十分怪诞的，不是吗？

你说什么？在英国和美国它们的确是不同的度量，但世界上的其他国家却并非如此（利比里亚和缅甸除外，我压根不知道这两个国家究竟使用品脱还是加仑）。

十进制度量比英寸与英尺更符合逻辑。

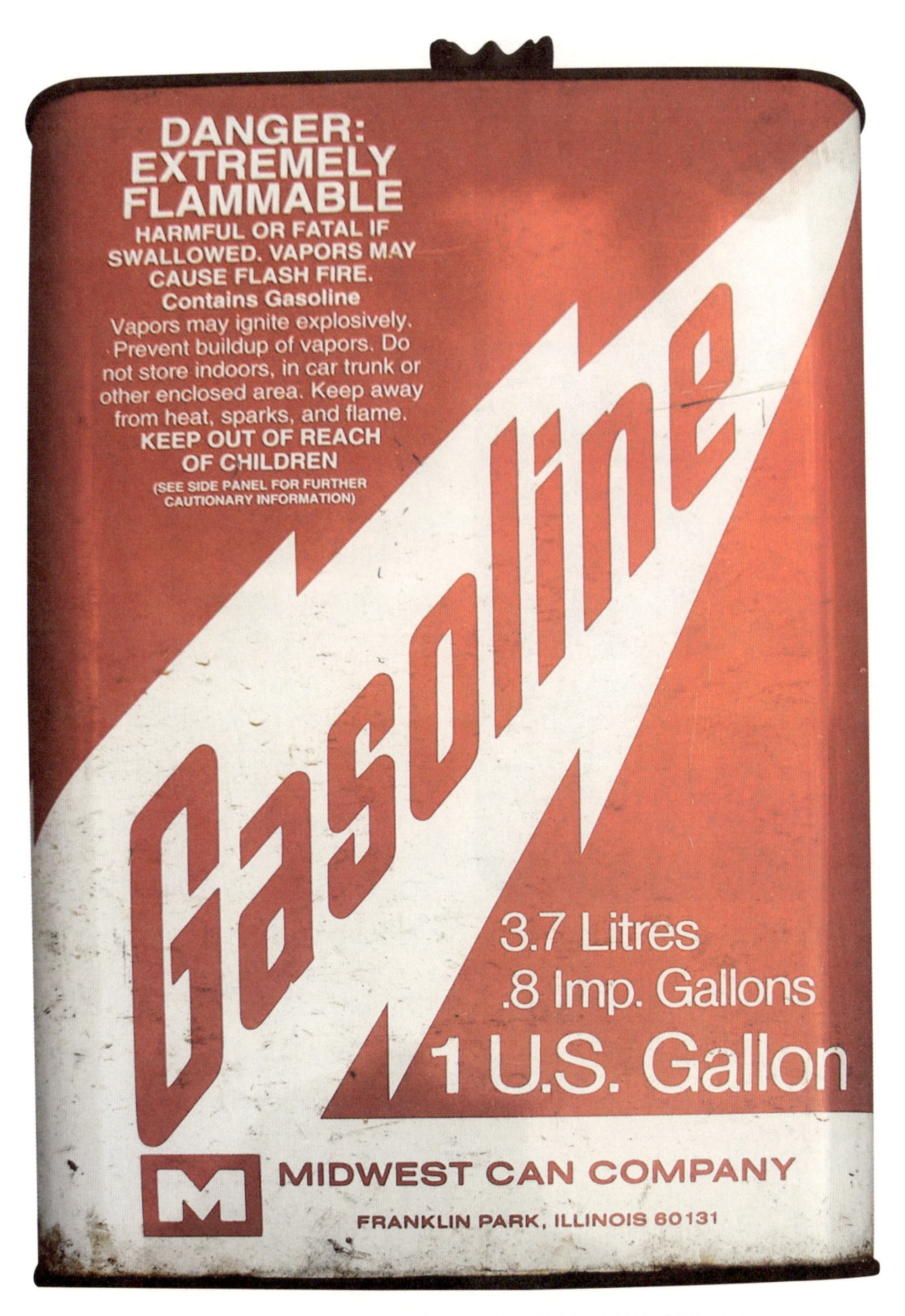

英制度量的精确数量也并非是普通适用的，美制加仑就比英制加仑小。

你是否曾好奇计算器上的按钮“DRG”代表什么?

18世纪末法国科学家所力图终止的正是这种让人抓狂的现象。

当时的情况更为糟糕，不同的城市使用各自的测量单位，遑论整个国家内的乱象。

当时大家的想法是以10为进制对各种事物进行标准化，这将有助于简化计数，毕竟我们都有10个指头。

尽管这其中的逻辑简单易懂，但实际上向十进制的转换却比你所想象的要坎坷得多。当时法国并存的多个政府都非常热衷于这个想法，但它在民众之间却毫无影响，因此十进制作为官方计数体系的时间不到10年。

十进制于1837年又得以重新实施，这次十分顺利。科学家们马上意识到使用10的方幂会使得各种事物大为简化。既然十进制的计算更为简单快捷，那么不妨让我们把所有事物都变成十进制！

十进制不仅用于如今我们所广泛使用的米和千米等度量单位，极具革命精神的法国还将十进制引入到时间与角度。不知你是否曾好奇过计算器上的按钮“DRG”中的“G”代表什么？它代表百分度，1个圆周等于400百分度。十进制货币系统就是当时留存下来的一个系统。

法郎，价值等于100生丁，它直至2002年欧元诞生前都是法国的主要货币。与其他货币一样，欧元也是十进制的。

为什么是米？

米的原始定义非常简洁漂亮：定义北极经巴黎到赤道的距离为10 000 000米，这是一个非常漂亮的整数，这与当时“码”等其他常用单位的长度大致相同。根据Wolfram Alpha网站的数据，上述距离如今是9 985 000米，与原始定义的误差在0.15%之内。

从米出发，我们可以引申定义其他几个度量单位。边长为1米的立方体的水的重量定义为1吨（这种定义方式对于日常使用而言似乎有点笨拙），1立方米的千分之一定义为升，相应体积的水的重量定义为千克。

如今米的定义是“光在1/299 792 458秒中传播的距离”，这看上去简单多了，不是吗？实际上，这种定义的确有几个优点：它的精确测量大为简化，它不受地点影响，而且它是基于一个基本的通用常量所定义的。因此从计量学的角度而言，即使地球毁灭了，这种定义也完全不受影响。

但如今千克的定义是“保存在巴黎的一块特定金属块的重量”。已经有人提议采用基本常量来替代如今的定义，但离定义的实际改变尚有时日。

千克原型的复制品，位于法国巴黎科学工业城。

这块古老怀表上的罗马数字使得12小时进制显得更为古朴。

十进制时间

世界上的大部分事物都顺应于公制度量所带来的逻辑性与优雅性，但仍然有一项事物绝不屈从，不肯变为十进制，那就是时间。

1分钟有60秒，1小时有60分钟，1天有24小时。一个星期有7天，而星期这个单位与月没有任何关系。1个月的天数从28～31天不等，而遇到闰年时二月的天数还会变化。

在1800年左右，各个国家对于正确的日期各持己见。例如，希腊、土耳其和埃及等国家一直采用儒略历，直到第一次世界大战之后很久才更改。

“够了，这种疯狂的局面必须停止！”法国人想。受一年中的天数为365多一点、而这并非10的幂次这一问题所困扰，法国人提出了法国革命历：每年仍有12个月，但每个月包含3个由10天所构成的“十天”。年末时多出的5天或6天作为假期，当然，一部分原因是休假用，而另一部分是为了让日历与一年四季同步。

每天有10个十进制小时，其长度是我们现行小时的两倍有余；每个十进制小时有100十进制分钟，其长度比我们现行分钟的长度稍长；每个十进制分钟有100十进制秒，其长度比我们现行秒的长度稍短。

遗憾的是，法国革命历与十进制时间仅仅在法国流行了几十年。如同QWERTY全键盘格式、VHS视频格式和Windows软件一样，早已建立起地位的传统历制与钟表经受住了更好方法的挑战而留存了下来。

这块法国革命历钟表在内环数字中指示一天中的10个十进制小时，在外环中以罗马数字指示“旧”体系中的24个小时。

拉格朗日

约瑟夫·路易斯·拉格朗日（Joseph-Louis Lagrange，1736—1813），又称约瑟普·洛德维科·拉格朗日亚（Guiseppe Lodovico Lagrangia，这是他在都灵出生时的名字），是十进制运动中的领军人物。

在移居巴黎之前，拉格朗日担任位于柏林的普鲁士科学院的数学主任。

拉格朗日也是19世纪初数学界的杰出人物。他在数学方面最重要的贡献是可以将常规微积分推广至函数世界的欧拉-拉格朗日方程。

常规微积分可以告诉我们“皮球在何处的翻滚速度最快”，而拉格朗日的变分法可以找到皮球滚下山的最快路径。常规微积分求解最优值，而变分法求解最优函数。

拉格朗日还因拉格朗日乘数法而广为人知。拉格朗日乘数法是一种给所考虑的问题添加约束的技巧，适用于本书中所介绍的诸多领域。拉格朗日给伽罗华的群论奠定了一定的基础，他还研究过概率论、数论、差值和泰勒级数，同时，他还发现了“拉格朗日点”（太阳、月亮和地球的地心引力相互抵消的地方，这是放置卫星的绝佳选择），等等。拉格朗日还彻底革新了力学，他指出牛顿所得出的所有结论

许多学者以及包括路易十六世在内的众多贵族都被送上了断头台，而拉格朗日则免于此厄运。

均可由变分法导出。

在其生涯晚期，拉格朗日的众多朋友与同僚都被送上了断头台，拉格朗日却独享政府给予的至高荣耀。例如，在大恐怖时期，所有外国人都被勒令离开法国，唯独拉格朗日得到豁免。

拉格朗日也害怕下一个落地的是自己的脑袋，已然准备离开法国，但他却被授命为重量与度量改革委员会主席，主要负责米和千克等度量单位的最终抉择。

拉格朗日位列名字被铭刻在埃菲尔铁塔首层的72位科学家之一。看完他的丰功伟绩之后，我不禁觉得他应该占据其中的两个位置。

拉普拉斯曾在卡昂大学学习神学。

拉普拉斯

拉普拉斯（Laplace，1749—1827）的功绩与拉格朗日一样令人叹服，他又被称为“法国的牛顿”，暂无证据表明他因此而怀恨在心。

拉普拉斯完全有理由不喜欢这个称号。他在贝叶斯概率上面的贡献远比贝叶斯还多。拉普拉斯还是将力学研究的主要方法从几何转变为微积分的主要功臣，而微积分正是拉普拉斯最为人所知的研究方向。

拉普拉斯方程以拉普拉斯命名，该方程可以生成广泛用于电磁学、天文学和流体力学中的势场。一种称为拉普拉斯变换的技巧也以他命名，该变换可以将令人恐惧的微分方程变换为极易处理的代数方程。以他命名的还有拉普拉斯算子Δ。

拉普拉斯人生的重大转机在于他为了数学家的梦想而从神学学校退学，随后他毛遂自荐去拜见顶尖的巴黎数学家达朗贝尔。为了摆脱拉普拉斯的纠缠，达朗贝尔给了他一本硕大的力学书，说“你读完这本书后再回来找我”。孰料，拉普拉斯几天后就回来找达朗贝尔了。达朗贝尔不相信拉普拉斯能够这么快读完这本书，于是他轻蔑地从书中找了几道困难的问题刁难拉普拉斯，结果拉普拉斯轻松解答了出来。

之后，达朗贝尔在巴黎军校中帮拉普拉斯谋了一个只管日常教学的闲差，以便让他有足够的时间开展学术研究。

有关拉普拉斯的另一知名事物是拉普拉斯的恶魔，它是确定性宇宙的标志。拉普拉斯认为，如果某种智能能够知晓宇宙间每种粒子的质量以及作用于其上的作用力，那么它将能够看透未来，如若当下。

但拉普拉斯本人并未采用恶魔这个词，真是遗憾。

“大自然嘲笑积分的难度。”

——拉普拉斯

拉普拉斯曾在巴黎军校任教。

伽罗华

埃瓦里斯特·伽罗华（Evariste Galois）1811年生于法国皇后镇。他的父母均是激进的反君主主义者（他的父亲是皇后镇的自由主义市长），伽罗华也狂热地追寻其父母的政治主张。

虽说伽罗华在拉丁文上才华横溢，但他在大约14岁时对拉丁文心生厌倦，转而学习数学。他如同“读小说”一样阅读了勒让德所著的《几何学基础》，并迅速掌握了其中的精要。但伽罗华的老师们却不以为意，他们当时大概就已经被这位聪明的小学生超越了。

这种现象成为伽罗华壮丽人生中的一个主题。他未被法国的顶尖数学学校巴黎综合理工大学录取，原因是他的答案中缺少他认为显而易见的步骤。

在随后一年中，伽罗华的父亲结束了自己的生命，随后他在巴黎综合理工大学的考试中再次落榜。据说这次落榜的原因是伽罗华无法忍受智力平庸的面试官向他扔了些东西。

伽罗华被世人所铭记的数学成就是确定了多项式方程是否可解的条件，并发现了解之间的关联。伽罗华是第一个使用数学术语“群”的数学家，并为现代群论奠定了大部分基础。为了纪念伽罗华的功绩，他所研究的领域如今被称为伽罗华理论。

伽罗华所犯的一个致命错误是与法国国王路易菲力普为敌，后者可能曾下令杀死伽罗华。

令人遗憾的是，伽罗华的政治信仰和坏脾气害了他。他在一场决斗中因受了致命伤而逝世，年仅20岁。

手枪决斗有正式的规则，绅士们用它来解决争端。

伽罗华的最后一夜

数学与浪漫主义英雄的交集总是太少，因此我选取其中最为精彩的故事讲给大家听。让所有数学浪漫主义英雄都臣服的人就是伽罗华。

伽罗华的传奇在于他在政治上制造了很多麻烦，而当时严苛的君主国王路易菲力普决定甩掉伽罗华这个包袱。

国王的共犯设法算计了年轻的伽罗华（当时他尚未年满21岁且刚出狱），促使他向某人提出了决斗，而这场决斗他几乎必输无疑。

伽罗华意识到第二天自己难逃一死，心中充满了满腹学识终究要不为世界所知的恐惧。于是他整夜奋笔疾书，将自己所知道的有关群论的所有知识记录下来，还不时在文中停顿下来写下“时间不够了！”的悲怆语句，以及宣称自己深爱斯蒂芬妮。

伽罗华带着彻夜未眠的疲惫出现在决斗现场，他被子弹击中腹部，如电影片段般躺在他的兄弟阿尔弗雷德的怀抱中死去。他的遗言是：

“请不要哭泣，我鼓起了全部勇气才敢在20岁的年纪死去。”

如同所有传奇故事一样，伽罗华的故事虽然并不完全站得住脚，但还是有些根据的。

伽罗华的确在政治上惹了不少麻烦。他曾加入国民警卫队炮兵部队，这是一个激进的共和主义组织。

伽罗华曾因在宴会上公开威胁国王的生命安全而被捕，并最终因在领导一场抗

这是一套18世纪法国决斗用手枪，包含维护工具与制作铅球弹药的附件工具。

议游行时全副武装、身穿制服而再次被捕。

事实的确是伽罗华在出狱后十四天之内便遭枪击致死（可能是在决斗之中）。然而，伽罗华充满传奇色彩的彻夜奋笔疾书则肯定是夸大其词。

当伽罗华在狱中苦思之时，他已经与当时的重要人物有过书信往来，而他在死前最后一夜奋笔疾书的内容只是对其已投稿结果的澄清和重述。

即便如此，伽罗华的最后一夜仍是如此地引人入胜，赫尔曼·外尔（Hermann Weyl）盛赞其“可能是人类文学史上最重要的一次写作”。

究竟是谁杀害了伽罗华已不得而知，但伽罗华的确极易树敌。最有嫌疑的两个人分别是伽罗华的朋友德艾尔宾维尔（他是国民警卫队炮兵部队军官）和杜

即便是位居显赫之人也会采取决斗的方式来解决有关荣誉之事。惠灵顿公爵就曾在担任英国首相期间与切尔西伯爵决斗过。

沙特雷（他与伽罗华同时入狱）。

然而，1832年的法国一片混乱（6月发生的巴黎公社起义是雨果著作《悲惨世界》的灵感源泉），相关记录残缺不全，因此我们可能永远也无法知道究竟是谁扣下了射杀伽罗华的扳机。

伽罗华（以及阿贝尔）工作的重要性

与伽罗华一样，挪威人尼尔斯·亨利克·阿贝尔（Niels Henrik Abel，1802—1829）也是英年早逝的天才；不过与伽罗华不同的是，阿贝尔于26岁时死于肺结核，并无半分浪漫色彩。

阿贝尔短暂人生中最重要的成就是证

伽罗华的逝世在1832年巴黎公社起义所引发的混乱之中几乎无人察觉。

明了五次及以上的多项式一般没有代数解（指可以用分式及其根式所表示的解）。

该问题是自费拉里及其同时代的数学家发现三次与四次方程的求解方法后悬而未决的数学难题，已有250年之久。

阿贝尔的上述结果被称为阿贝尔-鲁菲尼定理，除此之外术语“阿贝尔群”也是以他的名字命名的。阿贝尔群指群中元素均交换的群，即ab与ba相等。

伽罗华的工作比阿贝尔更进一步，他指出了哪些多项式有代数解。

如果某个表达式的所有根的全部置换构成可解群（一类可以由阿贝尔群构造出来的群），那么该表达式存在代数解，否则不存在代数解。

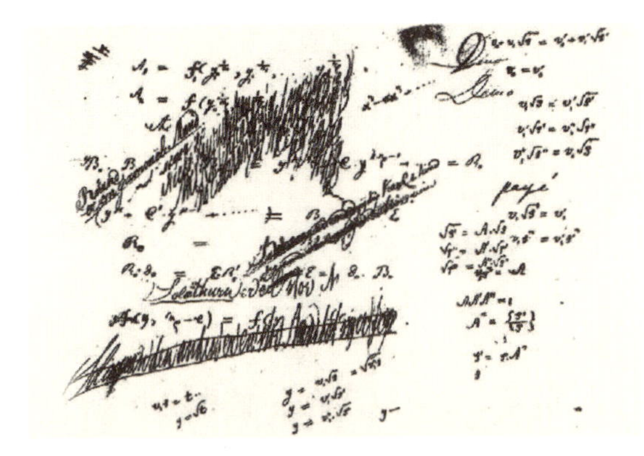

挪威数学家阿贝尔的草稿。

傅里叶喜欢像木乃伊一样把自己裹得严严实实。

傅里叶

数学家、物理学家让-巴普蒂斯·约瑟夫·傅里叶（Jean-Baptiste Joseph Fourier，1768—1830）因傅里叶级数而知名，但他的职业生涯却十分怪异。

作为一名虔诚的革命者，傅里叶曾在拿破仑1798年远征埃及时被征为科学顾问，随后被暂时征用为伊泽尔地区的总督，尽管傅里叶当时更愿意回到巴黎综合理工大学任教。在经历埃及历险之后，傅里叶痴迷于“热”，认为它在治愈人体方面有奇效。在傅里叶最终回到巴黎后，他在其温度过高的居所里把自己包裹得严严实实的，活像一尊木乃伊，并认为这对于其健康大有裨益。他于1830年死于心脏病。

傅里叶的另一项成就本应比傅里叶级数更为知名。他发现，考虑到地球在宇宙中的位置，地球的温度比其本应保有的温度要高得多，从而确定是大气层使地球与外界隔绝而避免了热量散失。

德·索绪尔（de Saussurre）利用几个嵌套在一起的玻璃球进行了一场实验，通过加热这些玻璃球，他发现内层玻璃球的温度比外层玻璃球的温度要高，这证实了傅里叶的观点。傅里叶的成果是术语“温室效应”的源头。

拿破仑在1798年远征埃及和叙利亚时任命傅里叶为科学顾问。

傅里叶级数

在这方面的研究，傅里叶并非完全正确，但他完成了大部分工作。傅里叶认为不管表达式多么丑陋，任意函数都可以写成正弦和余弦函数之和。

傅里叶的上述结论遗漏了一个关于函数的条件，即函数与x轴之间的面积应当

冯·诺依曼告诉他的一个学生，数学中总有难以理解的东西。

可以计算。例如有些病态函数就无法写作正弦函数和余弦函数之和。

傅里叶在其著作《热在固体中的传播》（1807）和《热的解析理论》（1822）中非正式地展示了他的理论结果。

好吧，热在固体中的传播在当时是一个很“热”的话题。

你所能写下的大部分一元函数均可以写作（至少在特定区域内可以写作）如下形式的无穷求和：

$$a_0 + a_1 \sin(kx) + a_2 \sin(2kx) + \cdots$$
$$+ b_1 \cos(kx) + b_2 \cos(2kx) + \cdots$$

其中，a和b是常数（傅里叶给出了计算它们的公式），而k是使得上述公式适用于给定区域的常数。

上述想法并不新奇。实际上，它与周转圆有些许关联，周转圆可用于描述行星在天空中划过时的表观运动。

利用正弦函数和余弦函数来求解傅里叶最钟爱的热方程的想法也不新奇。当热源如同正弦波形或余弦波形变化时，热在固体中的传导也会发生类似的变化，这在当时已是众所周知的结果。

热方程是一个偏微分方程，这几个字会让绝大多数数学系本科生脊柱发凉、不寒而栗，只有最为用功的学生才能幸免。众所周知，偏微分方程难于求解，也许正是它激发了如下关于数学的最为知名的名言之一，它是冯・诺依曼对他的一个学生所说的：“年轻人，数学里总有无法理解的东西，你慢慢就会适应的。”

幸运的是，热方程是一个线性方程，这意味着其中的各个部分并非过于复杂（如果有兴趣，你可以搜索到更为严格的定义）。而线性方程有一个非常好的性质：线性方程两个解的倍数之和仍为线性方程的解。这称为解的“线性组合”，也是线性方程得名的原因。

傅里叶深刻发现：“如果我们能够将任意函数分解为正弦和余弦的序列，那么我们就可以求解每一个正弦函数或余弦函数。由于热方程是线性方程，我们只需要将所有解相加就能得到正确的解。”实践证明，傅里叶的方法是行之有效的。

正弦函数和余弦函数在特定周期内进行相乘和求积分运算的性质特别好，傅里

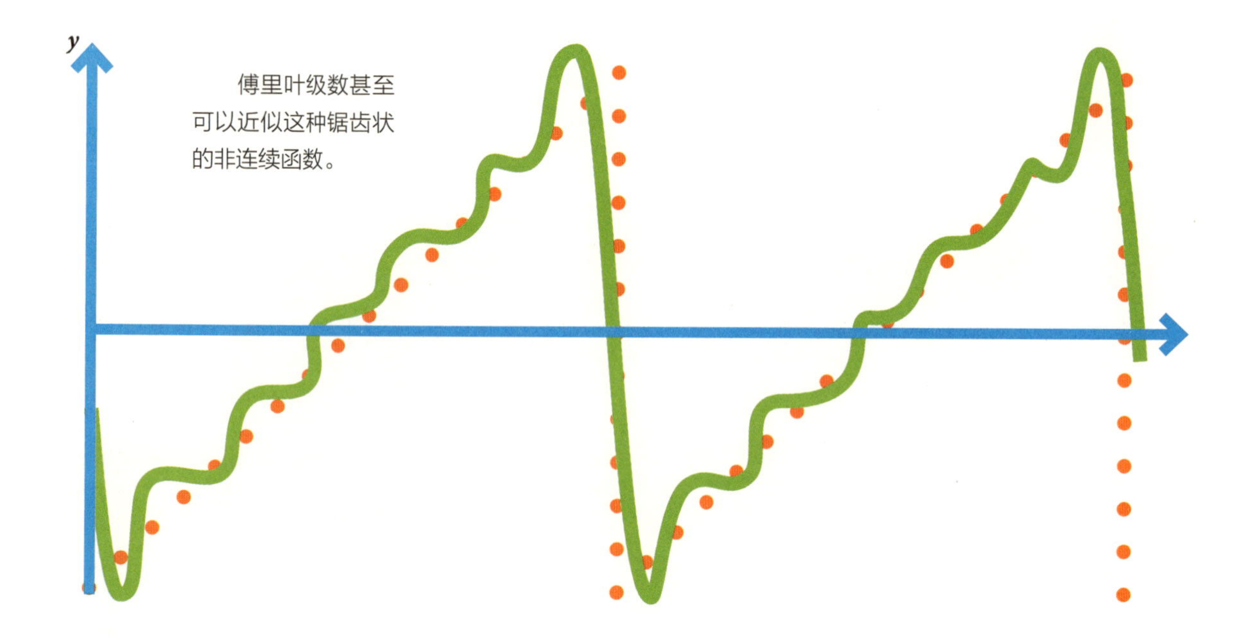

叶正是利用这些性质给出了计算上述公式中a和b的取值，它们是每个波形的振幅。

即便是如上图所示的形状怪异的锯齿状函数也可以用傅里叶级数进行近似。

如图所示，尽管锯齿状函数既非正弦曲线也非连续函数（连续函数指不含间断的函数，你也可以试着查阅连续函数的严格定义），将级数中前几项正弦展开后波形函数仍会逐渐逼近锯齿状函数。

傅里叶级数的一个古怪现象是：在间断处傅里叶逼近会出问题。我知道我们不应将严格的数学对象拟人化，但我们不难发现，傅里叶逼近在这些地方似乎困惑不前、左摇右摆。

上述“摇摆”现象被称为吉布斯现象，可以由一种称为兰索斯西格玛因子的巧妙方法加以抑制。

傅里叶级数的这种古怪现象以美国科学家约西亚·威拉德·吉布斯（Josiah Willard Gibbs，1839—1903）命名。

音乐与数学：波形

傅里叶的成果使人们意识到可以用不同频率的正弦函数和余弦函数来重现音符。

利用数学重现音乐，这使得电子录音成为可能。

例如，以钢琴上的中央C为例，它的声音可以通过将（无限多个）不同频率的正弦波形和余弦波形进行叠加来重现。如果只取其中振幅最大的波形，也可以得到有效的近似。

这种方法不仅适用于中央C这个音符，也适用于和弦，推广后还适用于整个管弦乐队。维也纳爱乐乐团在某一时刻所演奏的声音可以用正弦波形和余弦波形之和来表示，平克·弗洛伊德乐队的“Dark Side of the Moon”和曼宁的“Symphony for Twelve Vacuum Cleaners”亦是如此。

为何这如此重要？因为这意味着我们可以用电子的形式来保留声音。通过对复杂声音的频率进行频繁采样，然后利用傅里叶级数构造相应频率的波形所组成的音符，就可以在他时他地重现这种声音，这就是音乐录音的本质。

采样的频率越高，追踪的振幅越多，

可以保存音乐的算法在20世纪60年代得以出现。

所录制的声音就越忠实于原始声音。实际上，完美重现维也纳爱乐乐团声音的瓶颈在于音响系统而非录制系统。

“快速傅里叶变换”是其中的关键。尽管录制音乐的想法在傅里叶时代便早已有之，但直至20世纪60年代随着算法的不断发展，我们才能够利用电子系统来保存音乐。更重要的是，才能将保存的电子音乐重新播放出来。

五彩斑斓的噪声

你应当听说过白噪声吧？白噪声是一种有助于睡眠的声音，它的严格定义如下：白噪声是指每个频率的力度（或称音量，与傅里叶变换中的振幅有关）均相同的声音。白色并非噪声的唯一颜色。

还有粉噪声，是指力度与频率成反比的声音。粉噪声之所以得名，在于以这种变换得来的光线看上去是粉色的。

还有红噪声，又称为布朗噪声（以罗伯特·布朗命名），是指力度与频率的平方成反比的声音，这意味着频率更低的波形更为明显。

最后是灰噪声，是指经过调整各个频率声音响度一样的粉噪声。由于人类的耳朵与脑部协同运作，因此我们所听到的特定声音比其他声音要大。

布朗噪声以罗伯特·布朗（Robert Brown，1773—1858）命名。

音乐与数学：音阶

五度圈是数学家所钟爱的音乐技巧。首先选择一个音符，例如我会选择C，因为我的名字以C开头。然后提高五度音程（7个半音程）得到G，然后再提高五度音程得到D。如此类推得到A、E、B、升F、升C、升G、降E、降B、F，并最终回到C。这个过程会涵盖所有音符，并返回起始音符。

回到起始音符了吗？这里可有个小问题。将音符的音高提高五度音程意味着将其频率提高50%，那么重复12次意味着将最终音符的频率提升了如下倍数：

$$1.5^{12} \approx 129.75$$

但是高八度意味着频率翻倍，因此这个倍数至少应该是整数，而且是2的方幂。

实际上，提高7个八度会将音符的频率乘以128倍，因此五度音程距此已经很接近了，但并非完全相等。

为了解决这个小问题，人们将五度音程调整得比3∶2的频率比稍低，实际比例可近似为1.498∶1。

无论音乐家们意识到与否，实际上他们正在使用许多复杂的数学知识。

第七章 CHAPTER 7

方幂和对数 POWERS AND LOGARITHMS

关于智者与棋盘有很多故事，但没有一个是真实的。接下来我们要讲的故事很可能也是虚构的。

棋盘对于数学家而言有种特殊的吸引力。

智者与棋盘

智者刚刚向波斯沙皇演示了自己所发明的象棋，不出所料沙皇非常感兴趣。

沙皇高兴地拍着双手，仿佛预见到了象棋中数不胜数的招式变换、深刻的战略意义以及不断进化的埃洛等级分系统。“这真是一个了不起的游戏！”沙皇说，“你理应受到奖赏，你觉得我该如何奖赏你呢？”

智者轻轻一笑。如果沙皇的洞察力更为敏锐的话，就会发现智者的目光中充满狡黠。但可惜的是，沙皇之所以是沙皇，并非因为其过人的洞察力，而是因为他是其父母的孩子。

“陛下，我谦卑之至，无甚所求。我只求您赏赐给我一些大米即可！如果你能够在棋盘的第一个方格里放1粒大米，在第二个方格里放2粒大米，在第三个里放4粒，每次加倍，我相信这对任何人来说都是足够的奖赏。”

沙皇高兴地大笑，用一些大米来换取世上最伟大的游戏？真是一笔好买卖。他们握手以示合作愉快，然后智者就走出门去。

象棋大约在1500年前起源于中国或印度，后经波斯（如今的伊朗）慢慢地传入西方。

故事的场景转换。这时沙皇的一个仆人低语道：“打扰您了，陛下。”实际上他心中并不知道此事该从何处说起。他指向旁边，说：“那边的仆人史蒂夫让我来告诉你有关奖赏大米的事。”

“对，大米，看上去像是个坏消息。”沙皇还是有些洞察力的，比我想象的要强。

“陛下，史蒂夫算出了智者究竟索取了多少大米，他大约需要9个百万的三次方粒大米。”

“无稽之谈，我曾去过那里，昆提拉不生产大米（英文中‘昆提拉’与单位‘百万的三次方’谐音）。”

“陛下，‘百万的三次方’是史蒂夫为了表示这个数字有多大而想出的专业术语，它指十亿个十亿。”

“听上去很多！”

“的确如此。史蒂夫说，一份米饭大约有5000粒，智者所索取的大米可供100万人口吃500万年。”

“那的确是太多了，你或者史蒂夫把智者给我带回来。”

智者回来时脸上还带着高兴的笑容，而沙皇却让人把智者的头给砍了下来，将他的牙齿做成了棋子。无论在哪个时代，都没人喜欢自作聪明的人。

为了装下这些大米，沙皇需要一个硕大的棋盘。

约翰·纳皮尔

我的人生追求不多，我只希望陪伴在我的家人身边，他们身体健康，再有几个聪明的学生，有时间来解决有趣的数学问题。

苏格兰爱丁堡圣卡斯伯特教堂内的纳皮尔纪念碑。

噢，我也希望有一个像约翰·纳皮尔（John Napier，1550—1617）一样的昵称：神奇的默奇斯顿。与梅森一样，纳皮尔是一名数学家，但更是一名神学家。他是16世纪数学领域三大进展的功臣：他发明了“纳皮尔骨算筹”；他采用了十进制并令其简单易学；但更重要的是，他发明了对数。

我就读的小学就有一台纳皮尔骨算筹，但没有人知道它的使用方法。我真想回到那里向大家演示一下怎么使用纳皮尔骨算筹，实际上它是一排刻有乘法表的骨棒。

通过适当地排列纳皮尔骨算筹，你无须背诵乏味的乘法表即可计算乘法。再花些气力，你还可以利用纳皮尔骨算筹来计算除法和开平方根，其方法与传统方法并无二致，只是计算出错的可能性稍低。

发明对数的确算得上是纳皮尔的伟大成果。在数学运算的层级中，我们一般首先学习正数和倒数（相对简单），然后是加减法（手算就有点难了），然后是乘除法（还是很难），最后是方幂和

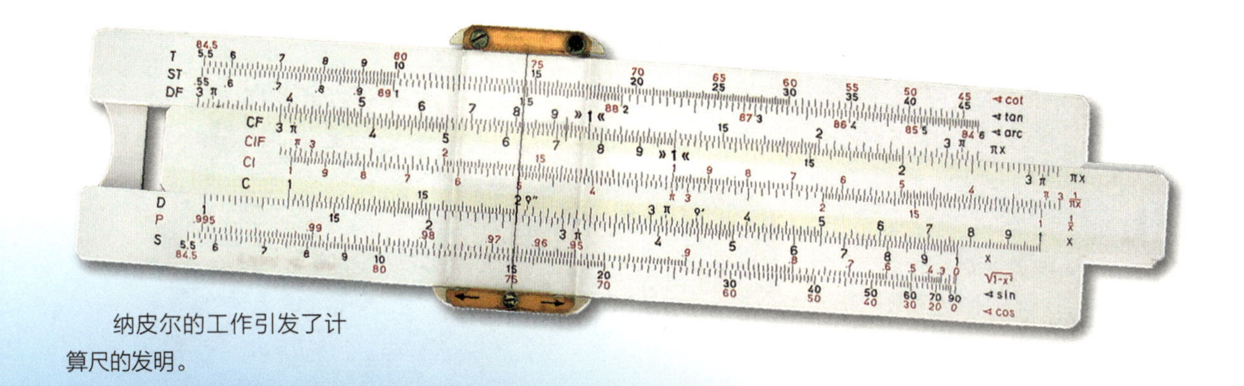

纳皮尔的工作引发了计算尺的发明。

根式（通常这是很难的）。

例如，计算2的10次根是一个冗长而复杂的过程，与除以10相比，其难度显而易见，而除法又比减法难得多。

这正是对数的用武之地。纳皮尔编辑了一个庞大的结果表，上面记录了对于任意整数N，等式$N=10^7(1-10^{-7})^L$的解L。这样他就可以利用幂法则将困难的求方幂或开方运算转化为简单得多的乘除法运算，或者将大整数的乘除法运算转变为简单得多的加减法运算。

如果有必要的话，你可以多次使用上述技巧，例如取两次对数就可以将开方运算转变为减法运算！

但是纳皮尔所选择的对数底数非常不方便，当然这并不影响这种方法的正确性和广泛的用途。纳皮尔的方法是对任意常数取对数，整个过程都需要小心谨慎。

在计算器尚未发明的时代，纳皮尔的方法是革命性的进展，为计算尺（于1622年由威廉·奥特雷德发明）和一个全新常数的出现开辟了道路。

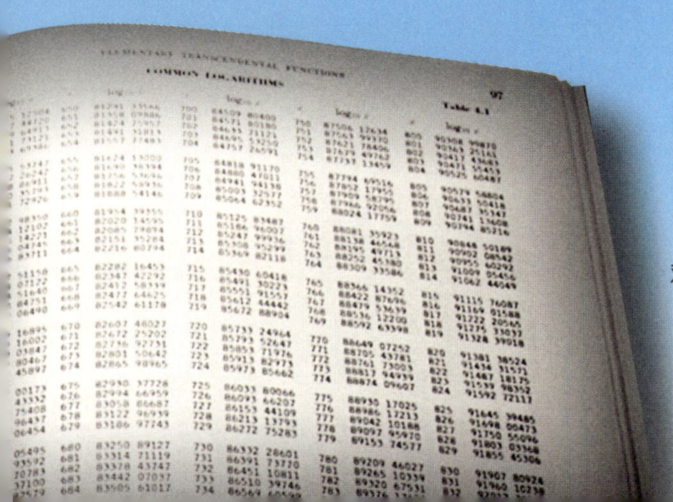

对数表使得计算更加流畅。

莱昂纳德·欧拉

数学界有这么一个笑话：数学中的很多概念与方法都是以第二发现人命名的，否则几乎所有数学概念与方法都将以欧拉命名。

莱昂纳德·欧拉（Leonard Euler，1707—1783）的贡献包括引入常用的数学记号。

尽管如此，维基百科中“以欧拉命名的主题”仍然包含约100项词条。欧拉的高产具有浓郁的传奇色彩。在记录员的帮助下，单单在1775年他就完成了超过50篇论文。在我先前进行学术研究的时候，高产的标准也就是每年发表3～4篇论文。而欧拉的数学著作全集竟多达80卷。

欧拉的童年在巴塞尔度过，他由欧洲著名数学家约翰·伯努利（Johann Bernoulli）指导，他鼓励欧拉的父亲从数学的角度向欧拉传授神学知识。

在20岁时，欧拉参加了巴黎科学院奖比赛，比赛的题目是船桅的最优摆放问题。欧拉并没有“检验”他所提出的摆放方式是最好的，而是“证明”了其最优性，这在他看来绰绰有余。最终他得了第二名。

让我们暂且撇开欧拉在微积分、几何、代数、三角学、数论、物理与拓扑学（拓扑学正是欧拉所开创的）等方面的贡献不谈。实际上，目前想进行严肃的数学研究是几乎无法绕开欧拉所引入的各种数学记号的，无论是用于表示函数的$f(x)$，角的正弦、余弦或正切，求和记号希腊字母Σ，还是-1的平方根i。

尽管欧拉并非首次使用符号π的学者

（威尔士人威廉·琼斯于1706年首次使用），但他却是符号π的重要推动者。更广为人知的是，他还大力推动了符号e的广泛使用。

e是一个无理数，接近2.718281828459045。e还可由下述无限求和来定义：

$$1/0!+1/1!+1/2!+1/3!+\cdots$$
$$=1+1+1/2+1/6+\cdots$$

另外，e还有如下漂亮的性质：曲线$y=e^x$在任意一点处的导数均等于y在该点处的取值。

e在自然、科技与经济学中频繁出现，使得它成为对数最常用的基底。以e为底的对数称为自然对数。

欧拉著作的目录比本书还要长，但我还是要列一两项题外话与大家分享：欧拉创立了拓扑学（英文名topology，词根“top-”指顶峰，而“-logy”指研究，“-o-”并无意义），还建立了复杂形体的体积与其顶点数、边数与面数之间的关系。

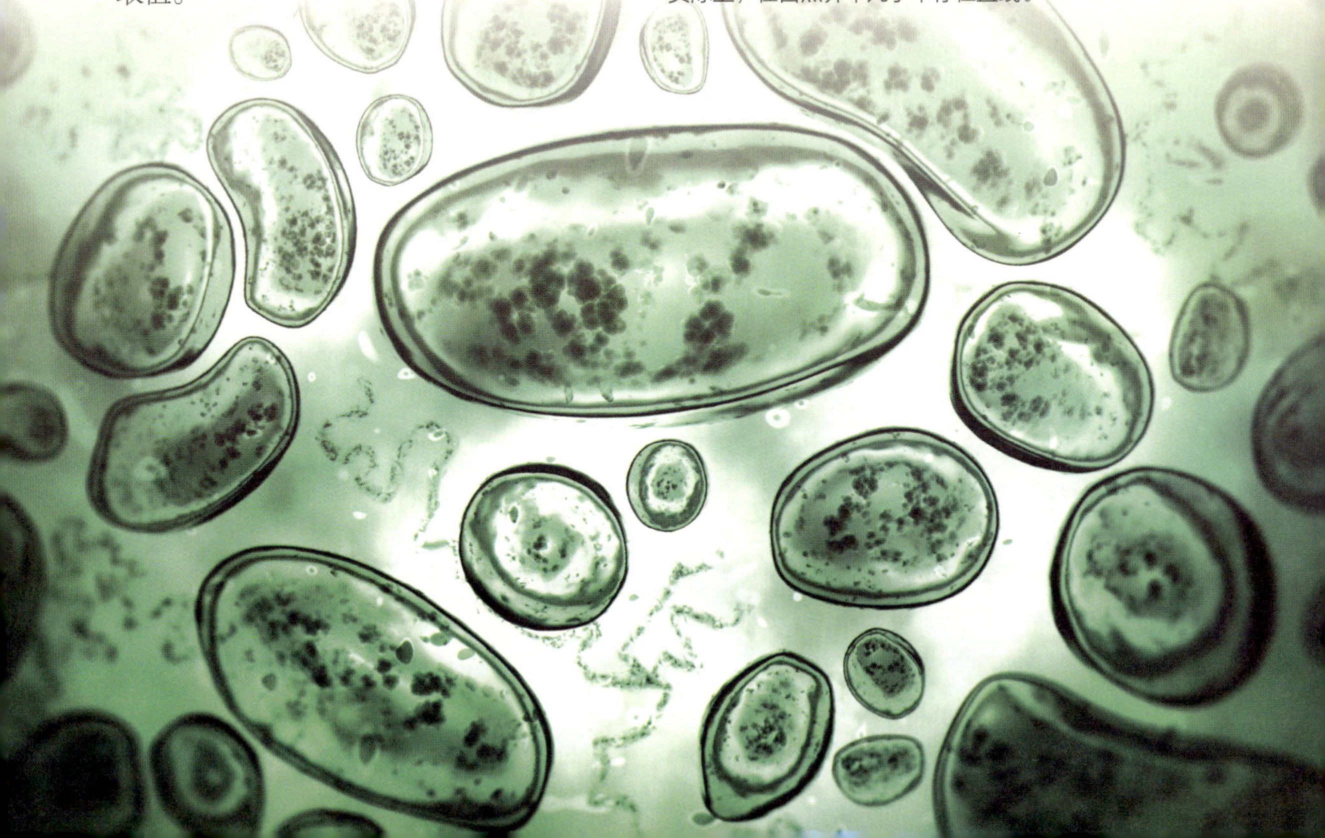

曲线在自然界中无处不在，在显微镜下也是如此。实际上，在自然界中几乎不存在直线。

哥尼斯堡七桥问题

普鲁士城市哥尼斯堡（如今是俄罗斯加里宁格勒的飞地）沿普瑞格尔河而建。

在欧拉所处的时代，普瑞格尔河上有两个小岛，七座桥将河的两岸和这两个小岛连接起来。为简单起见，现将河的两岸也称为小岛。据传，城中的居民屡屡尝试走遍每一座桥，且每座桥只走一次，并以此为乐。

欧拉的出现终结了这种乐趣。欧拉画了一张图，以点代表小岛，弧线代表桥。他指出，无论起点在哪里，要想这样走遍所有七座桥是不可能的。先忽略起点，那么某人每次踏上一个小岛后，就必须从另一座桥离开这座岛，因此小岛上桥的数目必须为偶数。一般而言，这种“欧拉路径”只有在至多有两个“奇数节点”的情况下才存在。但哥尼斯堡有4个奇数节点，因此不可能按照要求走遍所有七座桥。

这种将地理问题变为简单图形的抽象方式是革命性的，它催生了图论和拓扑学，这两个学科主要研究形状的本质特征。

欧拉宝石

请随手画两笔，好，继续。不错，你画的曲线很光滑很弯。画完了吗？

好，现在让我们数一数你画的曲线自

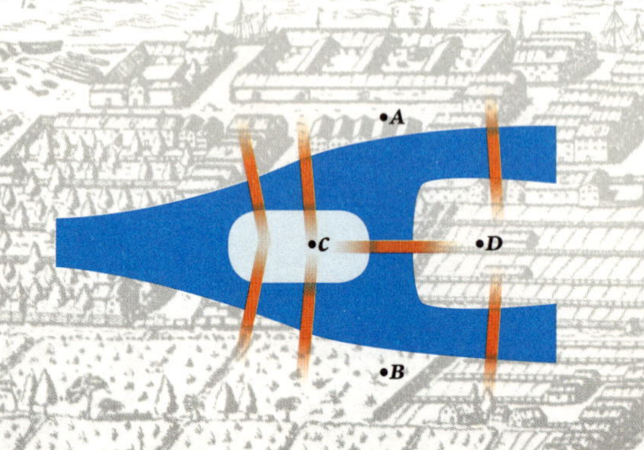

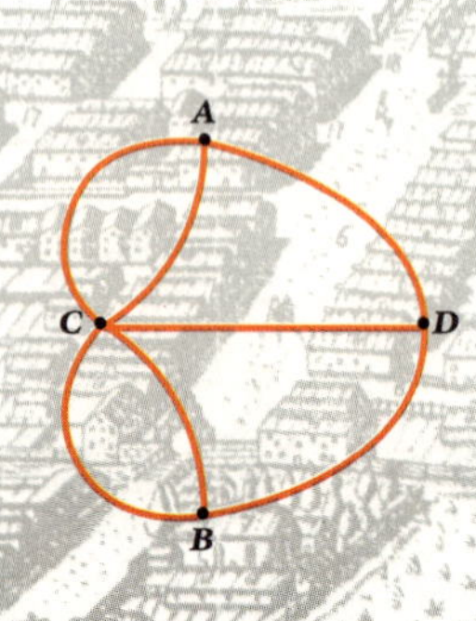

欧拉将哥尼斯堡的地图看作一张图，河两岸是点A和B，小岛是点C，而半岛是点D。显然无法仅通过桥一次就遍历所有点。

上述公式适用于任意良好的二维图形，而且可以推广至三维情形。在这两种情形下公式都是基于形状的面数，而在三维情形下基于曲面（而非二维情况下的曲线）所包围的不同空间的个数。

“欧拉示性数”是典型的拓扑不变量。拓扑不变量指无论物体具体是什么形状都成立的数值。拓扑学倾向于研究一般形状的性质，而非具体某个形状。

相交的地方有几个，不妨记其为V。接下来数一数弧的数目，即你画的曲线中的弧线段有几个（此处的弧线段指两个交点之间的曲线段，在你数数的同时进行标记会有帮助），将弧的数目记作E。然后再数一数曲线包围的空间有几个，不妨记其为F。

实际上不用数来数去那么麻烦，F应该等于$E-V+1$（纯粹主义者会说曲线外面也是一个空间，那么只需将公式变为+2）。

名称	图形	顶点 V	面 E	面 F	欧拉示性数 $V-E+F$
四面体		4	6	4	2
六面体		8	12	6	2
八面体		6	12	8	2
十二面体		20	12	12	2
二十面体		12	30	20	2

本福特定律

找一个时间充裕的人来，给他100个规模各不相同的城镇，让他们估计下这些城镇的人口数目。

再给我一张真实的人口数目清单，此时我很容易分辨哪个是猜测的数目而哪个是真实的数目，即便我从未听说过这些城镇。让我们把问题变得再难点儿，假设我只知道两张清单上人口数目的首位数，而且你可以随意将每份清单上的数字混合移

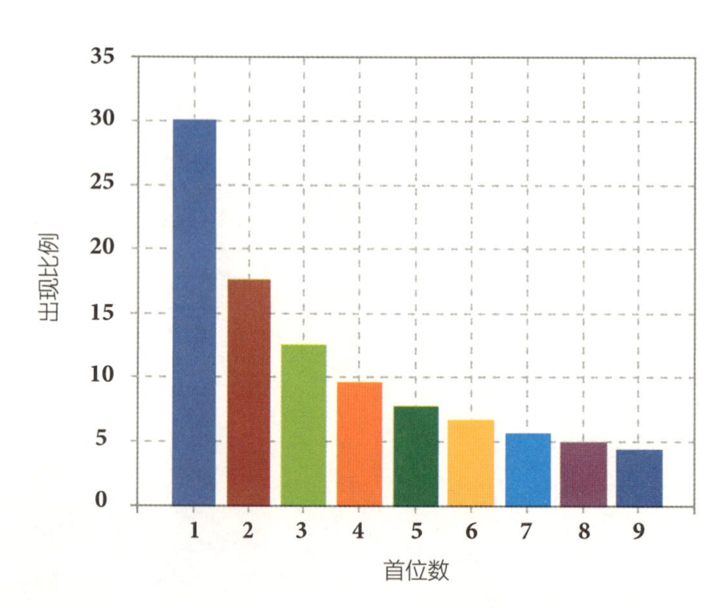

该图显示了本福特定律中以各个数字为首位数的数字比例。

位，那么我仍然能够分辨出哪个是猜测的，而哪个是真实的。

实际上，人类非常不善于生成随机数，也不擅长具有特定格式的数字序列。人类会尽力避免某种格式。很容易分辨扔硬币的真实结果与人造结果之间的差别，因为在构造时人类会本能地避免连续出现两三个正面朝上或者反面朝上的情形。

综合各种可能性，猜测的人口数目清单上大约会有10个数字的首位数是1，10个数字的首位数是2，直至10个数字的首位数是9，当然最终结果可能会稍有不同。但真实的人口数目清单上可能有30个数字的首位数是1，而只有5个数字的首位数是9。

这种现象并不限于城镇的人口，无论是100条河流的长度（选择英里、千米还是英寸作为测量单位都可以）、某张财务报表中的100个数字，还是任意多个跨越几个数量级且并无特定趋势的数字列表都会如此。

这些数字中大约有30%的首位数是1，18%的首位数是2，该比例逐步递减，大约有4.6%的首位数是9。以n为首位数的数字比例为

$$\log_{10}((n+1)/n)$$

上述比例背后的原因尚不明朗。但如果将数字加倍，我们会发现首位数为5、6、7、8、9的数字加倍后其首位数都会变成1，因此这些数字出现的频率应该比1小。

如果数字加倍后的首位数是9，那么原始数字的首位数肯定在4 ~ 5（的左半区间），显然加倍后首位数为9的数字比加倍后首位数为1的数字要少。

本福特在20世纪30年代发表了一篇有关该定律的论文，但他并非首个发现此定律的人。这项定律在判断选举或者国家财政是否遭到操纵时尤其有效。

西蒙·纽康（Simon Newcomb）发现使用对数表时以“1”开头的部分的使用频率远比以“9”开头的部分高后，研究了此现象的缘由，随后提出了这个定律。可是这个定律如今被称为本福特定律。

第八章

CHAPTER 8

《爱丽丝梦游仙境》中的神奇数学

THE CURIOUS MATHS OF ALICE IN WONDERLAND

在本章中，数学公式被刻在了都柏林的一座木桥上，宇宙的形状被彻底改变，而小女孩掉进了兔子洞里。

在刘易斯·卡罗尔所著的《爱丽丝梦游仙境》中，爱丽丝进入了一个神奇的仙境，在那里，常规的数学法则都不再适用。

四元数的诞生

1843年10月16日，威廉·罗文·汉密尔顿（William Rowan Hamilton）和他的太太沿着都柏林的皇家河道散步，可汉密尔顿却突然停止了脚步。

在故事世界里，他会大叫着“找到了！”然后跳进水中，但他的行为并不异于常人：他拿出一把小折刀在临近的布鲁厄姆桥（如今被称为布鲁姆桥）上刻上了一个数学公式。

爱尔兰皇家天文学家汉密尔顿一直在探寻如何将复数推广至三维空间，却并无太大进展。有时正是处于完全不相关的境地时，人的灵感才会喷薄而出。

这种事情就发生在汉密尔顿的身上了。他的突破点在于他意识到这种推广可能在三维空间中并不成立，但是在四维空间中就成立了……

汉密尔顿刻在桥上的公式是：

$$i^2 = j^2 = k^2 = ijk = -1$$

汉密尔顿用了3个虚数（i，j和k，他称为四元数）来表示空间的三个维度、用1个实数来表示时间。单单跨越三个维度是不够的，汉密尔顿的方法中还舍弃了交换性。

在学习乘法表时，我们都知道7×4与4×7的结果相等，这样在计算时可以省时省力。在考虑实数的乘法时，哪个数在乘法的左边无关紧要。实数的加法也满足交换性，例如$x+y$等于$y+x$。但汉密尔顿所引入的四元数之间的乘法却不满足交换性，例如，$ij=k$，而$ji=-k$。改变四元数在乘号两侧的位置，将改变结果的符号。

汉密尔顿在推广复数时舍弃了他之前所定的两个假设，因此我选择原谅他“破坏公物”的行为。

都柏林布鲁姆桥上的匾牌——为了纪念汉密尔顿灵感迸发、将公式刻于此桥的时刻。

爱尔兰共和国总理埃蒙·德·瓦勒拉（Éamon de Valera）应该也选择原谅他的行为，他于1958年在布鲁姆桥为纪念汉密尔顿的光辉时刻所建造的匾牌揭牌。

只是并不是所有人都知道埃蒙·德·瓦勒拉也是一位数学英雄（埃蒙·德·瓦勒拉是爱尔兰政治家，曾经是一名数学教师。——译者注）。

四元数的应用

四元数i, j和k是向量记号$\boldsymbol{i}, \boldsymbol{j}$和$\boldsymbol{k}$的抽象，标准三维空间中的任意一点都可以用三维坐标表示，通常记作(x, y, z)。

从向量的角度而言，从原点至该点的向量还可写作$x\boldsymbol{i}+y\boldsymbol{j}+z\boldsymbol{k}$。对两个向量进行四元数乘法有非常重要的应用。

将向量看作四元数进行乘法运算时通常会得到一个含实数的新四元数。不知出于什么原因，汉密尔顿将这个实数称为时间。

例如，乘法(2i+3j+4k)(3i−2j−4k)的结果是16−4i+20j−13k。上式中的“时间”就是16，它是两个四元数作为向量的内积的相反数，它蕴含了两个向量的长度与夹角。而上式中的向量部分是−4i+20j−13k，它蕴含了两个向量的长度、夹角以及另一个与这两个向量均成直角的新向量（最后一点尤为便捷）。

物理学中的许多关系都可以用向量的内积或乘积来表示，这些运算的代数计算方式尤其重要。

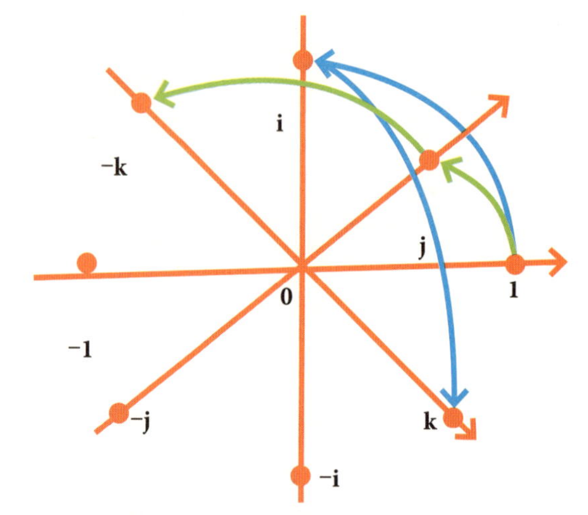

四元数单位的乘积从几何上可以看作在四维空间中旋转90°。

四元数最主要的用处是描述绕特定轴进行旋转。给定空间中任意一点(a, b, c)、旋转的中心轴(x, y, z)，以及要旋转的角度t，可以通过计算下述四元数的乘积来得到给定点经此次旋转后的终点：

$$[\cos(t)+\sin(t)(x\boldsymbol{i}+y\boldsymbol{j}+z\boldsymbol{k})]\cdot(a\boldsymbol{i}+b\boldsymbol{j}+c\boldsymbol{k})\cdot[\cos(t)-\sin(t)(x\boldsymbol{i}+y\boldsymbol{j}+z\boldsymbol{k})]$$

这个公式看上去十分烦琐，但实际上这比先将旋转轴旋转至易于计算的特定位置、进行点的旋转、然后再将旋转轴复位的传统方式更为简化。

这种旋转点的方式不仅易于计算，它在光滑旋转（例如你需要为电脑游戏做一段动画）的情形下更为有效，而且还能够避免一种叫作“万向锁”的技术问题。很遗憾，万向锁这个词与刘易斯·卡罗尔书中《废话连篇》（*Jabberwocky*）一诗中在各个方向运动的空洞巨龙毫无关系。

在刘易斯·卡罗尔所著的《爱丽丝穿镜奇幻记》中，爱丽丝发现了一本文字皆以镜像方式写成的颠倒书。她手持镜子，从中读书，解出了充满无意义诗句的诗《废话连篇》。在镜中读书的行为从数学上来看就是沿对称轴进行反射。

德国数学家卡尔·弗里德里希·高斯（Carl Friedrich Gauss）

非欧几何

欧几里得的《几何原本》在问世后的2500年里，它作为所有几何知识的源头，几乎从未受到质疑。

质疑欧几里得无异于亵渎神灵，但有一个问题除外：那就是能否从欧几里得其他更为优美的假设中证明平行公设。这里的平行公设指：

“如果一条线段与两条直线相交，在某一侧的内角和小于两直角和，那么这两条直线在不断延伸后，会在内角和小于两直角和的一侧相交。”

看得头晕眼花，是吧？显然，欧几里得花了很多时间想证明它却徒劳无功，随后2500年来的数学家亦是如此。在19世纪初，有那么几个人萌生了一个想法：与其去证明平行公设，不如假设它不对，再看看会发生什么。如果推导出不可能发生的结果，那么就导出了矛盾，那么此假设就肯定是错误的。

雅诺什·鲍耶（János Bolyai）正是这群人中的一个，他发现将平行公设替换为其他公设后仍然能导出一些所谓的几何学，只是这种新的几何学毫无直观意义可言。

如果替换掉一个假设，你将得到投影几何，其中的任意两条直线最终都将交于一点；如果再添加一个假设，你将得到双曲几何，其中经过给定点的多条直线将不会再相交。鲍耶的工作绝对具有革命性的意义。

鲍耶的父亲也是一名杰出的数学家，他骄傲地给高斯写信，结果高斯直接回信道："这些研究工作棒极了，只是我不得不说，我早就想到了。实际上我已经考虑这个问题好几年了。"平心而论，高斯的确早想到了这些结果，只是并未发表。

鲍耶灰心丧气，将他的工作搁置一旁，十年来并未发表。就在同时，尼古拉斯·伊万诺维奇·罗巴切夫斯基（Nikolai Ivanovich Lobachevski）也得到了类似的结果，正如汤姆·莱勒歌中所唱的：

"在第聂伯罗彼得罗夫斯克，我的名字遭到了诅咒，就在他发现我先发表了成果的时候！"

遭到诅咒的名字不仅是在第聂伯罗彼得罗夫斯克的罗巴切夫斯基，在牛津也有一位导师对这种新奇的几何学不以为是。

刘易斯·卡罗尔一点也不喜欢双曲几何。

非欧几何：应用

数学最擅长的，就是先找到答案，然后再去找这个答案对应的问题。

理论数学家们是一群奇怪的人，他们因自己正在研究没有任何直接应用的问题而感到极度自豪，这些理论数学家还希望自己的工作永保纯粹与抽象。愿上帝保佑他们的初心。

非欧几何正是那种看上去完全没用但最终变得异常重要的绝佳示例（另一个例子是椭圆曲线）。实践证明，非欧几何在科学领域至少有两个重要的实例，其中一个就在我们的眼皮底下。

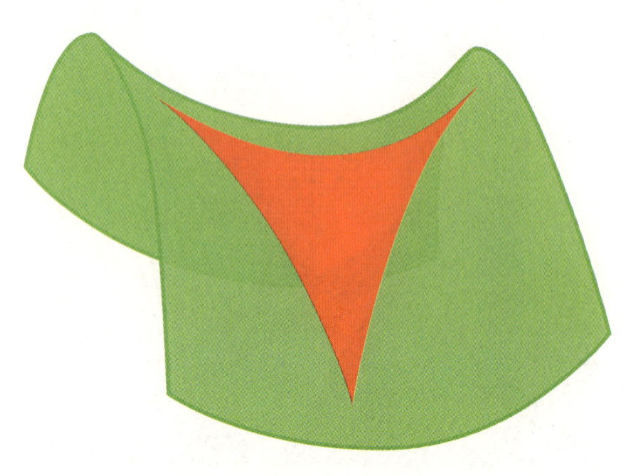

在双曲几何中，三角形的内角和小于180°。

地球的表面可以用投影几何描述。定义点为球体上沿直径相对的任意两个位置，定义线为连接任意两点的大圆，这样我们就可以研究球体上的几何，此时存在内角和大于180°的三角形。

以北极为起点沿着0°子午线向南穿过伦敦直达几内亚湾处的赤道，然后向东直达印度洋中经度为90°E的某处，最后再回到北极。按照这种方式可以构造一个三角形，它的三个角都是直角！

非欧几何的另一个例子就没有地球这么显而易见了：欧氏几何在小尺度下是行之有效的，但爱因斯坦指出，在天文尺度下质量巨大的物体附近的时空都会表现出奇怪的曲线式行为，这意味着此时欧氏几何将不再适用。实际上，目前这种行为的最佳模型是伪黎曼流形，但我也不知道这个术语的含义，估计你也不知道。

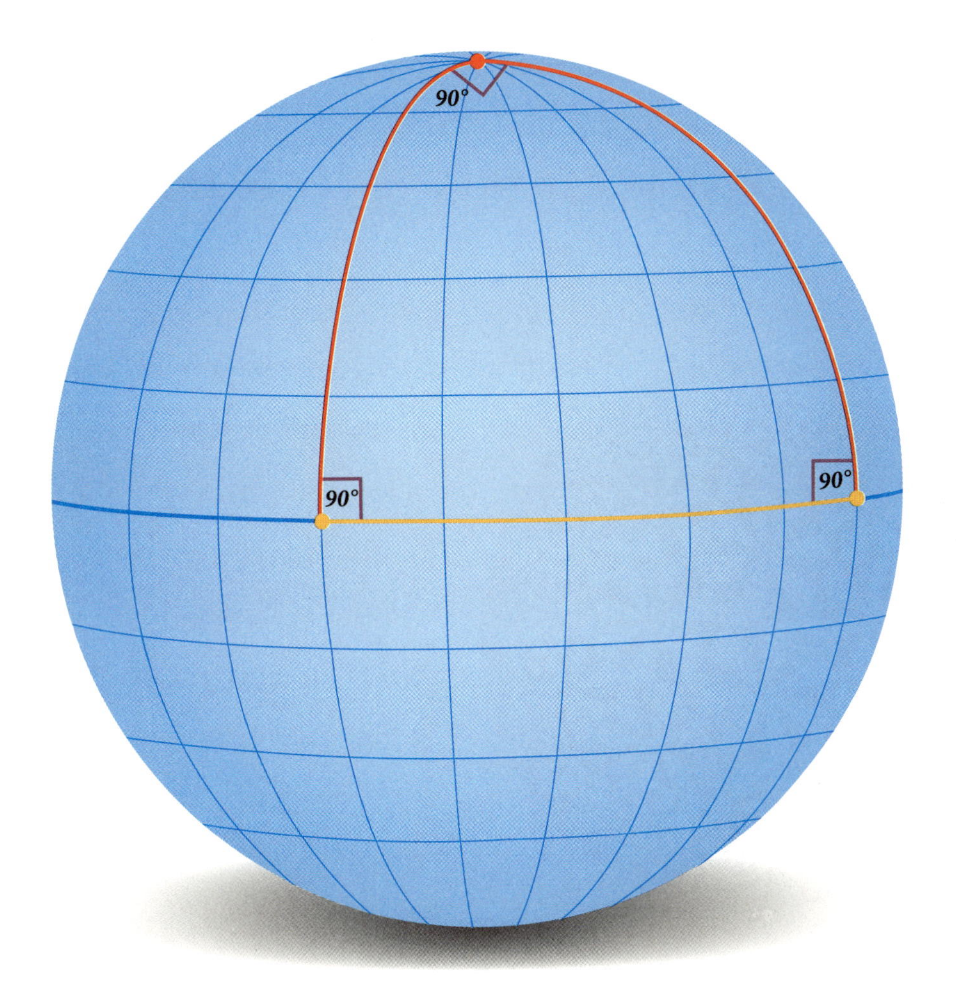

地球表面上内角和大于180°的三角形。

庞加莱圆盘模型

庞加莱圆盘模型是将双曲几何进行可视化的一种有效方法。在这种模型中，点照例还是普通的点，但线却是圆周上的一段弧。

在庞加莱双曲圆盘上，线表示为圆周上的一段圆弧，其端点与圆盘的边缘垂直。

双曲空间中的三角形内角和小于180°。过给定点可以做若干条与某条直线平行的直线，此处所定义的平行指直线不相交（在平行公设成立的欧氏几何中，过给定点只能做一条与某条直线平行的直线）。

荷兰艺术家M. C. 埃舍尔在其木雕作品“圆周极限”系列中将庞加莱圆盘模型发挥得淋漓尽致。埃舍尔于1936年造访阿尔罕布拉宫，并沉迷于其中的堆叠方式。后来埃舍尔还向加拿大数学家H. S. M. 考克斯特（H. S. M. Coxeter）写信讨论其关于如何表示双曲曲面的工作。

“圆周极限I”展示了排列与圆盘之上的风格各异的鱼，“圆周极限II”展示了一系列十字形。此时埃舍尔已经意识到他还可以更为密集地运用这种艺术形式，因此，“圆周极限II”中包含众多游弋在曲面中的色彩斑斓的鱼。

我个人最喜欢的是系列的终结作“圆周极限IV”，它在圆盘上展示了交替出现的天使和恶魔。

埃舍尔受到位于西班牙格拉纳达的阿尔罕布拉宫中几何装饰的启发。

令人尊敬的查尔斯·路特维奇·道奇森以笔名刘易斯·卡罗尔而为人所知。

查尔斯·路特维奇·道奇森

查尔斯·路特维奇·道奇森（Charles Lutwidge Dodgson，1832—1898）是牛津基督教会学院的一名数学讲师，其研究专长为几何学、逻辑学、线性代数和数学娱乐。

如果你想找一位举止夸张的数学教授，那么找道奇森一准错不了。道奇森深受半夜灵感迸发而惊醒后是该起床点燃蜡烛还是抱着忘记灵感的风险继续睡觉这个难题所困扰，为此他发明了暗码文字板，这是可以在黑暗中记笔记的型板。

出于对简单多数选举制的失望，道奇森想出了一种更为公平的选举方法；他提出了比淘汰赛更好的网球锦标赛赛制；他是摄影方面的先驱之一；他发明了各种编码；他发明了各种游戏和谜题；还有人声称是他发明了双面胶。

然而，道奇森最为人所知的，既不是他的数学成就，也不是他的发明创造，而是他的文学作品。道奇森的笔名从其名字中引申而来，刘易斯（Lewis）是路特维奇（Lutwidge）的讹误，而卡罗尔（Carroll）是查尔斯（Charles）的变形。

刘易斯·卡罗尔是当时（抑或是历史上）最知名的儿童作家。《爱丽丝梦游仙境》和《爱丽丝穿镜奇幻记》中的语句和角色如今已经成为日常英语中的一部分，例如"跌进兔子洞"指陷入荒谬的境地，而"混成词"（portmanteau words）指将两个单独的单词合成一个。

《爱丽丝梦游仙境》不仅仅是充满奇思妙想的儿童故事，也是一本数学抗议小说。道奇森对两个数学对象忍无可忍，一个是非欧几何，而另一个是四元数，因此他让爱丽丝在探险过程中发现这两样东西究竟是多么荒诞不经。

除了爱丽丝系列书外，卡罗尔还写作了几首长诗（例如《蛇鲨之猎》和《幻想》）、剧本（《欧几里得和他的现代对手》和《乌龟对阿基里斯说》），以及儿童故事（《西尔维埃和布鲁诺》）等，都取得了与爱丽丝系列一样的成功。

道奇森死于肺炎，享年65岁，葬于英国吉尔福德。

道奇森兴趣广泛，他是摄影方面的早期先驱之一。他有许多自拍像，这幅自拍像摄于他23岁时。

暗码文字板

圣安德鲁斯大学数学系关于亚伦·胡德教授有一个传说。在他还是博士生时，有一天晚上他突然在床上直挺挺地坐了起来，吓了他的太太一大跳。他大叫道“当然了！这就是为何是2π！”，然后倒头呼呼睡去。

第二天早上，胡德的太太跟他提起了这件事，胡德摇了摇脑袋。很显然，胡德既无法回忆起答案在梦中找上门来的事情，也不知道当时他嘴里说的2π究竟是什么。

如果胡德教授的卧室里放有一块暗码文字板，也许就又有一项科学发现以他而命名了。

暗码文字板是一块带有6mm²切口的硬纸板，每行8个切口，共有两行。有了暗码文字板，你无须开灯就可以在这块板子上速写。在道奇森所处的时代，开灯可不是件小事情，更何况你马上就会把灯关上（当年可没有电话，更别提带有笔记应用的手机了！）。

道奇森还想出了一种速记字母表，沿平方的切口画线，而在切口的角上写点。这个速记字母表中的23个字母看上去跟对应的字母差不多，道奇森对此颇感自豪。这些字母的左上角有一个大点，而标点符

号的点在右下角。

刘易斯·卡罗尔北美俱乐部的一名会员阿兰·坦嫩鲍姆曾公开了他用道奇森的速记字母表写成的《爱丽丝梦游仙境》。他评述到，这个版本的读者很可能需要开灯仔仔细细地阅读。

暗码文字板有16个切口，可以用来一次写16个字母。相较之下，推特上发文的字数限制还不算少。

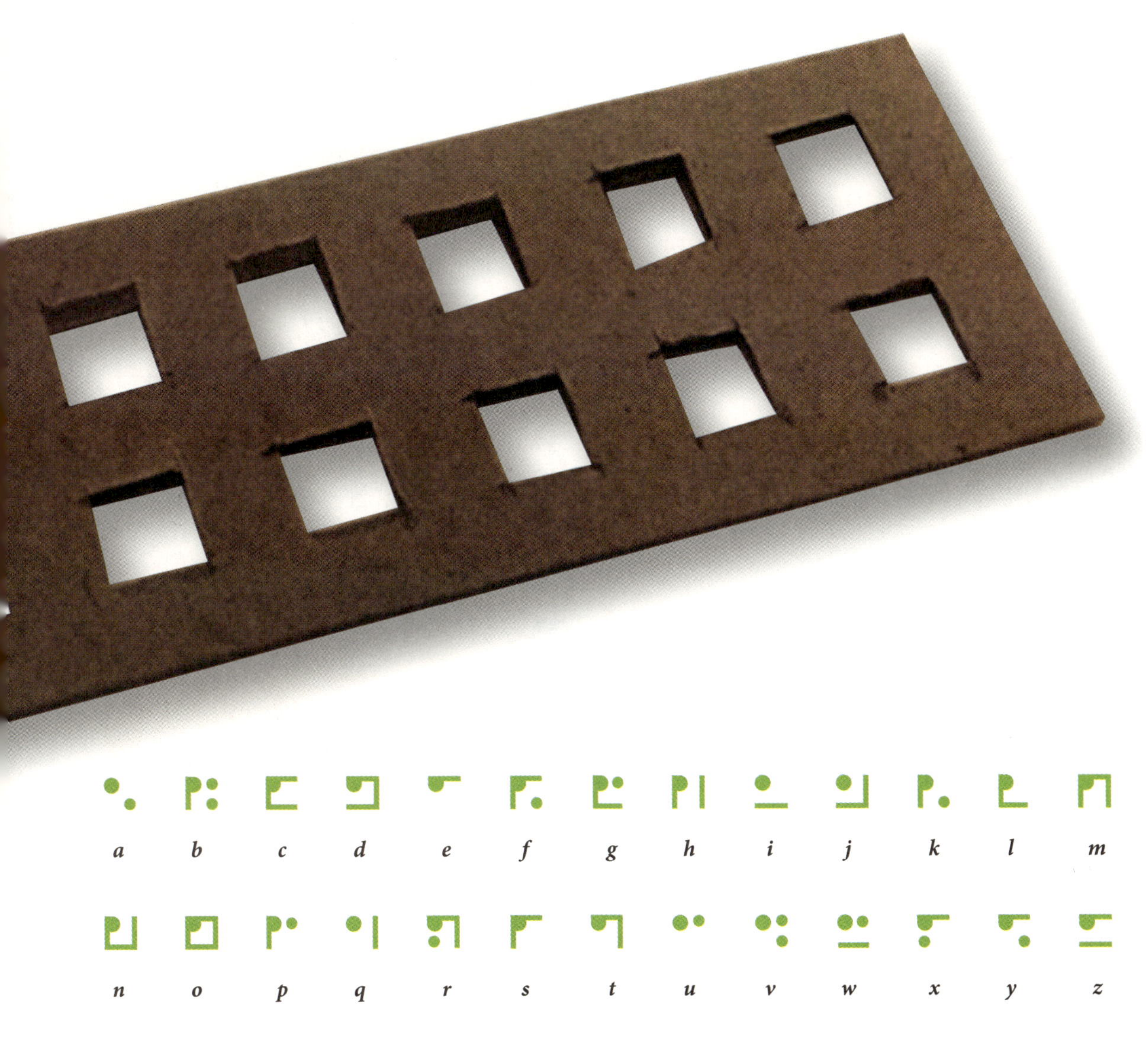

道奇森的速记字母表。

道奇森所提出的选举制度

道奇森用于决定选举结果的方法，解释起来容易，实施起来难。

选举中的理想情况是：有一位候选人与其他所有候选人正面交锋后都取得胜利。如果存在这种被称为“孔多塞候选人”的人，那么他理所当然是选举的胜利者。然而，大不列颠、美国以及许多其他国家的议会选举中所采取的简单多数选举制却无法保证孔多塞候选人会最终赢得选举。

孔多塞候选人并非总是存在的。假设现在参加选举的三个党派是石头党、剪刀党和布党。石头党有20名投票人，他们对于三个党派的支持力度是：石头党大于剪刀党大于步党；剪刀党有25名投票人，其支持力度是：剪刀党大于布党大于石头党；布党有30名投票人，其支持力度是：布党大于石头党大于剪刀党。

那么所有75名投票人中，有50名支持石头党大于剪刀党，而只有25名支持剪刀党大于石头党，但是布党却以55∶20战胜石头党。实际上，在这种情况下，每个党

派都会战胜其他的一个党派却输给另一个党派。这种情况下并不存在孔多塞候选人。在道奇森的方法中，获胜的候选人是变成孔多塞候选人需要改变选票数目最少的人。

在上面的例子中，我故意选了让结果更为简单的数字。如果有18名剪刀党投票人支持石头党多于布党，那么石头党就会变成孔多塞候选人；如果有13名布党投票人支持剪刀党多于石头党，那么剪刀党就会变成孔多塞候选人。

但布党仅需8名石头党投票人支持布党多于剪刀党即可变成孔多塞候选人，因此布党是最终的胜利者，简单多数选举制和道奇森的方法都会是这样的结果。但实际上，要想计算出候选人需要改变多少张选票才能变成孔多塞候选人是极其困难的问题。

巴托尔迪（Bartholdi）、托维（Tovey）和崔克（Trick）的研究成果表明，上述问题是NP难问题，这意味着随着候选人数目的增加，解决上述问题所需的运算数目急速增加。例如对于规模不大、仅有20名候选人的递补选举问题，计算速度最快的计算机也需要许多年才能解决上述问题。

这几名作者还风趣地指出，如果采用道奇森的选举方法，有可能计算出谁是胜者的时候，新一轮的选举都已经开始了。

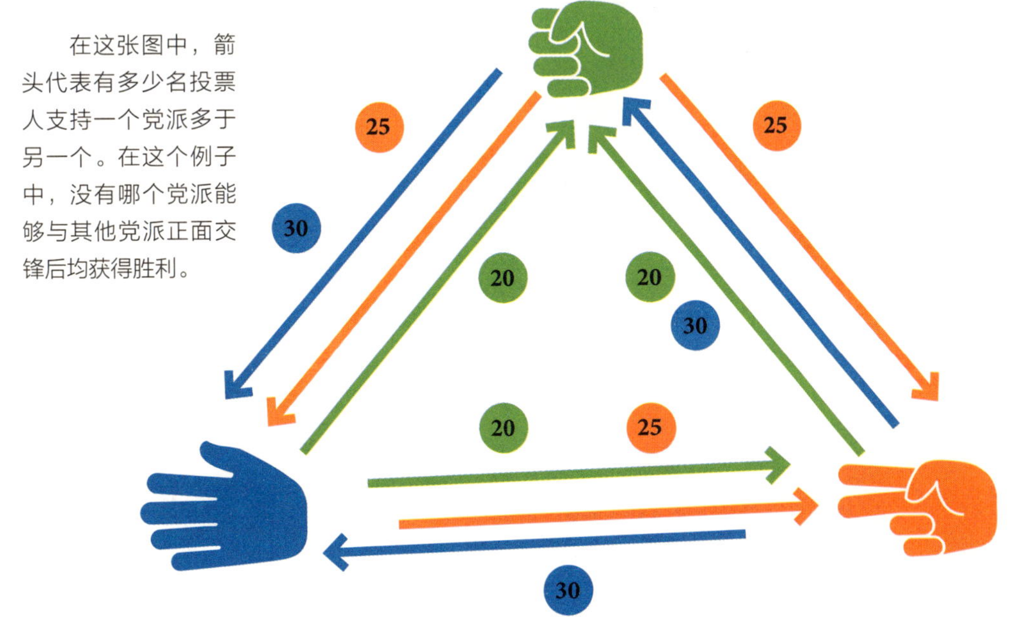

在这张图中，箭头代表有多少名投票人支持一个党派多于另一个。在这个例子中，没有哪个党派能够与其他党派正面交锋后均获得胜利。

《爱丽丝梦游仙境》是一部消极进攻的抗议小说

人们对于投影几何（鲍耶所提出的一种非欧几何）见仁见智，有人觉得它有重大问题，而有人觉得它十分有趣。

道奇森从小接受正规欧氏几何的教育，在欧氏几何中物体旋转后的体积不变。

这对于包括道奇森在内的大多数人而言都是显而易见的。但在投影几何中，移动物体会改变它的表面体积，这简直不可理喻，对于一直受欧氏几何教育的人而言尤甚。

这对于一名长期讲授欧氏几何的数学系讲师而言是莫大的威胁。顷刻之间，你所教授知识的牢固根基就被颠覆了。

你很可能也会像道奇森一样在当时的期刊中与他们强力争辩，但却被遵循完全不同的规则的人所驳倒，只是那些规则对他们而言更站得住脚。

你可以把这种现象叫作《爱丽丝梦游仙境》现象，因为书中的爱丽丝正是如此：她在不断地改变大小，还要不断地劝说令人发怒的生物，好让它们接受自己对于现实的观点。

爱丽丝移动时会改变大小，如同投影几何中的物体。

透视线就是某种投影几何。透视线让我们感觉好似位于三维空间之中。因为我们假定图中上部的物体离我们更远，因此我们会默认它们更大。实际上，图中两个人物的图形大小完全一样。

到目前为止都是我的推测，但请相信我，四元数正是这里的真正转折点。

道奇森熟谙线性代数，对于矩阵了解颇深，这里的矩阵，是指可以用于表示点和任意维变换的数字排列。道奇森提出了一种被称为道奇森凝聚的计算矩阵行列式的方法，这是道奇森的另一项发明。利用矩阵可以将给定点沿任意轴旋转，但是这种计算非常烦琐，通常需要5次或7次矩阵运算，而每次矩阵运算包含27次不同的计算。

但上述运算用四元数通常只需要进行大约30次计算。令人厌烦的四元数给道奇森的教学带来了莫大的挑战。

还记得汉密尔顿所遇到的问题吗？如果只使用三个复数，那么最终运算会形成循环，只有添加“时间”，才能让这种表述方式奏效。

疯帽子的茶会本应有四人参加：疯帽子、三月兔和睡鼠都如约而至，但最后一位客人“时间”却由于之前与疯帽子大吵了一架而没来。来参加茶会的人绕着桌子转圈移动，以便拿到干净的茶具。

注意，四元数之间没有交换性：ij和ji的计算结果不一样。疯狂茶会中我个人最欣赏的一段剧情莫过于：

“那你应该把你心里想的说出来”，三月兔继续说。“我说出来了呀”，爱丽丝急忙回答道，“至少我心里想的就是我说的。你知道，它们是一样的。”“一点也不

疯帽子反映了道奇森对四元数的反感。

一样！”疯帽子说，“如果它们是一样的话，那么‘我看见了我吃的东西’就与‘我吃了我看见的东西’也一样了！”“这也意味着，”三月兔接着说，“‘我喜欢我得到的东西’与‘我得到了我喜欢的东西’是一样的！”“这也意味着，”睡鼠接着说，看上去它像是在睡梦中说话一样，“‘我睡觉时在呼吸’与‘我呼吸时在睡觉’是一样的！”

“时间”并未出席疯帽子的茶会，这导致参加茶会的人必须转圈移动。

在爱丽丝的世界中，所有事物都是可以交换的。但是在疯帽子的茶会上，事物的顺序至关重要，与四元数如出一辙。

欧几里得和他的现代对手

将“欧几里得是几何教学的全部与终结”这种观点加入儿童读物中并不会让人们停止研究非欧几何的脚步。更糟糕的是，人们开始使用新的教材来讲授

欧氏几何。

1878年，道奇森出版了《欧几里得和他的现代对手》一书，以对话的形式明确地阐述了他对于手里13本几何教材的观点。

不出意料，道奇森的这本书是支持欧几里得的（道奇森在引言中称这本书很“簿”，但实际上它有大约300页）。

由于书中的一个角色是欧几里得的鬼魂，大多数数学家对此嗤之以鼻，并对道奇森的结果恶言相向。这本书中第二幕整整一幕都是对于平行公设的辩解，这也说明道奇森对此是多么深信不疑。

尽管《欧几里得和他的现代对手》的作者还是那个刘易斯·卡罗尔（但是这本书的内容属于他的本职工作），但该书还是鲜为人知。值得一提的是，这本书在通俗文化中占有一席之地。当维基百科于2001年问世时，其标志就是置于放大镜下的这本书中的一段话。

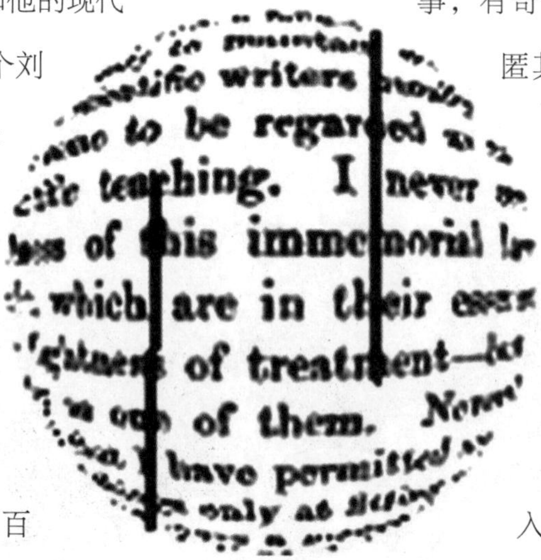

维基百科的第一个标志与卡罗尔对于欧几里得的仰慕有关。

难解难分的“结”

在我小时候，我的父母曾将《刘易斯·卡罗尔作品全集》作为礼物送给我。

在我手不释卷地读完爱丽丝的故事、对《西尔维埃和布鲁诺》深表绝望之后，我开始阅读《幽默推理故事集》。这本书让我眼前一亮，里面都是有关数学的幽默故事！虽然当时我还无法解开故事中被卡罗尔称作“结”的难题（实际上我甚至无法理解它们），但我还是很喜欢这本书。书里有困惑的骑士以及好斗的蚂蚁的故事，有奇异的族谱（卡罗尔也隐匿其中，如同我们孩提时藏在果酱中吃过的药一样）和精巧的谜题，以及这些谜题最初发表在《每月资讯》（*Monthly Packet*）杂志上时收到的众多引人入胜的读者解答。道奇森会分析这些答案，再根据回答的完整程度对其进行分级。

卡罗尔会阅读读者对于“结”的解答，并对其进行评分。

书中第十章中的最后一个“结”——“日期变换”如此巧妙，以致至今无人可解。卡罗尔自己也声称被这个谜题彻底难倒了。

CHAPTER 9 第九章

THE INFINITE, THE UNDECIDABLE AND THE COMPUTER

无穷、不可判定性和计算机

在本章中，数学家发现存在有无穷多种无穷，数学的金字塔砰然倒下，而在废墟中诞生了一种无所不能的机器。

有无穷多种无穷。

格奥尔格·康托尔

母亲向她的孩子提问："世界上最大的数是多少？"儿子想了一会儿，回答道"一万亿！""那么一万亿零一呢？亲爱的。"儿子看上去有些垂头丧气，然后打起精神来说"好吧，但我的答案已经很接近了！"

当然，数是无穷多的，只要你认为找到了最大的数，只需将其加1就变得更大了，因此总有比给定的数更大的数。在0～1之间也有无穷多个数，它们包括如同1/2、3/4和9/17这样的分数，如同1/π、$\sqrt{1/2}$和3/e这样的无理数，以及钱珀瑙恩数**0.123456789101112131415**…，等等。

德国数学家格奥尔格·康托尔（Georg Cantor，1845—1918）于19世纪末用数学推理引发了学术界异常激烈的反应。康托尔研究了"可数数与0和1之间的点究竟哪个多？"这个问

康托尔问了一个笨拙的问题，却给出了一个惊人的答案。

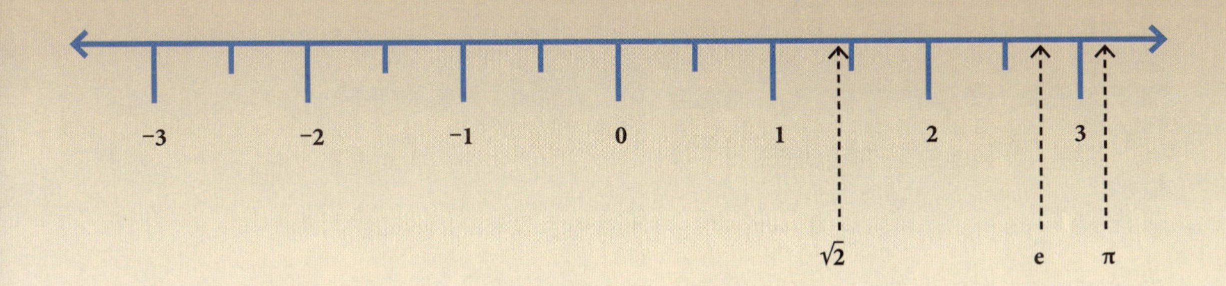

实数轴与一些常用的数：0和1之间的点真的有可数数那么多吗？

题，并发现无穷的大小也各不相同，这与人们的直观感觉背道而驰。从某种意义上而言，0和1之间的实数比从1开始、比1大的所有整数都多。

就这个结论引发了异常激烈的反应？是的，世界上最伟大的数学家之一庞加莱称康托尔的工作是感染数学家的“致命疾病”。而康托尔之前的老板克罗内克则更加地直言不讳，他说康托尔是“年轻人的腐化者”，是一个“科学骗子”。由于克罗内克颇具影响力，他的言论使康托尔失去了在柏林一所当时德国（因此也就是当时世界上）最好的顶尖大学任教的机会。路德维希·维特根斯坦（Ludwig Wittgenstein）认为康托尔的工作是“荒唐可笑的”“毫无意义的”，尽管并无记录记载他是否曾尝试解释康托尔的工作错误之处。

或许是因为这些尖酸刻薄的辱骂，康托深受严重的抑郁症之苦，他于1884年入疗养院治疗。虽未经诊断，但有迹象表明康托尔还可能患有躁郁症。

后来，康托尔得以康复并继续开展研究工作，但难回其职业生涯早期的巅

“在数学上，问问题的本领比解决问题的能力更难能可贵。”

——奥尔格·康托尔

峰状态。

康托尔人生中最后的二十年充满了苦痛。他的儿子鲁道夫突然离世；他在会议上因别人诋毁他的工作而倍感羞辱；他怀揣着遇见罗素的希望去苏格兰圣安德鲁斯参加会议，但罗素却根本没去参会。在第一次世界大战期间，他饱受营养不良之苦，而另一件事更是在他的伤口上撒盐：原本预计公开庆祝他70岁诞辰的活动惨遭取消。康托尔于1918年在疗养院去世。

浅尝无限

如何区分两种无穷究竟是相同的还是不同的呢？解答这个问题的关键是如何区分两个集合的大小是否相同。显然，我们数一数每个集合中的元素个数，就可以判断这两个集合是否大小相同。

但这个方法只适用于有限集合。如果集合像整数集、分数集或实数集一样有无穷多个元素怎么办？康托尔是第一个给出合理解答的数学家，他指出：如果通过排

像足球队这种有限集合很容易数出元素的数目。

因为饱受疾病之苦，康托尔时常在哈尔茨山宁静的山色中寻求慰藉。

列集合中的元素，使得一个集合中的每一个元素都对应于另一个集合中的一个元素，那么称这两个集合的大小（基数）相同。这种方法正是基于一一对应的原理。

现考虑所有偶数：2,4,6,8,10…，看上去似乎偶数的数目是整数数目的一半，毕竟整数是按照奇偶交替的方式排列的，因此一半整数是偶数而另一半是奇数。但实际上，偶数的数目与整数的数目一样多。现将每个偶数（第一个集合中的元素）与其一半（第二个集合中的元素）相对应，由于每个偶数的一半存在且唯一，因此第一个集合中的任一元素就与第二个集合中的一个元素一一对应，因此这两个集合的基数相同。

更令人难以理解的是，分数集与整数集的基数也是相同的。你可以将所有的分数按照如下顺序排列：首先是分子分母之和为1的分数（只有0/1），然后是之和为2的分数（1/1和0/2），然后是分子、分母之和是3的分数（2/1，1/2和0/3），以此类推。最终，每个分数都会出现在上述排列之中。尽管存在重复（0/1、0/2和0/3都等于0），但仍然可以构造整数和分数之间的一一对应（构造方式十分复杂）。

$$1 \longleftrightarrow 2$$
$$2 \longleftrightarrow 4$$
$$3 \longleftrightarrow 6$$
$$4 \longleftrightarrow 8$$
$$5 \longleftrightarrow 10$$
$$6 \longleftrightarrow 12$$
$$7 \longleftrightarrow 14$$
$$8 \longleftrightarrow 16$$
$$9 \longleftrightarrow 18$$
$$10 \longleftrightarrow 20$$

整数与偶数之间可以通过配对构造一一对应。

现代集合论中的一些常用符号包括：

N = 自然数集

Q = 有理数集

R = 实数集

Z = 整数集

- 一个集合是另一个集合子集的记号是$\subset$，因此$N \subset Z \subset Q \subset R$。

- 大括号{ }代表集合中的元素，例如$A = \{3, 7, 9, 14\}$。

- 集合中的元素个数用记号| |或#表示，例如对于$A = \{3, 7, 9, 14\}$，$|A| = 4$，或$\#A = 4$。

- 无限集合的基数用记号$\aleph$表示，例如$|N| = \aleph_0$而$|R| = 2^{\aleph_0}$。

希尔伯特大酒店

德国数学家大卫·希尔伯特研究了康托尔关于无限的观点，并用一个称为希尔伯特大酒店的插图来阐述这些观点。试想现在有一个拥有无穷多个房间的酒店，房间的数目与自然数一样多，从1开始编号且无穷无尽。这些房间除了房门上的房间号有所不同（让我们先忽略房间号的数字太大以至房门无法容纳的情况），其他完全一样。希尔伯特大酒店今天客流涌动，已经满房了。

前台的铃声响了，进来一位面色疲惫的旅客。她问道："请问今天晚上还有房间吗？"接待员的满含歉意，说道："女士，十分抱歉，我们酒店无穷多个房间都已经住满了人。"旅客苦笑了一下，面色依旧疲惫，但说道："哈，这正是我到你们酒店的原因！我是一名数学家，因此你肯定能给我腾出一间房间来。你只需要将住在房间1的客人挪到房间2，再将房间2的客人挪到房间3，以此类推，将房间n的客人挪到房间$n+1$。""我明白了，"接待员说，"只需将每个人挪到下一个房间，那么他们都有房间住，而你也可以住在房间1。这主意棒极了，我确定我们酒店的无穷多位客人不会介意此刻挪动房间。"

接待员做了上述安排，然后坐下来继续阅读《数学的世界》，以度过夜班换班前的时间。过了一会儿，前台的铃声响了。"你需要什么帮助吗，先生？"接待员问。

"你好，我是一名导游，我现在在一辆载有无穷多个旅客的大巴上，这些旅客今天晚上每人都需要一个房间过夜，你能给安排一下吗？"

"十分抱歉，我们酒店无穷多个房间都已经住满了人。等会儿，让我猜猜，你也是一名数学家对吗？"

"没错，"导游一边转着手中颜色艳俗的雨伞一边说，"解决方法很简单。你只需要将住在房间1的客人挪到房间2，再将房间2的客人挪到房间4，以此类推，将房间n的客人挪到房间$2n$。"

“这样房间号为偶数的房间都住满了人，但房间号为奇数的房间都是空着的。”接待员一边点头一边说。

“完全正确！这样就有无穷多个空房间了，所以我的旅行团里的每个人都会有自己的房间。”

“先生，这主意真是精妙绝伦！我确定我们酒店的客人不会介意再次挪动房间。”

康托尔关于实数的研究成果颇富争议，因为康托尔证明了实数与整数之间不存在一一对应的关系。

康托尔利用对角线论证法指出，无论采取怎样的对应方式，都无法找到实数与整数之间的一一对应。整数的基数（可数多无限）与实数的基数（不可数多无限）并不相同。康托尔还指出有无穷多种无穷，而且他还在思考整数与实数的规模之间是否还存在其他无穷。这个问题直到50

即便希尔伯特大酒店里无穷多个房间都住满了人，但酒店还能再容纳另外无穷多个人，只需将目前房间号为n的房间内的客人挪到房间号为$2n$的房间即可。

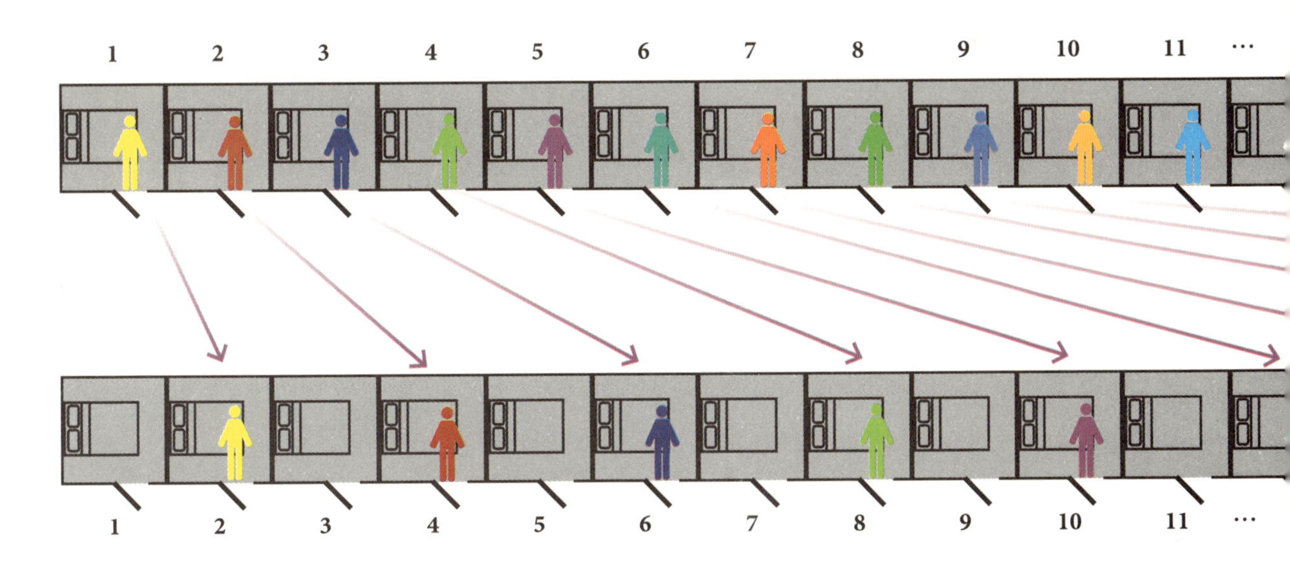

无穷的数学符号在三维的情况下与莫比乌斯带类似，后者是一个单面曲面。在莫比乌斯带上行走的话，会在走完所有曲面后返回起点。

年后才得以解决，其答案也十分古怪：既无法证明也无法证否。

康托尔的对角线论证法

为了证明实数比整数多，康托尔首先假设整数与实数之间存在如同整数与偶数之间一样的一一对应。

这意味着，0和1之间的任一实数都与一个整数一一对应。例如，

$$1 \leftrightarrow 0.\mathbf{2}4356\cdots$$

$$2 \leftrightarrow 0.1\mathbf{5}479\cdots$$

$$3 \leftrightarrow 0.35\mathbf{6}58\cdots$$

$$4 \leftrightarrow 0.875\mathbf{2}4\cdots$$

$$5 \leftrightarrow 0.7846\mathbf{5}\cdots$$

由于实数的十进制展开中可能包含无穷多位小数，因此上式均以“…”结尾。

接下来利用上式中粗体的数字构造一

个实数，构造方式如下：从第一行中取第一个数字，从第二行中取第二个数字，以此类推，所得到的数字如下：

0.25625…

现在构造一个与上述实数各位均不相同的实数，例如可以将数字5换为1，而其他数字均换为5，得到

0.51551…

这个新构造的实数的十进制展开中的第一位数字与上表中第一个实数的第一位数字不同，其第二位数字与上表中第二个实数的第二位数字不同，以此类推，其第n位数字与上表中第n个实数的第n位数字不同。这意味着，这个新构造的实数并未出现在上述列表之中。因此，实数比整数的个数多，是不可数多的。

大卫·希尔伯特

看到大卫·希尔伯特（David Hilbert，1862—1943）的这张照片时，你首先会注意到什么？是那干净利索的尖头胡须，还是那令人生畏的圆框眼镜？

也可能是这顶令人惊艳的帽子。但如果你问问街上的路人，他们可能会首先猜他是“邪恶的心理学家”，然后是“啊，是数学教授！”

与克里斯蒂安·哥德巴赫、伊曼努尔·康德和拓扑学一样，希尔伯特出生于柯尼斯堡（如今称作加里宁格勒）附近。他一直在此地求学、授课，直至1895年搬至当时欧洲最著名的数学中心哥廷根。

他的学生和同事中有众多知名数学家，例如赫尔曼·闵可夫斯基（Hermann Minkowski，探明了爱因斯坦相对论背

希尔伯特将康托尔的理论大众化，并提出了著名的23个数学问题。

后的大部分数学基础），赫尔曼·外尔（Hermann Weyl，最伟大的数学全才之一），恩斯特·策梅洛（Ernst Zermelo，挽救了处于失控境地的集合论），以及约翰·冯·诺依曼（John Von Neumann）。

希尔伯特除了通过希尔伯特酒店的形象比喻将康托尔的理论大众化，他还以他所提出的23个问题而知名。在1900年8月8日在巴黎举行的国际数学家大会上，希尔伯特汇报了他心目中当时最重要的10个有待解决的数学问题。这个列表后来又扩展至23个问题。

希尔伯特所提出的问题有一些在描述上十分简单（如第2个问题，证明算术公理是一致的，在后续章节中我们会涉及这个问题），而有的问题在描述上就需要更为数学的语言（如第12个问题，将在有理数域的阿贝尔扩张上成立的克罗内克-韦伯定理推广至任意基数域，这种问题还是留给数学专家来讨论吧）。

这些问题有一些已经在百年之间得到了解决，但有的却异常困难、多年来并未取得进展（例如黎曼猜想）。有的问题引发了大量的数学研究，促成了数学新领域的诞生。

希尔伯特在1930年退休，他退休后不久，纳粹就对哥廷根的数学系进行了清洗，将外尔、埃米·诺特和艾德蒙·兰道从大学中驱逐。后来教育部长问希尔伯特哥廷根如今的数学水平如何，这里已经没有犹太人了，据说希尔伯特回答说哥廷根现在已经没有真正的数学家了。

希尔伯特在听说有一名学生退学去当诗人时，说："神呀，他想象力不足，无法成为一名数学家。"

那谁来给理发师刮胡子呢？

时间回到1902年，戈特洛布·弗雷格（Gottlob Frege）马上就要完成他的著作《算术基础》一书了，为此他感到十分高兴。

在这本鸿篇巨制中，弗雷格从几个逻辑公理出发，导出了所有的算术法则。这本书就要送去出版社印刷了（他自己掏钱出版发行）。

就在这时，邮差送来的信打断了他的思绪，其中有一封信来自伯特兰·罗素。

德国数学家、哲学家戈特洛布·弗雷格（1848—1925）。

罗素的来信通常都是好消息，但这封信却送来了一条颇具爆炸性的消息：这个系统中有悖论。这对于逻辑系统而言是再坏不过的消息了。

数学家为了测试他们所研究的学科而尝试构造悖论的习俗古已有之。最早构造悖论的学者之一就是来自克里特岛克那苏斯的伊壁孟尼德（Epimenides），他曾说："克里特岛上的所有居民都在说谎。"这就是一个悖论，因为伊壁孟尼德也是克里特岛上的居民：如果他说的是真的，那么他也在说谎；而如果他说的是谎话，那么克里特岛上的居民没在说谎，而他也是居民之一。

简言之，如同"这句话是错误的"、"下一句话是正确的：上一句话是错误的"这种描述在逻辑上会立即导致问题：如果它们是正确的，那么它们就是错误

那么谁来给罗素村庄里的理发师刮胡子呢？

的，如此反复。

这就是罗素在弗雷格的著作《算术基础》中发现的问题：他指出既然"断言是不能对自身进行断言的断言"，那么断言能否对自身进行断言？如果它能，那么它不是断言，反之亦反。这听上去有些抽象，对于罗素悖论，比较容易理解的一个版本是理发师的故事。在一个小村庄里有一位理发师，他只给村子里不给自己刮胡子的人刮胡子，那么谁来给理发师刮胡子呢？

罗素并非第一个发现集合论中上述问题的学者，策梅洛在其一年前就发现了这个问题，但并未发表。数学界的规矩是，没发表的成果不算数。

与此同时，弗雷格在匆忙中为他的书加上了附录，对罗素提出的悖论进行了致谢并尝试进行修补，但因为他的逻辑体系包含致命的错误而并未如愿。罗素与他的老板阿弗烈・诺夫・怀海德（Alfred North Whitehead）也在尝试解决这个悖论。

伯特兰·罗素和他的妻子伊迪丝共同抗议核武器。

伯特兰·罗素

当我长大后，我希望能变成像伯特兰·罗素（Bertrand Russell，1872—1970）一样的人，尽管我不想用烟斗抽烟。

当然，我并不具有罗素的贵族背景，而我的祖父母也不是英国首相。但我想成为罗素的想法与这些没有任何关系，而仅仅是出于我对他的仰慕。

罗素受到的教育主要来自私人家庭教师，他在年轻时就掌握了几门语言，但只有数学才是他的最爱。那时罗素是一个忧郁的年轻人，他想自杀的想法最终屈服于继续研究数学的渴望。

在他的前半生，罗素是世界上最伟大的逻辑学家和数学家，他曾在《数学原理》一书中尝试以逻辑为基础一致地构造数学理论，但终告失败。

罗素因参与政治游行而招致了不少恶名。他参与了为女性投票和抵制第一次世界大战的游行。他曾在1916年提笔支持一位本性善良的抗议者并拒绝为此支付罚金，他的藏书因此而遭到拍卖。他的朋友将这些拍卖的书买了回来，而罗素却对自己的圣经被盖上“剑桥警察局没收”的印章而颇感自豪。

罗素后来因参与抵制美国加入第一次世界大战的游行而入狱，但这也无法阻止他后来继续宣扬和平主义的活动。他还参与了抵制纳粹、支持“反对同性恋”的法律改革和抵制越战的游行，当然最知名的是，他参与了抵制核武器的游行。

罗素曾获诺贝尔文学奖、英国功绩勋章（据说国王因向囚犯授勋而颇感尴尬）、英国皇家学会希尔维斯特奖章（“因其数学基础方面的杰出贡献”）、英国数学学

与庞克斯特（右）和肯尼一样，罗素也参与了女权运动。

会的德摩根奖章，他还曾创立了不受任何规矩约束的学校，并因为会对人产生可怕的德道影响而在纽约丢掉了教职。

罗素还是兼具智慧与可读性的少数作家之一。而作为作家，我只要能达成其中一项就心满意足了。

“我听说中国人想将我葬于西湖湖畔，并建造一座神殿来纪念我。当然这并未发生，对此我稍感遗憾，因为那样我有可能会变成神，而这对于一个无神论者而言真是再时髦不过了。”

《数学原理》

在发现弗雷格著作中的问题后，罗素和阿弗烈·诺夫·怀海德开始尝试修正这个问题。他们也尝试利用较紧凑的公理集合和规则来构造整个数学结构，只是要避

伯特兰·罗素曾在剑桥的三一学院学习数学。

免构造出弗雷格著作中所出现的悖论集合。罗素和怀海德采用了类型层次的方法来避免自引用的数学论断（尽管这种方法也难逃失败的厄运）。

《数学原理》的写作是值得一说的：它包含三卷，在与第一次世界大战的时间赛跑中出版，从某种意义上说它是十分成功的。最终这部书并未涵盖所有的数学（它仅处理到实数为止），但数学专家认为其中所提出的系统可用于引发更多的数学思路——只是这需要的时间旷日持久，没人会真的着手去做。就连罗素和怀海德也没能继续下去，他们声称智力枯竭而在写成第三卷后放弃了这项工作，原计划出版的几何方面的书卷也就此搁浅。

我愿引用数学家们知晓《数学原理》的唯一事实来说明上述“旷日持久”究竟是多久：在《数学原理》第一版第一卷第379页上，作者做了如下论述“在算术加法定义后，该命题可推导出1+1=2”，但相关的证明直到第二卷第86页才完成。

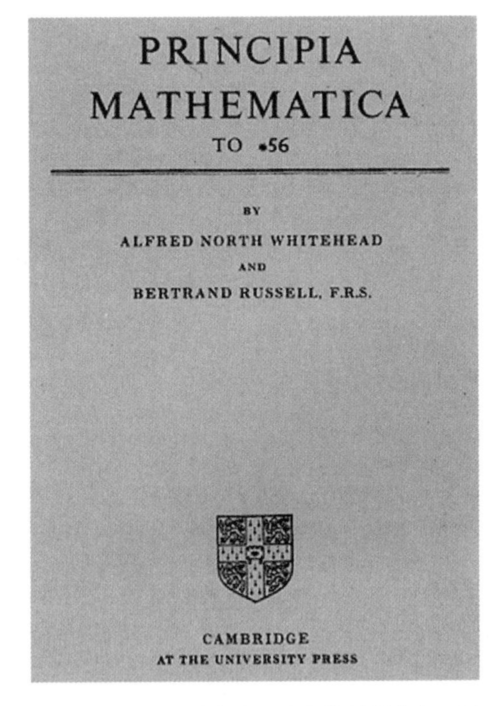

罗素和怀海德放弃了他们的数学著作，因为他们意识到要想写完这部书需要花好几辈子的时间！

哥德尔摧毁了数学

数学体系只需要有三种基本性质，那就是：可判定性、完备性和一致性。

哥德尔不完备定理可用于论证人类可能永远无法完全理解自己。

罗素和怀海德在写作《数学原理》时就意识到一个数学系统必须包含上述3个基本性质，当然还有其他数学家也有相同的观点。朱塞佩·皮亚诺（Giuseppe Peano）在19世纪90年代建立了自然数算术所需的5个公理，随后策梅洛和弗伦克尔于1908年奠定了集合论的基础。他们所创立的两个数学系统如今在数学领域仍然得到广泛应用。

但是，这些数学系统都被摧毁了，实际上任何你能想到的数学系统都被摧毁殆尽。库尔特·哥德尔于1931年利用下述方法证明了上述结论：某个形式化系统中任意正确的命题均可以表示为一个整数，只

奥地利裔美国逻辑学家、数学家和哲学家库尔特·哥德尔（Kurt Gdel，1906—1978）。

出生于德国的以色列数学家艾布拉姆·哈勒维·弗伦克尔（Abram Halevi Fraenkel，1891—1965）。

德国逻辑学家和数学家恩斯特·弗里德里希·费狄南·策梅洛（Ernst Friedrich Ferdinand Zermelo，1871—1953）。

是这是一个异常繁杂的整数。然后可以通过将特定的规则应用于这些整数来生成正确的命题，同样这些规则也是异常繁杂的。哥德尔问：如果我们将“该命题无法在该体系中被证明”这个命题表示为一个整数会发生什么？

这是一个典型的伊壁孟尼德式悖论：如果这个命题是正确的，那么它无法被证明，因此相应的数学系统也就不是完备的。

如果这个命题是错误的，那么它可以被证明，因此它既是错误的又可被证明，这样相应的数学系统也就不是一致的。剩下的唯一选择就是这个命题是不可判定的，那么相应的数学系统也就不具有可判定性。哥德尔的悖论与伊壁孟尼德的悖论有一个细微的差别，那就是用“无法被证明”来替代“错误的”，后来塔斯基指出这种替换是必要的。

以这个命题为公理，可以用同样的推理方式推导出一个新的体系，其中也会包含摧毁这个体系的一个命题。

哥德尔的证明简直精妙绝伦。因此，每个形式化系统至少会缺少下面三条基本性质之一：完备性、一致性和可判定性。

数学做了一个恰当的选择，放弃了可判定性，即承认存在命题既不能被证明也不能被证伪。

这样的命题包括“连续统假设”（指自然数的基数和实数的基数之间有无穷多个基数）和“选择公理”（指对于两两不交的非空集合所构成的任意集合，至少存在一个集合包含其各个子集中的一个元素）。在哥德尔的工作之后，选择公理

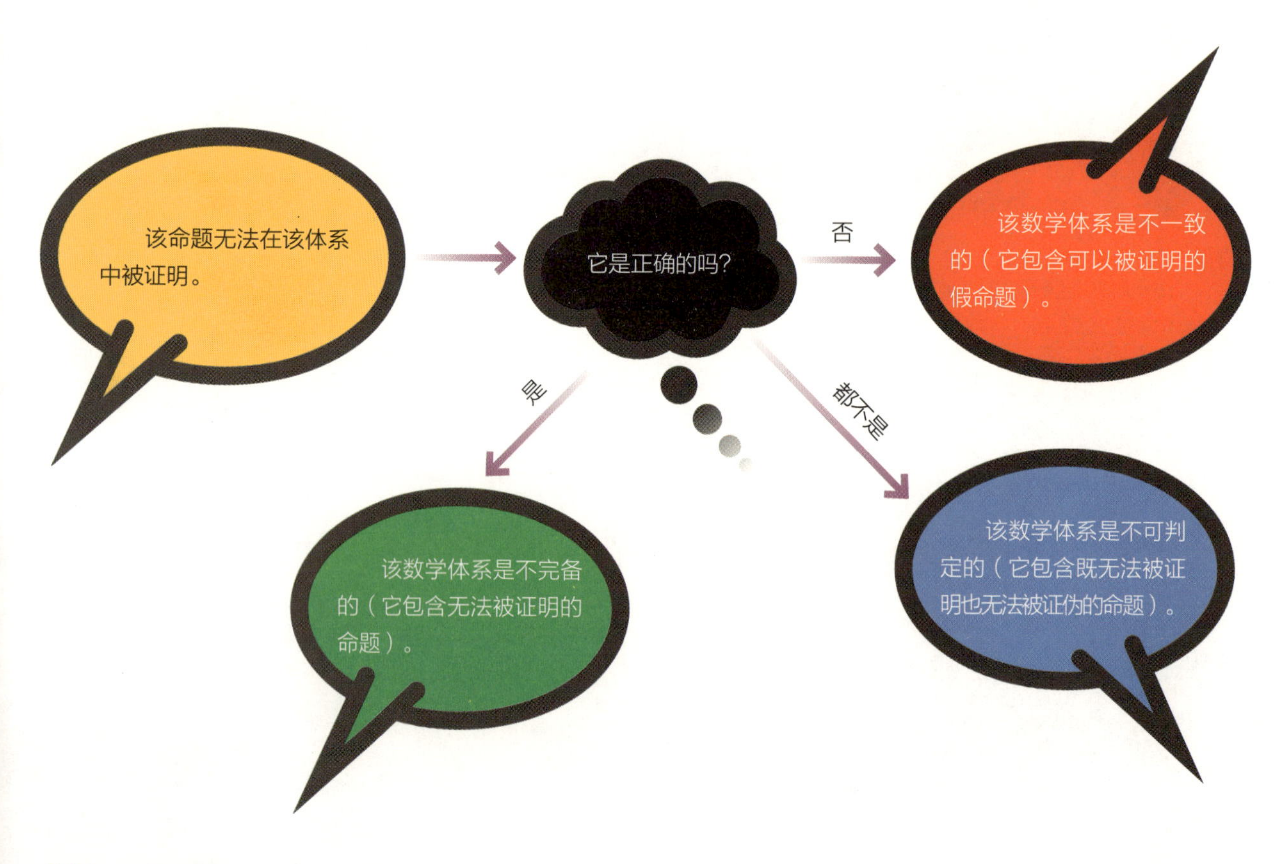

保罗·寇恩因其在选择公理上的工作于1966年获得菲尔兹奖（数学界的诺贝尔奖）。

最终在20世纪60年代被保罗·寇恩（Paul Cohen）证明是不可判定的。

“推理的至高胜利是怀疑它自身的有效性。”

——米格尔·德·乌纳穆诺

库尔特·哥德尔

如果伽罗华之死是数学史上最浪漫的，那么奥地利人哥德尔之死可能算得上是最悲情的了。

哥德尔出生于奥匈帝国的布鲁恩（如今是捷克共和国的布尔诺），而后他到维也纳学习数学。在他入学时，哥德尔已经熟练地掌握了大学水平的数学知识。他参加了由摩里兹·石里克（Moritz Schlick）组织的、研究罗素所著的《数理哲学引论》的讨论班，并被数理逻辑所深深吸引。希尔伯特做的一个报告启发他开始研究形式化系统的完备性。哥德尔的博士论文证明了数理逻辑中一类相对简单的一阶谓词演算是完备的，即任意可在该系统中表示且正确的事物均能利用系统中的规则证明。

哥德尔参加了摩里兹·石里克（1882—1936）组织的讨论班，并被数理逻辑深深吸引，后来石里克被他之前的一个学生所谋杀。

随后他将《数学原理》批得体无完肤，不仅指出了其中的结论是错误的，而且阐释了错误原因，更是证明了不存在满足完备性、一致性和可判定性的系统。

在第二次世界大战爆发前，石里克遭到暗杀，哥德尔的精神世界也崩溃了。他患有妄想症并因此入院治疗。即便如此，哥德尔还是因满足条件而被征召入德国部队。后来他沿西伯利亚大铁路逃至美国，加入了普林斯顿高等研究院，他曾在20世纪30年代多次造访这里，并结识了爱因斯坦。

哥德尔于1947年成为美国公民，尽管他险些把入籍面谈给搞砸了。哥德尔认为自己发现了美国宪法的漏洞，而且当他被问及“纳粹形式的专制是否可能会在美国发生”时，竟没有回答标准答案“不可能，先生”，而是开始阐述自己的观点。幸运的是，颇具同情心的鉴定人将话题引向了其他常规问题。

哥德尔于1951年与朱利安·施温格（Julian Schwinger）共同获得首届爱因斯坦奖，并于1974年获得美国国家科学奖。

哥德尔的妄想症是结束他生命的罪魁祸首。哥德尔对于被毒害有一种病态的恐惧，他唯一信任可以给他做饭的人是他的妻子阿黛尔。1977年阿黛尔入院，而1978年年初，哥德尔就因饥饿死去。可怜的家伙！

普林斯顿高等研究院成为哥德尔逃离纳粹之后的庇护所。

艾伦·图灵对判定问题的回答很简单："不存在"。

图灵、邱奇和判定问题

希尔伯特并不满足于只给出23个问题，他还不断地向他的"纲领"中加入新的问题。最后他将两个世纪前可能是由莱布尼茨提出的一个问题囊入其中。

这个问题以其德文名字Entscheidungsproblem而知名，这个名字听上去会让人有听觉不灵的错觉，它翻译成中文就是"判定问题"。这个问题研究"是否存在一个算法可以判断任意一阶逻辑命题的真伪"，其中的主要困难是确定究竟是什么构成了算法。

1936年，阿隆佐·邱奇（Alonzo Church，提出了演算的概念）和艾伦·图灵（Alan Turing，提出了被称为图灵机的理想计算机模型）独立地提出了算法的形式化描述。图灵发现邱奇所提出的模型与他所提出的是等价的，它们对于判定问题的结论都是“不存在”。

他们都是在哥德尔成果的基础上推导出的这个结论。任意一个算法系统都是哥德尔不完备定理所适用的形式化系统，这意味着算法系统可以向其他形式化系统一样被摧毁。

就是这样，不仅数学被摧毁了，连你的计算机也被摧毁了。而且你再买一台新计算机也于事无补。

阿隆佐·邱奇发明了λ演算。

λ

$$\underbrace{f^n = f \circ f \circ \cdots \circ f}_{\text{复合}n\text{次}}$$

数字	函数定义	λ表示
0	$0\ f\ x = x$	$0 = \lambda f \cdot \lambda x \cdot x$
1	$1\ f\ x = f\ x$	$1 = \lambda f \cdot \lambda x \cdot f\ x$
2	$2\ f\ x = f\ (f\ x)$	$2 = \lambda f \cdot \lambda x \cdot f\ (f\ x)$
3	$3\ f\ x = f\ (f\ (f\ x))$	$3 = \lambda f \cdot \lambda x \cdot f\ (f\ (f\ x))$
……		
n	$n\ f\ x = f^n\ x$	$n = \lambda f \cdot \lambda x \cdot f^n\ x$

λ演算是一种计算模型，在理想情况下可以进行任意计算。λ演算是程序理论的关键组成部分，也被公认为是最小的通用编程语言。在上表中，函数 f 被多次作用于变量 x，其作用次数为左栏中的数字。

巴贝奇、勒芙蕾丝和差分机

计算机之父的称号颇具争议，其结果因人而异，可能是帕斯卡、莱布尼茨、雅卡尔、图灵、霍珀，或者是其他别的什么人。

在计算机家谱中，其中一支的开创人就是查尔斯·巴贝奇（Charles Babbage）。

与计算机领域中的大多数数学家一样，巴贝奇也有些反常。他早先声名狼藉，主要是因为他发起了抵制街头音乐（因此时常有手风琴演奏家出于对他的愤恨而在他家的窗外演奏）和抵制儿童滚铁环（因为铁环躺在地上时经常会绊倒马匹）的运动。

同样，与本书中许多发明界的英雄一样，巴贝奇的兴趣并未止于以上两件众所周知的事情。他发明了用于检查眼睛内部的检眼镜（尽管没人真正注意到这项发明）和火车清理路障用的排障器。他还在卡西斯基之前破译了维吉尼亚密码，只是此事因为涉及军事机密直到20世纪80年代才公之于众。巴贝奇还是英国最终采用莱布尼茨微积分记号的功臣，他创立了大不列颠拉格朗日学派，以期重振英国科学在欧洲的地位。

计算机之父查尔斯·巴贝奇。

巴贝奇毕生最大的成就始于1812年，当时他听说法国政府发起了一项如今被我们称为并行计算的科研项目。在该项目中，法国人将计算对数表中的正确数值这一复杂问题分解为可以手算的简单计算任务，然后利用规模庞大的人力计算机来完成这些手算任务。作为一名具有敏锐嗅觉的实业家，巴贝奇不禁自问：“为什么这种工作还需要人类来完成？”

但是直至10年后，巴贝奇建造差分机

巴贝奇计算机的演示模型在20世纪90年代初终于建成。

的科研项目才正式启动。这个差分机是一个高达2米、重达15吨、以蒸汽驱动的庞然大物，原应可以在没有人类干预的情况下计算特定函数的值，但令人遗憾的是，这个差分机的建造并未完工。尽管从政府获得的资助绰绰有余，但巴贝奇出于某些原因并未最终完成这座庞然大物，而政府也因此停止了资助。尽管如此，巴贝奇的计划仍然是切实可行的。伦敦科学博物馆在20世纪90年代初建成了一座这种机械计算机的演示模型。

然而，这座差分机并未超越加法器或莱布尼茨所发明的机械计算器式的计算机。请不要会错意，差分机的确是一件奇异而精巧的装置，但它确实不是一台计算机。

巴贝奇的后续项目是分析机，它不仅仅能进行加法运算，受雅卡尔提花织布机的启发，分析机还可以读取穿孔卡片上的指令。它有自己的控制流程，可以执行循环语句、条件语句和子程序，还建有可以存储数值的内存。单单从数学上来看，分析机与现代计算机并无二致，只是它的计算能力稍弱而已。换言之，如果巴贝奇最终建成分析机的话，那么它将可以在数学上与现代计算机媲美。但是由于巴贝奇先前并未建成可以运行的差分机的劣迹，没人愿意提供经费来资助他建造分析机。

但这并未阻止科学家们研究分析机的脚步。1842年，路易吉孟·那伯雷（Luigi Menabrea）用法语对分析机进行了描述，随后巴贝奇的助手阿达·洛芙莱斯（Ada Lovelace，1815—1852）翻译了这段描述，并添加了大量的注释，其中更是包括一段用于计算伯努利数的算法，这被公认为是世界上第一段计算机程序。计算机语言Ada就是为纪念她而以她的名字命名的。

阿达·洛芙莱斯是查尔斯·巴贝奇的助手，被公认为是世界上第一位计算机程序员。

葛丽丝·霍普是计算机技术的先驱和最早的电子计算机程序员之一。

葛丽丝·霍普

视频网站YouTube上有一段葛丽丝·霍普（Grace Hopper，1906—1992）做报告的视频，她在报告中拿着一根30厘米长的电线，向聚集在会议室中的人们介绍这根电线是纳秒量级的。

1纳秒是电信号以光速穿越那么长的电线所耗费的时间。视频中的葛丽丝·霍普是一位年迈的女士，从会议室中人们的发型来看，做报告的时间应该在20世纪80

年代。在报告中，霍普正坚定而幽默地向人们展示如何利用电线向“丈夫、孩子、海军上将等人”来解释信号的传递时间。

在视频中，霍普看上去身体比较虚弱，但显然她不是那种可以轻易糊弄的人。对于那些喜欢利用花言巧语来蔑视权威的人而言，霍普身上所散发出来的权威性太过浓重了。

霍普的身上的确围绕着浓重的权威性，她是最早的电子计算机（1944年发明的哈佛马克一号）程序员之一，是第一位编写编译器的人（编译器是指能将“计算　”这种高级指令转化为计算机能够直接执行的指令的程序），她还在20世纪50年代末开发的COBOL语言（第一个可以按自然语言读取的编程语言）中扮演着重要的角色。

霍普还因将一个工程术语引入计算机科学而为人们所铭记。下面的故事记录

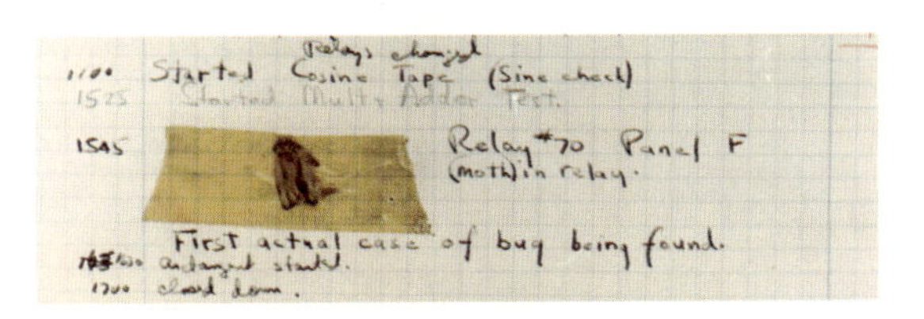

世界上第一只“计算机臭虫”（bug），它在1947年出现于哈佛马克二号之中并被除去。

于一个日志中：1947年9月9日哈佛马克二号计算机停止了正常工作，有一位工程师发现了问题的根源，原来是一只蛀虫卡在了一个继电器里。霍普枯燥地在日志中记下，她成功地“调试”（debug，直译为除虫）了计算机，时至今日除去计算机程序中小错误的过程仍然被称为“调试”（debug）。

苹果电脑的前任高级副总裁杰伊·艾略特（Jay Elliot）对于霍普的描述最合我意：“她看上去与‘海军战士’并无二致，但你真正了解她之后，会发现她是一位渴望放飞自我的‘海盗’”。

年轻人时常会跑到我面前问我：“您觉得我们能够实现这个目标吗？”，而我此时总会说“试一试！”。我会不时地激励他们不要停止尝试。

——葛丽丝·霍普

CHAPTER 10 第十章

数学的书写方式

HOW WE WRITE IT

本章将介绍描述数学的语言如何从计数符号发展为计算机代码。

计算机代码看似简单，但发展到如今十分便捷的书写符号却经历了漫长的过程。

罗马数字

一位罗马百夫长走进酒吧，伸出两根指头说道：“请给我五瓶啤酒”。

平心而论，罗马数字在数字的书写方面简直糟糕透顶。罗马数字并没有特定的逻辑可言。假如真有的话，那么这种逻辑也肯定与国家铸币厂确定硬币和纸币面值的逻辑一样，都是随意而定、令人抓狂的。

罗马数字看上去像是字母，但我相信，无论是罗马计数体系从骑缝号演化而来的进程，还是罗马数字的助记模式，都是颇具研究意义的。从这种角度上来说，罗马数字可能是符号。

无论罗马数字究竟是字母还是符号，它们的确被赋予了特定的数值：I指1，X指10，L指50，C指100，D指500，而M指1000。在最简单的情况下，你现在已经可以通过将这些符号进行一定顺序的排列来表示不同的数字了。

1751在罗马计数体系中是
1000 + 500 + 100 + 100 + 50 + 1

罗马人占领了世界上的大部分领土，聚集了庞大的军队，建立了宏伟的城市，但他们所使用的计数系统却异常笨拙。

然而，罗马人素以懒惰著称，他们拒绝在记录罗马数字时连续书写三个同样的字符。他们会在一个字体较大的符号前书写一个字体较小的符号，用以表示在前者中减去后者：例如，IV指5减1（等于4），而XC指100减10（等于90）。

这种简写方式在记录如1999等数字时效果突出。

如今罗马数字仍出现在钟表的表面上。

如果不使用简写，1999用罗马数字表示是MDCCCCLXXXXVIIII；而使用简写的结果是MIM，这看起来简洁多了。利用罗马数字进行加减的方式十分直观，与利用阿拉伯数字进行加减并没有本质区别。但如果要使用罗马数字进行乘法运算，那么问题就来了。

假设你想计算VII乘以IX，我完全无

法想象你将从何入手，除非你先把这个乘法问题转换成现代记号，当然这属于作弊了。假设你是一位想解决上述乘法问题的罗马人，那么你可能会借助受巴比伦人启发所建造的算盘或是利用鹅卵石计数的记账板。

巧合的是，鹅卵石的拉丁文是calx。而计算（英文calculation）最初就是通过摆弄石头来进行加法运算的。鹅卵石的拉丁文还演化出了钙（英文calcium）和更为重要的微积分（英文calculus）。

通常利用罗马数字进行除法也是十分困难的，除非除数刚好是罗马计数体系中的一个符号，例如除以X或V并不困难。罗马计数体系中的确存在分数，例如罗马人用点来表示1/12，用字母S来表示1/2。顺便说一句，1/12的拉丁文是uncia，它是英文单词盎司（ounce）和英寸（inch）的词源。

罗马计数体系在欧洲统治达千年之久，而对于罗马体系进行变革在当时也颇受争议。

算盘

世界上的第一个计算器（我个人并不认为骑缝号算计算器）实际上还称不上算盘，但算盘的思想已蕴含其中。苏美尔人早在公元前2500年前后就开始使用带有竖栏的表格进行加减法运算，其中的各个竖栏分别表示苏美人所采用的60进制体系中的不同基底。稍后，埃及人开始使用鹅卵石来表示计算过程中所使用的不同数字，埃及人的这种系统随后又被波斯人和希腊人所采用。

中国的算盘是目前我们尚能辨认得出的最早的算盘。中国算盘的算珠并非置于

中国的算盘是世界上最早的算盘。

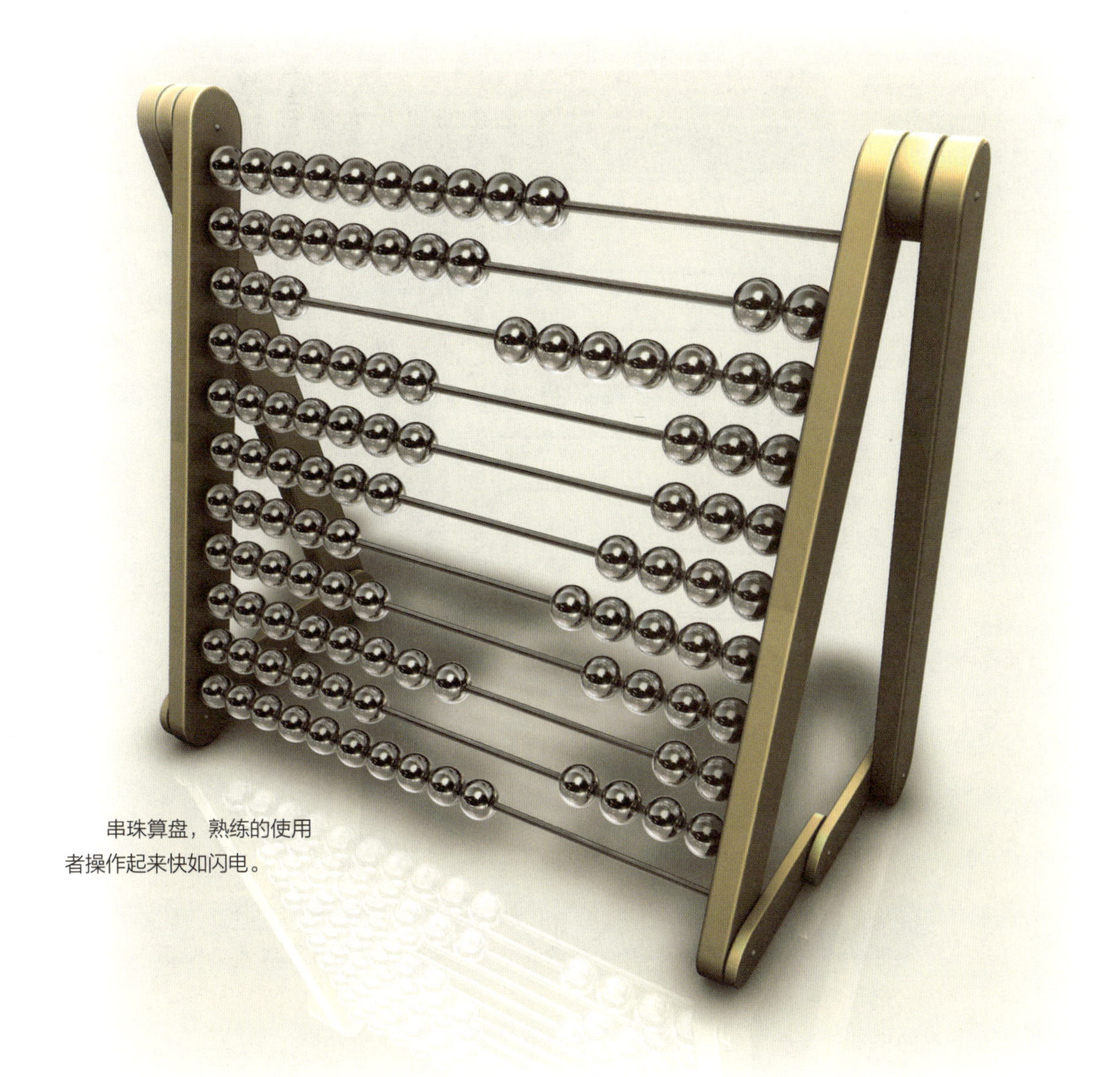

串珠算盘，熟练的使用者操作起来快如闪电。

凹槽之中，而是用木棍串在一起。木棍的下部串有5个算珠，每个代表1；而上部串有2个算珠，每个代表5。实际上，在10进制系统中，算盘的下部只需要4个算珠，而上部只需要1个算珠。中国算盘下五上二的算珠排列方式已经可以用于处理十六进制甚至十八进制的数字了。

与算珠置于凹槽之中的算盘不同，串珠算盘操作起来更为简单快捷。加、减、乘、除四种运算在串珠算盘上都可以快速计算，还可以计算平方根和立方根。

西方人可能更加熟悉俄罗斯算盘，它

俄罗斯算盘在珠串的适当位置设有深色的算珠，这使得计数更为便捷。

每个珠串上有10个算珠。为了计算方便，俄罗斯算盘每个珠串中部的两个算珠的颜色较其他算珠的颜色更深，这样使用者无须花时间去数即可迅速地判断出算珠究竟代表的是7还是8。

类似地，俄罗斯算盘中代表“千”和“百万”的珠串中最后一个算珠的颜色也不相同，这样使用者可以直接读出目前算盘中的数字。实际上，这种思想与目前西方十进制计数时在千位和百万位前用逗号分位的思想如出一辙。

现如今，在很多学校中使用算盘仍然只是一项兴趣爱好，但实际上算盘是用来讲解算法规则的绝佳工具。亚洲各国的许多学校都利用算盘来训练心算法。在使用算盘一段时间后，有的学生变得熟练至极，以至于他们根本就不再需要算盘了，在头脑中就可以想象飞速操作算盘的景象。珠心算的冠军能在2秒钟之内完成15个3位数字的加法，这比使用计算器都要快得多。

实际上，算盘在一些特定的学校中是不可替代的，那就是盲人学校。对于盲人而言，算术计算的读与写都是极其困难的，即便是采用内梅斯盲文代码也是如此。

盲人学习数学通常有两种选择，要么使用带语音的计算器，要么使用算盘。显而易见，只有算盘才能教会盲人具体的算术规则！克兰麦算盘是专为盲人设计的算盘，它的算珠不容易意外滑动。

克兰麦算盘针对盲人进行了专门的改进。其中的衬粘有助于防止算珠滑动，而中间横梁上突出的原点可以让盲人使用者摸出各个不同竖栏。

零所引发的混乱

零代表着并不实际存在的事物。零自诞生后的时间并不长，却已经引发了无数的混乱。

从人类认知的角度而言，零的年龄比其他数字要小得多。计算系统在没有零时运转正常，实际上这些系统对零的迟迟不出现还应心怀感激。零最早出现于公元前400年左右，这比计数开始晚了好几个世纪。

零所带来的混乱在于它实际上代表了两种不同的事物：一方面零代表并不存在的事物（例如，我有0头牛），而另一方面，零是书写数字时的占位符，例如，正是因为0，我们才能区分85、850和805。

零作为占位符出现始于后巴比伦时代，当时805以8″5表示，其中的双引号说明百位和个位之间有空位。实际上，巴比伦人使用的是60进制，因此双引号代表的是3600和个位之间的空位。当然，占位符

现在我们对于作为计算机二进制基础的零是如此熟悉，因此我们很难想象零尚未出现的世界究竟是何等模样。

关于使用零的最早记载发现于印度中央邦的瓜廖尔。

的思想与进制无关。但奇怪的是，巴比伦人在书写85和850时并不做区分，人们必须根据上下文来推断究竟是哪种意思。

托勒密在公元130年前后将零作为数字的用途发展到了一定的高度，但使用零的思想最早源于印度。当时的数学家已经了解到在各个数字间使用空位的重要性，但这种空位还没有明确的记号。最初，数学家们使用点来代表空位。

零最早作为数字得到使用的历史可以追溯到公元876年，当时一段有关印度中央邦瓜廖尔的一个公园的描述是：187乘以270时，每天可以产出50个花环。上述数字的写作方式与如今并无二致。

在瓜廖尔出现的零比零本身作为可以使用的概念出现要晚得多。在公元7世纪，印度数学家和占星家婆罗门笈多（Brahmagupta）已经总结出了使用零进行运算时的基本规则：加减零不产生影

印度数学家婆什迦罗二世出生于卡纳塔克邦的比贾布尔区，图中是位于该地区的古尔墓庙。

响，而乘以零或零除以任何数均得零。

然而，婆罗门笈多认为除以0是可行的，结果将是诸如7/0的分式。500年之后，另一位印度数学家和占星家婆什迦罗二世（Bhaskara II）认为$n/0$的结果应该是无穷，尽管这将引发各种悖论。

如今的数学家很难想象数学在不使用零的几千年间究竟是如何发展的。直到卡尔达诺时期零的使用仍然是非常规的，在文艺复兴后零的地位才得以巩固，然而，数学历史的真实进程就是如此。虽然认为数学的大多数重要进展都发生于零出现之后这种观点有失偏颇，但我实际上就是这么认为的。

人人平等

数学家通常很懒惰。如果有人扔给数学家一个问题，那么他将花55分钟来寻求一种可以在5分钟之内来解决这个问题的方法。数学家在记录结果时通常写得十分简洁。在数学的世界里，浮夸的语言没有生存的空间。

以二次方程为例：

如果

$$ax^2 + bx + c = 0$$

那么

$$x = \frac{-b \pm \sqrt{b^2 - 4ac}}{2a}$$

这意味着，如果某个数的平方乘以第一个数，再加上这个数乘以第二个数（当然这两个乘数可以相等），最后再加上第三个数，其结果为零，那么我们可以求解出这个数。

为了解出这个数，需要做的是计算第二个数的平方，再减去第一个数和第三个数乘积的4倍，再计算结果的平方根。然后计算第二个数加上或减去这个平方根的结果，最后除以第一个数的2倍。看，这个最终结果就是答案。

在数学历史长河的大部分时间里，上面的冗长文字才是描述二次方程的主要方法。加法符号“+”直至公元14世纪才投入使用，它很可能是尼克尔·奥里斯姆（Nicole Oresme）在缩写法语的单词et（意指“和”）时引入的。当时，加号和减号的常用缩写记号是p和m（它们分别是英文单词加法（plus）和减法（minus）的首字母）。有的数学家在m上面加上波浪号（~）来表示这是减号的缩写，而不是字母m。后来引号下面的m反倒被省略了，而波浪号在多年后消失不见，减号的记号最终变成了直线-。

最懒的数学家当属威尔士博学家罗伯特·雷科德（Robert Recorde，1512—1558）。他在其著作《砺智石》中写道：“为了避免重复使用词语‘等于’，我将用一对平行线即长度相同的线段（=）来表示等于，因为没有什么比它们更相等的了。”

尼克尔·奥里斯姆是法国鲁昂大教堂的主持牧师。

巧合的是，雷科德著作的题目也是巧妙的文字游戏。代数学又被称为“磨砺练习”（cosslike practice）。Cos在拉丁文中指磨刀石，这说明代数学将磨砺人们的心智。等号的记号也并非无心之作。有的数学家使用“||”来表示等于，而有的则坚持使用拉丁文单词等于（æqualis）的首字母æ。

“人人平等，但有些人比他人更平等。”

——乔治·奥威尔

罗伯特·雷科德是牛津万灵学院的会士。

公元1600年之前，数学符号的发展进程都慢得令人难以忍受：在250年的进程中只引入了五六个新的数学符号，这包括加号、减号、根号、括号和最终引入的等号。

但此时，数学家们对发明新符号变得有些狂热了（进入18世纪时这种狂热更是变得有些过分了），在这段时间里形成了以下数学符号：

- 乘号，用以表示比例关系的“：：”（拜威廉·奥托兰特的异想天开所赐），以及缩写记号sin和cos。
- 无限的记号，由约翰·沃利斯引入。
- 除号 ÷，由约翰·拉恩引入。
- 圆的直径与周长之比π，它是希腊单词周长（perimeter）的首字母，由威廉·琼斯引入，直至欧拉才开始得到广泛使用。

整体来看，数学家们在引入记号时十

英国数学家约翰·沃利斯（John Wallis，1616—1703）引入了无限的符号。

分小心谨慎，尽量不引入可能用作变量的字母。但莱布尼茨在使用“d”作为微分记号时并未遵循这个规则。好在在数学排版中，微分符号“d”通常是正体，而变量“*d*”则是斜体。

欧拉在“e”的使用上也犯了同样的错误。至于函数记号“*f*”，由于在某些场景中可以作为变量使用，因此无伤大雅。

数学记号的发展在接下来几个世纪里简直是杂乱随意的。数学家们为自己写作的便利突发奇想地发明很多数学记号，这导致当今的数学记号系统混乱无章。目前世界上甚至对于小数点的记号还没有定论，例如在英语国家中将小数点记作点，而有些国家则记作逗号。

遗憾的是，如同英文拼写和QWERTY键盘布局一样，数学记号体系也固守原有的阵地，难以改变，即便的确有更好的选择也仍是如此。

不是吗？

尽管使用起来缓慢而愚笨，QWERTY键盘布局目前仍然是主流的键盘布局，这只是因为我们早已习惯了这种布局而不想改变。

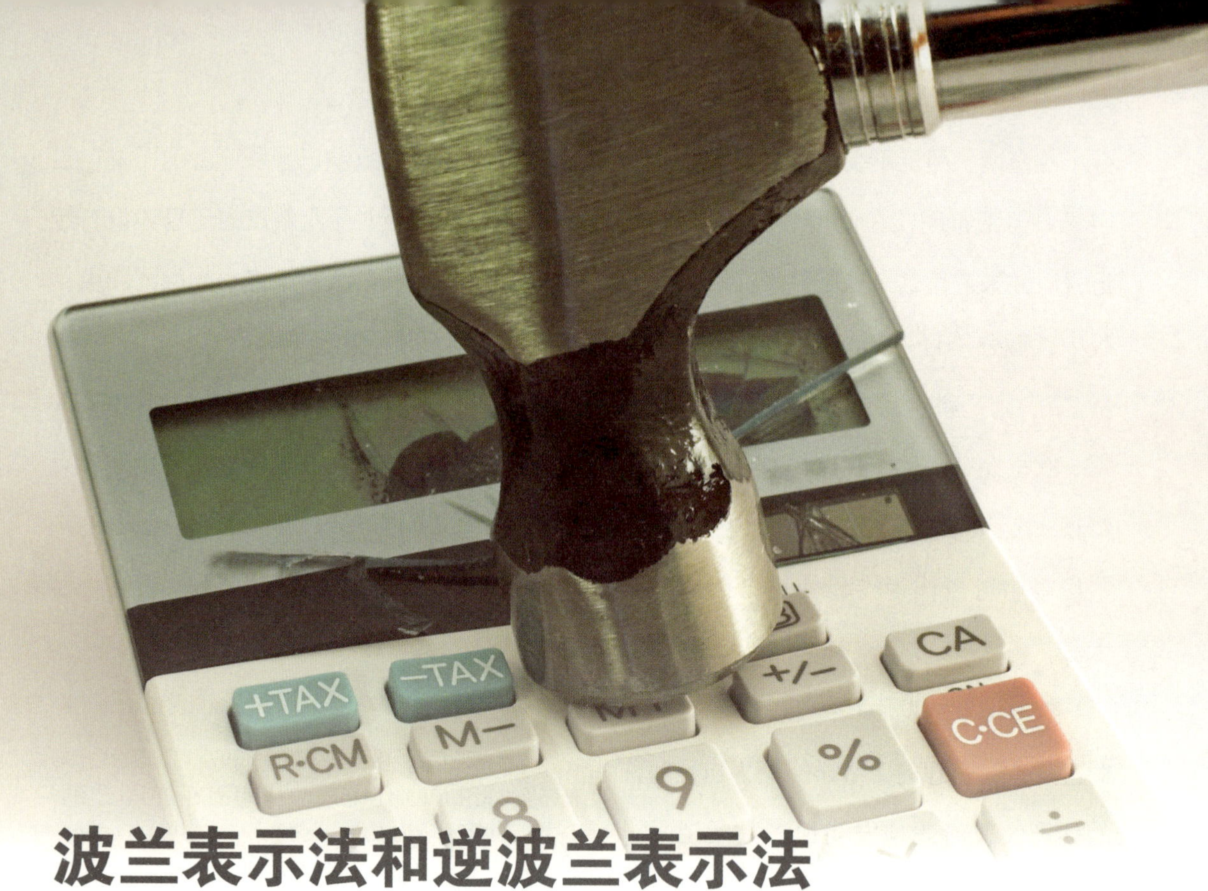

波兰表示法和逆波兰表示法

当然，纯粹的技术狂人对于计算器是持完全鄙视的态度的。对于他们而言，心算如此简单，谁又会需要计算器呢？

然而，对于其他屈尊选择机器辅助的人而言，只有一种计算器值得购买，那就是使用逆波兰表示法的计算器。

$$\left(\frac{4\pi+7}{3}\right)^{\pi^2}$$

要输入上面这样的数学公式的人肯定会想将计算器给砸个稀巴烂，而该公式在逆波兰表示法中可以写作：

$$4\,\pi \times 7 + 3 \div \pi\, 2 \wedge \wedge$$

没有原始公式那么清晰？也许是。但仔细观察一下，这个表示里可没有括号！

逆波兰表示法是受扬·武卡谢维奇（Jan Ukasiewicz，1878—1956）在1924年所引入的波兰表示法启发而提出的。

在波兰表示法中，只要知道了每个函数的算子数目（指它的参量数目。例如加法的参数数目为2，因为加法计算两个数之和；而函数sin的参量数目为1，因为它仅有1个参数），就可以完美地定义“语句”。

波兰表示法与逆波兰表示法的唯一区别在于，逆波兰表示法中的函数在参量之后，而波兰表示法则刚好相反，实际上前者的效率更高。

波兰逻辑学家、哲学家扬·武卡谢维奇是里沃夫和华沙大学的教授。在第二次世界大战之后，他流亡并定居于都柏林。

逆波兰表示法的工作原理

要想读懂逆波兰表示法，你只需像阅读英语一样从语句的最左端读到最右端。

读到一个数字后，就把它放到堆栈中；读到一个函数后将其应用于堆栈末端适当的对象之上。

以下式为例：

$$4\ \pi \times 7 + 3 \div \pi\ 2\ \wedge\wedge$$

你首先读到4和π并将其放入堆栈[2]。然后你读到×，它的意思是将两个对象乘起来，并用结果代替这两个对象。此时堆栈的元素是4π（约等于12.6），见堆栈[3]。然后你读到7后，将其加入堆栈[4]。

下面读到的+的意思是将堆栈中的两个对象相加，并用结果代替这两个对象。因此我们将计算4π+7，结果约为19.6（见堆栈[5]）。

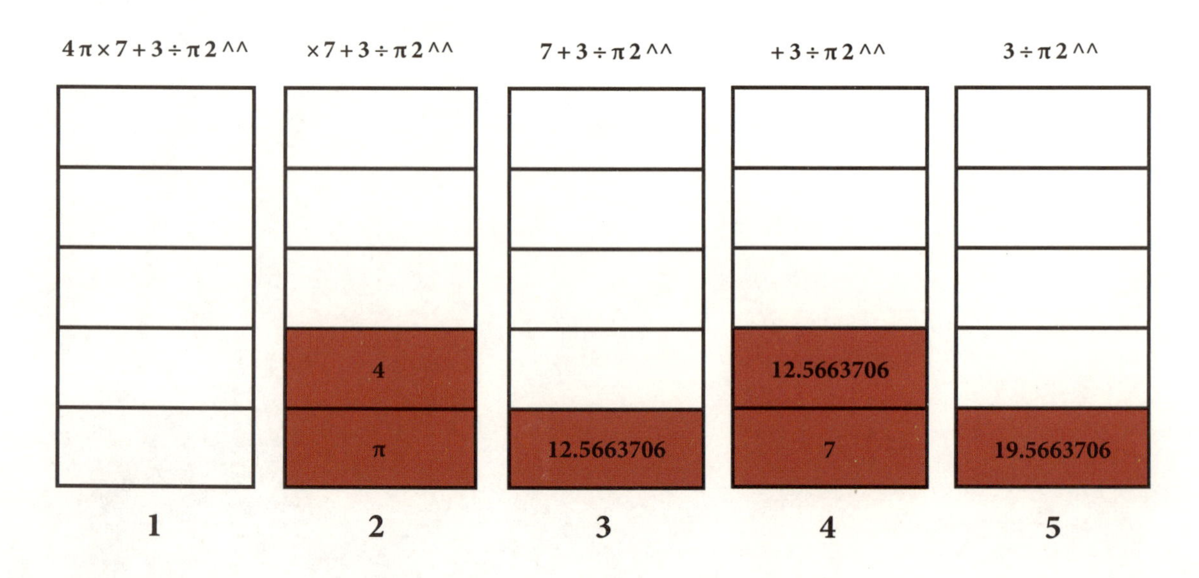

然后将3加入堆栈[6]，并计算堆栈中最后两个数字相除的结果（约为6.5），见堆栈[7]。接下来分别将π和2加入堆栈，此时其中包含元素6.5、π和2，见堆栈[8]。

接下来的脱字符^指计算堆栈中的倒数第二个数字的倒数第一个数字幂次，并将结果代替这两个数字。幂次计算的结果是9.9，此时堆栈中的元素为6.5和9.9，见堆栈[9]。

最后，再计算堆栈中的倒数第二个数字的倒数第一个数字幂次，结果约为110000000。上述结果与你使用之前所示的数学分式和符号的计算结果完全一样，见堆栈[10]。

逆波兰表示法对于计算机而言更易理解，比传统数学记号更为简洁。它还有许多其他的优点，例如你无须知道运算的优先级，在逆波兰表示法中运算的顺序由读取顺序完全确定。

如果要让我重新设计数学的书写规则的话，我肯定会研究逆波兰表示法，并以此作为出发点。

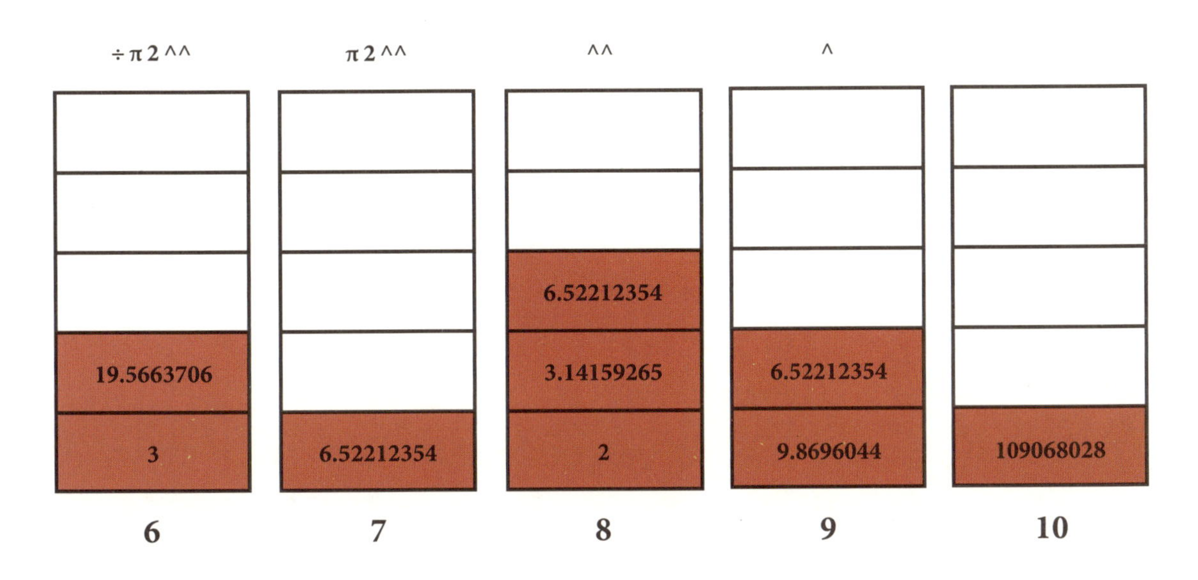

CHAPTER 11 第十一章

苏格兰咖啡馆 THE SCOTTISH CAFÉ

在本章中，一位教授打断了克拉科夫公园内的一场深夜辩论，有人买下一本笔记本只为了挽救家具（和可能写在其上的内容），一只活生生的鹅上了波兰的电视，而一只骆驼变得困惑不堪。

有一天晚上，雨果·斯廷豪斯教授在公园里散步，结果他对无意中听到的谈话内容感到大为震惊。

地点：利沃夫

利沃夫这个城市位于如今乌克兰的西部，毗邻乌克兰与斯洛伐克和波兰的边境。

从20世纪初开始的不同时期里，这座城市有时隶属于波兰，被称作利沃夫（由于本章故事发生时这座城市叫作利沃夫，因此我在本章中自始至终都使用这个名字）；有时隶属于奥匈帝国，被称为伦贝格；有时隶属于苏联，被称为利沃夫。但所有这些名字都没有狮城这个拉丁文名字（Leopolis）来得浪漫。

在两次世界大战期间，利沃夫是波兰的第三大城市，是充满活力的文化和学术中心。利沃夫坐落于苏联和西欧的交叉口，是重要的贸易枢纽。

利沃夫大学是欧洲最为古老的大学之一（始建于1608年）。1901年，利沃夫科学学

利沃夫大学是欧洲最为古老的大学之一。

会选址在利沃夫大学。该学会最早被称为波兰科学支持协会，而后于1920年更名。

学会的会员有：鲁道夫·威格尔（Rudolf Weigl），他发明了首个有效的抗斑疹疫苗；亨利克·阿克托夫斯基（Henryk Actowski），他是首批在南极考察一整个冬季的科学家之一；还有数学家史蒂芬·巴拿赫（Stefan Banach）。

我们正是对巴拿赫感兴趣，还要讲讲他到当地的咖啡馆与同事畅谈数学的习惯。

究竟是咖啡馆店主对于这些数学家不断将数学证明写在桌子上而大为不满，还是数学家们对于他们在晚上被咖啡馆扫地出门而大为不满，这都无法考证。

现在还无法考证的是，究竟是谁想出了笔记本的主意，我更倾向于认为是露西亚·巴拿赫，她的丈夫巴拿赫正是苏格兰咖啡馆中的一个关键人物。

苏格兰咖啡馆并非他们首次集会的地点，最开始他们在罗马咖啡馆集会。他们在那里玩象棋、喝咖啡、喝啤酒，并针对

波兰克拉科夫纪念波兰数学家巴拿赫的雕像。

利沃夫市苏格兰咖啡馆旧址如今的光景。

当下的数学问题展开讨论。

可能出于对家具或信誉上的考虑，数学家们后来换到了路对面的苏格兰咖啡馆举行集会。当时的建筑如今仍然矗立于此，只是当时的棋盘和咖啡壶早已不在。如今这里是综合银行的一家分行。但在当时长达近十年的时间里，如果你想在利沃夫市找一位好的数学家，那么你绝对应该去苏格兰咖啡馆。而且你应该在傍晚5点到7点造访，在咖啡馆的中间寻找在桌旁相互吼叫的一群人。

你几乎肯定会看到伟大的数学家雨果·斯廷豪斯（Hugo Steinhaus），有人称其为泛函分析领域的创始人。你还很可能遇到他的学生史蒂芬·巴拿赫，他是如此才华横溢，学术界的权威也无法等闲视之。即便巴拿赫拒绝参加任何考试，最后他还是拿到了博士学位。

还有斯塔尼斯拉夫·乌拉姆（Stanisaw Ulam），他后来加入了曼哈顿计划；马克·凯克（Mark Kac），他因其在谱论中确定是否可以通过鼓的声音辨别其形状的工作而知名（一般而言，答案是不行）；卡罗尔·博苏克（Karol Borsuk），一位富有创造力的拓扑学家；史蒂芬·喀茨马茨（Stefan Kaczmarz），他的工作催生了计算机辅助测试扫描；布罗尼斯拉夫·克纳斯特（Bronislaw Knaster），因为（与斯廷豪斯和巴拿赫一起）设计出了公平分蛋糕的方法而知名；斯坦尼斯拉夫·萨克斯

1930年聚集在利沃夫的数学家们。

（1）L. 崔斯泰克（Chwistek）

（2）S. 巴拿赫

（3）S. 洛里亚（Loria）

（4）K. 库拉托斯基（Kuratowski）

（5）S. 喀茨马茨

（6）J.P. 绍德尔（Schauder）

（7）M. 斯塔克（Stark）

（8）K. 博苏克

（9）E. 马尔切夫斯基（Marczewski）

（10）S. 乌拉姆

（11）A. 扎瓦德斯基（Zawadzki）

（12）E. 奥托（Otto）

（13） W. 佐恩（Zonn）

（14）M. 普查李克（Puchalik）

（15）K. 斯普纳尔（Szpunar）

（Stanislaw Saks），《积分论》的作者，而后在第二次世界大战期间加入波兰地下党；斯坦尼斯拉夫·马祖（Stanislaw Mazur），他在波兰的一档电视节目中送给了数学家波尔·恩福罗（PerEnflo）一只活生生的鹅。

苏格兰笔记本

如同巴拿赫夫人所购买的笔记本中所记录的其他问题一样，问题153也有一份赏金。马祖许诺，他将送给解决这个问题的人一只活生生的鹅。

在波兰的大萧条时期，奖赏并非总是像鹅这样昂贵。两杯啤酒、一瓶红酒、一小杯咖啡可能就是解决某些问题的奖赏。但笔记本上长期未获解决的困难问题的奖赏可能是100克鱼子酱、在剑桥的一顿午餐、在日内瓦的一顿芝士火锅，或者是传奇人物冯·诺依曼所提供的“测度>0的一瓶威士忌”。

笔记本存放在苏格兰咖啡馆里。任何人都有权阅读该笔记本，只有相关问题在咖啡馆里的数学家们花费一定的时间仍未解决后才能写在笔记本的左侧页上，当然有几个稍微简单点的问题悄然混迹其中。

苏格兰笔记本照片。

问题的解答在出现后写在对侧页上。

笔记本上除了测度空间、克纳斯特-库拉托斯基-马祖尔凯维奇映射（我个人觉得这个问题听上去就很恐怖）、勒贝格测度、利普希茨条件等问题外，还有一些可以用简单语言进行描述的数学问题。

例如，问题38如下：假设有N个人，每个人有k个随机选择的追随者，那么当N很大时，以存在共同的追随者为关联链将每个人关联起来的概率是多少？

答案是，当k至少为2时，那么几乎肯定可以将每个人关联起来；而当k为1时，那么几乎肯定无法将每个人关联起来。

由鲁耶维奇（Ruziewicz）提出的问题59如下：能否将正方形分解为有限多个更小的正方形，使得每个正方形的大小不

以非同寻常的方式将人们关联起来是苏格兰笔记本中问题38的关键难点。

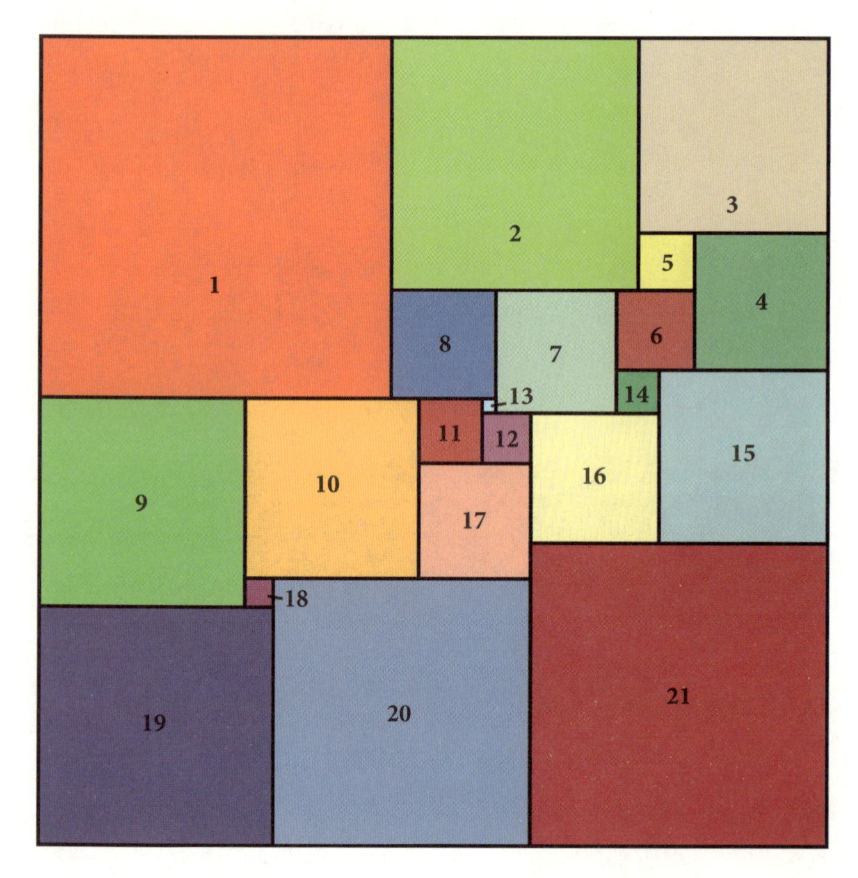

问题59的由21个小正方形所构成的答案。

同。这个问题由罗纳德•斯普雷格（Ronald Sprague）于1940年解决，他发现可以将正方形分解为55个小正方形。

如同其他数学研究一样，这个答案引发了更多的问题：这是不是唯一解？最小的正方形个数是多少？实际上，这不是唯一解。R.L.布鲁克斯（Brooks）在同一年稍后发现，可以将正方形分为26个小正方形，但这仍然不是最小的正方形个数。A.J.W.杜韦斯特金（Duivesteijn）于20世纪60年代证明了至少需要21个正方形。但21个正方形的例子直到1978年才找到，这距问题提出已经过了快40年。

史蒂芬·巴拿赫

1917年的一个夜晚，雨果·斯廷豪斯教授在克拉科夫公园里散步，不经意间听到了公园长凳上一场激烈的谈话。

这场谈话可绝非公园夜谈的寻常争论：两个人正在讨论勒贝格积分的细节，有些内容连斯廷豪斯也是最近才接触的。其中一个人就是史蒂芬·巴拿赫，他解决极端困难问题的能力让斯廷豪斯也大为震惊。

巴拿赫让人震惊的事可不止这一件。他拒绝参加任何考试，但仍然拿到了博士学位。他大量的学术论文和观点不得不让大学为他放弃以前的规定。在20世纪20年代，巴拿赫获得了利沃夫大学的教授职位，后来他创建了利沃夫数学学院。

1941年利沃夫被德军占领，巴拿赫无法在大学里继续任教，转而到鲁道夫·威格尔的实验室里干起了饲养虱子的工作，直至俄罗斯军队于1944年重新夺回利沃夫。此时，巴拿赫计划重返克拉科夫。在与肺癌短期抗争之后，巴拿赫于第二年病逝。

巴拿赫的专著《线性算子理论》被公认为泛函分析的奠基性教材。巴拿赫是20世纪最具影响力的数学家之一，他的多项工作广为人知，其中尤以巴拿赫空间（一种性质良好的向量空间）和巴拿赫-塔斯基悖论最为知名。

华沙在第二次世界大战末期沦为废墟。

波尔·恩福罗和鹅

问题153：

给定定义于$0 \leqslant x$，$y \leqslant 1$的连续函数$f(x, y)$和数$e>0$，是否存在数$a_1, \cdots, a_n$，$b_1, \cdots, b_n$，$c_1, \cdots, c_n$，使得

$$\left| f(x,y) - \sum_{k=1}^{n} c_k f(a_k, y) f(x, b_k) \right| < e$$

奖励：一只活鹅。

马祖，1936年11月6日。

除非你十分熟悉泛函分析（当然将上述问题从波兰语翻译为中文也无济于事），否则你肯定理解不了上述问题。实际上，该问题如今通常被重述为：可分的巴拿赫空间是否存在绍德尔基？

这就是数学分析的典型表述方式，尽管该问题可以用16个汉字表述出来，其中6个汉字是人名，而其余的都是常见的汉字。但除非你知道什么是巴拿赫空间、什么是绍德尔基，否则你肯定一筹莫展。如果你有兴趣去查一下巴拿赫空间的定义，那么你会发现它是完备的规范向量空间。好，现在你又得去查“完备”“规范”和“向量”是什么意思了。

与苏格兰笔记本中的大多数问题不同，问题153的答案并未很快出现。

有传言说，大部分问题记录于笔记本之上后，巴拿赫就会从咖啡馆回家，然后第二天回来时带着证明的梗概。但这个问题却大不相同。除了数学家们意识到这个问题与绍德尔基密切相关外，35年来在该问题的研究上并没有什么大的进展。

除了一点：亚历山大·格罗滕迪克（Alexander Grothendieck）于1955年说明

问题153与逼近问题等价。这项结果有效地将问题153重述为“是否每个巴拿赫空间都有逼近性质？”最终问题153的答案是否定的。

1972年，瑞典数学家波尔·恩福罗设法构造了一个既不具备绍德尔基也不具有逼近性质的巴拿赫空间，一举解决了上述两个问题。

马祖可不是那种因为36年光阴的流逝就会放弃兑现自己诺言的人。他曾许诺向解决该问题的人提供奖赏，而恩福罗正是得奖人。

于是，波兰的电视观众有幸欣赏到一位数学家在隆重的典礼上将一只活生生的

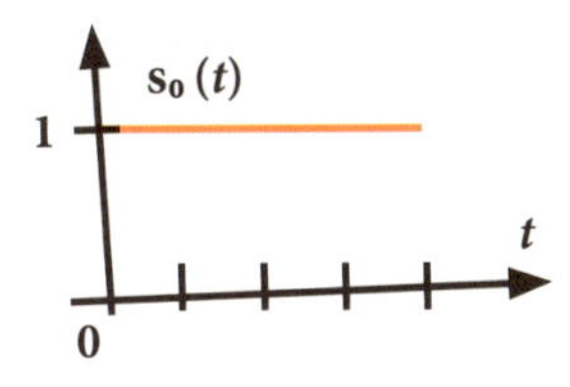

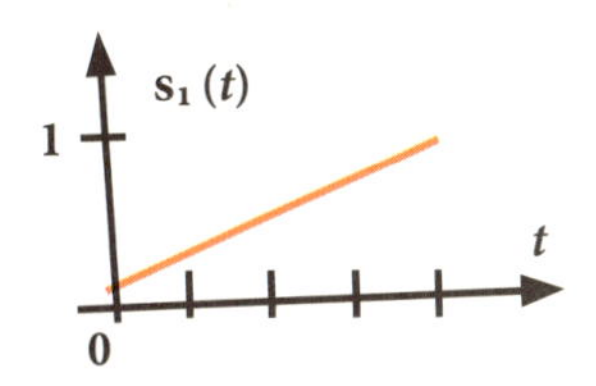

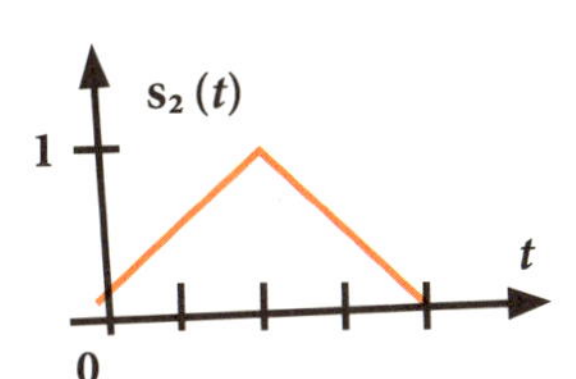

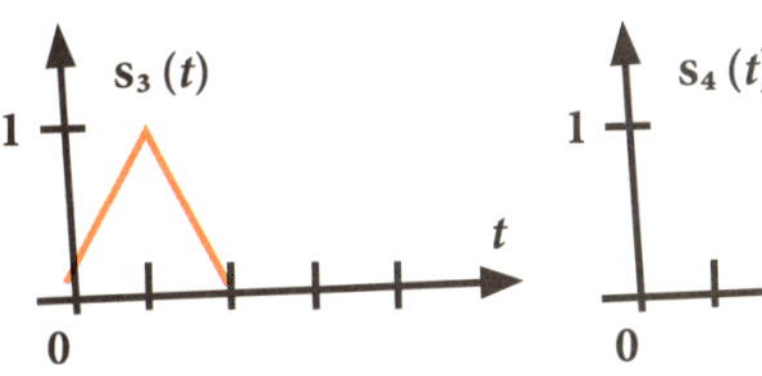

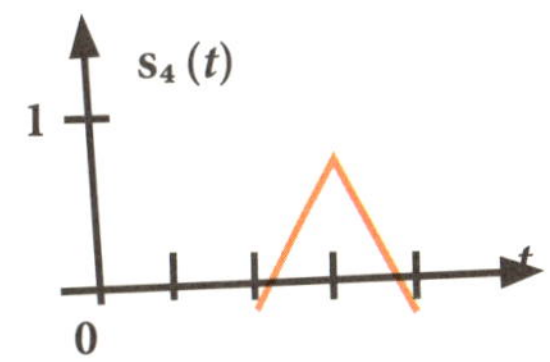

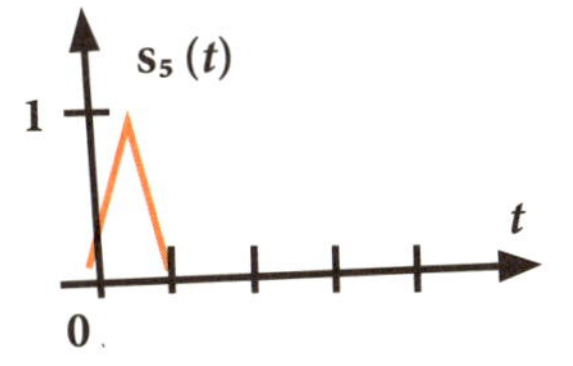

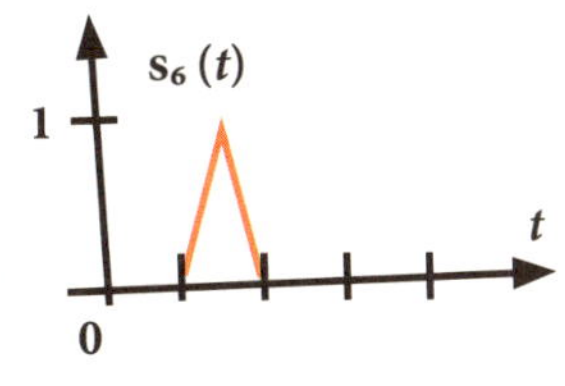

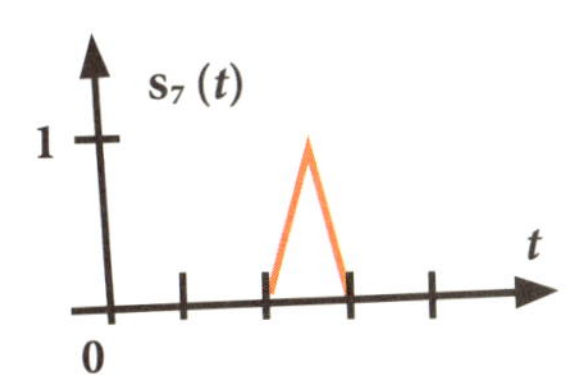

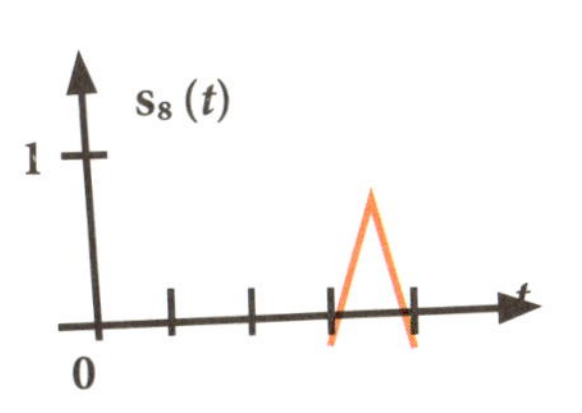

绍德尔基的示例：[0, 1]上的任意连续函数均可以通过这些函数的倍数相加后得到。这些基函数将无限延续下去，下一条线包含8个更小的峰状结构，再下一个包含16个，如此往复。

当两位数学家在电视上相遇时，活生生的鹅成了节目中的明星。

除了赢得一只鹅外，波尔·恩福罗还发展出泛函分析中的若干新技术。

鹅递给另一位数学家的奇观。

斯塔尼斯拉夫·乌拉姆

斯塔尼斯拉夫·乌拉姆（1909—1984）出生于利沃夫，是利沃夫数学学院的一员。苏格兰笔记本中的近200个问题有超过1/3都出自乌拉姆。第二次世界大战之后，乌拉姆还负责将苏格兰笔记本翻译成英文。

20世纪30年代，乌拉姆一部分时间在波兰度过，而另一部分时间则在普林斯顿高等研究院与冯·诺依曼一起度过。他的

乌拉姆和家人于德国侵略波兰两周前逃至美国。

家庭在1939年德国侵略波兰前两周迁居美国。

1943年，乌拉姆在新墨西哥州受邀加入绝密的曼哈顿计划。他在查询图书馆外围区域的指南后推断出了该计划的内容，他还发现最后阅读这本指南的几个人都是后来神秘失踪的物理学教授。

1946年，乌拉姆从脑炎发作中逐步恢复过来，当时他时常玩单人跳棋。数学家的本性驱使他思考赢得比赛的概率，然后他发现可以通过进行大量的比赛并观察自己获胜频率的方式来估计获胜概率，而且他利用统计学计算出了估计值的准确性。这就是蒙特卡洛仿真的起源。与其尝试着寻找困难问题的简单解，不如让计算机在随机条件下进行仿真，然后观察仿真的平均结果。

即便是受洛斯阿拉莫斯计算能力所限，在解决乌拉姆团队所研究的问题上，蒙特卡洛法仍然比传统方法更为有效。冯·诺依曼和梅特罗波利斯（Metropolis）于1947年首次利用蒙特卡洛法研究了中子扩散。

乌拉姆螺旋也以乌拉姆命名。1963年，当乌拉姆正在一场无趣的演讲中打发时间时，他开始以螺旋形画下各个整数，并给其中的素数涂上颜色。令他吃惊的是，这些涂上颜色的素数似乎都落在对角线上。这意味着，尽管并没有一个公式可以生成所有素数，但形如$P=x^2-x+41$的简单公式生成素数的频率比想象中要大得多。

乌拉姆并非第一个发现这种图案的人。大约30多年前，劳伦斯·M. 克劳伯（Laurence M. Klauber）就在三角形网格中发现了类似的结构，亚瑟·C. 克拉克

欧文·戈德斯坦（照片前景中的人物）正在设置ENIAC一个功能表上的开关。这台世界上的首台电子计算机在第二次世界大战期间用于进行氢弹的有关计算。

（Arthur C. Clarke）也曾于1956年提到过素数螺旋。但实际上克拉克并未真正画出这种螺旋结构，否则现在我们讨论的就是克拉克螺旋而非乌拉姆螺旋了！

乌拉姆于1984年死于心脏病。

“不要失去信念。数学就是我们的坚固堡垒。数学终究会解决各种挑战，自始至终都是如此。”

——斯塔尼斯拉夫·乌拉姆

```
37—36—35—34—33—32—31
|                  |
38  17—16—15—14—13  30
|   |           |   |
39  18   5—4—3  12  29
|   |    |   |  |   |
40  19   6  1—2 11  28
|   |    |      |   |
41  20   7—8—9—10   27
|   |               |
42  21—22—23—24—25—26
|
43—44—45—46—47—48—49...
```

所有数字构成的乌拉姆螺旋。

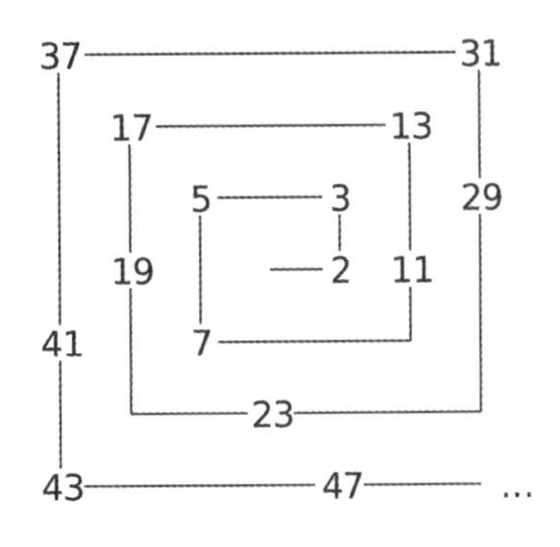

素数构成的乌拉姆螺旋。

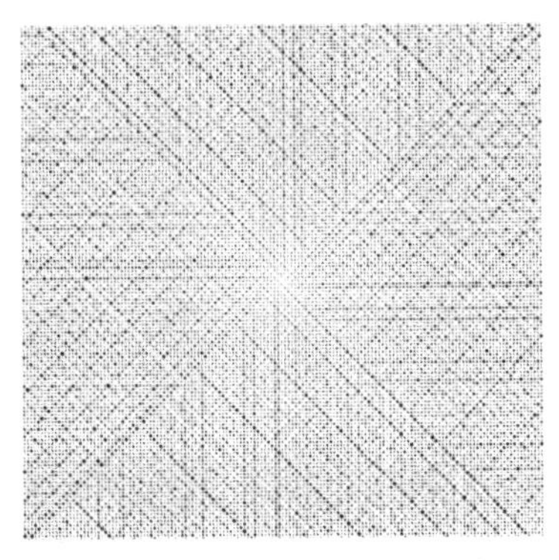

乌拉姆螺旋中素数和合数的图案。

苏格兰笔记本的结局

第二次世界大战所引发的混乱结束了苏格兰笔记本内容的创作。这本笔记本在纳粹侵略后被人偷走了，后来在1945年受巴拿赫之死的影响而被重新找到。

巴拿赫的儿子将苏格兰笔记本转交给斯廷豪斯，后者让人将其打印出来后于20世纪50年代转交给乌拉姆，当时乌拉姆正在洛斯阿拉莫斯。乌拉姆最终打印定稿，并自费散发了300份。不断有索求苏格兰笔记本副本的请求到来，因此大家特地安排了一次会议来讨论此事。该会议于1979年在北得克萨斯州立大学举行，当时笔记本上四分之三的问题都得以解决。随后新的苏格兰笔记本在世界上不断涌现，我希望有更多这样记载数学问题的笔记本出现。

当纳粹侵略来临时，大家想出一个保存苏格兰笔记本的计划，那就是将其埋在一座足球场的门柱下。苏格兰笔记本因此而未被真正埋没。

自古以来客栈和咖啡馆都是争论的场所。

数学大灌篮

如果你在每个月的倒数第二个星期二的晚上走进牛津的“果酱工厂”餐厅、加的夫的“葡萄和橄榄”酒吧或者是世界上十几个其他的酒吧，那么你会发现苏格兰咖啡馆全盛期景象的重现。这里有一群容易激动的数学家，有的是年轻的学生，有的是退休的教授。他们靠桌而坐，有的在玩游戏，有的在解谜题，而有的在争论数学问题。这就是“数学大灌篮”集会。

数学大灌篮并非学术组织，但它常在大学城附近举行集会，并欢迎所有对数学感兴趣的人参加。数学大灌篮的宣传材料上说，所有“数学水平大于等于化学家”的人都可以参加集会。

目前大部分常规的数学俱乐部都是教育性质的，要么是让参与者在数学上跟上学习进度，要么是为了获得英国普通中等教育证书而复习。与此对比，数学大灌篮却在夜间、酒吧中举行，宗旨是为了数学而数学。

目前在数学大灌篮集会上还没有人为某个问题的解答悬赏一只活鹅，但我看这种事情的出现只是时间问题。

要想了解你周围的数学大灌篮集会或者了解如何组织集会，请访问mathsjam.com。

巴拿赫-塔斯基悖论

找一个数学意义上的球体，那种你能在头脑中展开想象的球体。将它切开，例如切成五块就足够多了，然后再把这些碎片重新组装起来。看！现在你有两个球了，每个都与开始的球一模一样！

“这是高尔夫球吗？当然不是！”

这就是巴拿赫-塔斯基悖论：你可以无中生有！这一开始听上去像是在耍花招。球是不是空心的？新得到的两个球与开始的球大小不同？对不起，这在数学上是合理的，只要你承认选择公理。

原则上来说，假设高尔夫球是一个数学对象，那么你可以将它分割成有限多块，然后再将它们重新组装成奇阿普斯金字塔。

这是不是说，假设我们手头有一个金球和锋利的小刀，那么我们就能够得到更多的金子呢？很遗憾，不能。这是因为，数学对象可以被切割为比物理对象更为复杂的形状，而现实世界中因为物体的原子结构而无法实现这种切割。

另一个重要的问题是，切割后得到的形状如此怪异，以至于我们都无法定义这些形状的体积。

假设选择公理是正确的，那么巴拿赫-塔斯基悖论在三维或者更高维空间里是成立的，但在一维或者二维空间里则不成立。这是因为三维空间比二维空间要复杂得多（尤其是因为在三维空间中可以做旋转）。

选择公理让我们能够把球切成碎片后再重构出两个与初始球完全一样的新球。

然而，在二维空间中有另外一个悖论，那就是冯·诺依曼悖论：你可以将正方形切割成多个形状，然后对它们进行不改变面积的变换，再经过重新组装就可以形成与初始的正方形面积相等的两个新正方形。

关于此悖论还有一个更为高级的数学笑话：你知道将“巴拿赫-塔斯基”的文字进行重排后可以得到“巴拿赫-塔斯基-巴拿赫-塔斯基”吗？

当我第一次听到这个悖论的时候，我感觉我旁边还站着一个与我一模一样的我。

选择公理

如前文所述，将事物切割并重组为初始事物的两倍的观点源于选择公理，那么选择公理是什么？

好，首先假设用于构造两个非空集合的初始集合本身也是非空的。

不太严格地说，假设你有一些背包，他们的数目可能是无限多，而每个背包里又有许多球，现在你可以在每个背包里恰好选一个球。

如果背包的数目是有限的，或者各个球之间有不同之处，那么这种选择不会导致任何问题。但如果有无限多个背包或者所有的球都是相同的，那么集合论中的其他公理并未对如何选择这些球有任何定论。实际上，哥德尔证明了选择公理的逆公理与集合论中的其他公理也是相容的，这意味着人们可以自由选择究竟是否接受选择公理。

尽管如今大多数集合论学者都毫无争议地使用选择公理，但塔斯基（Tarski）最早关于两个相关无限集合的基数（大

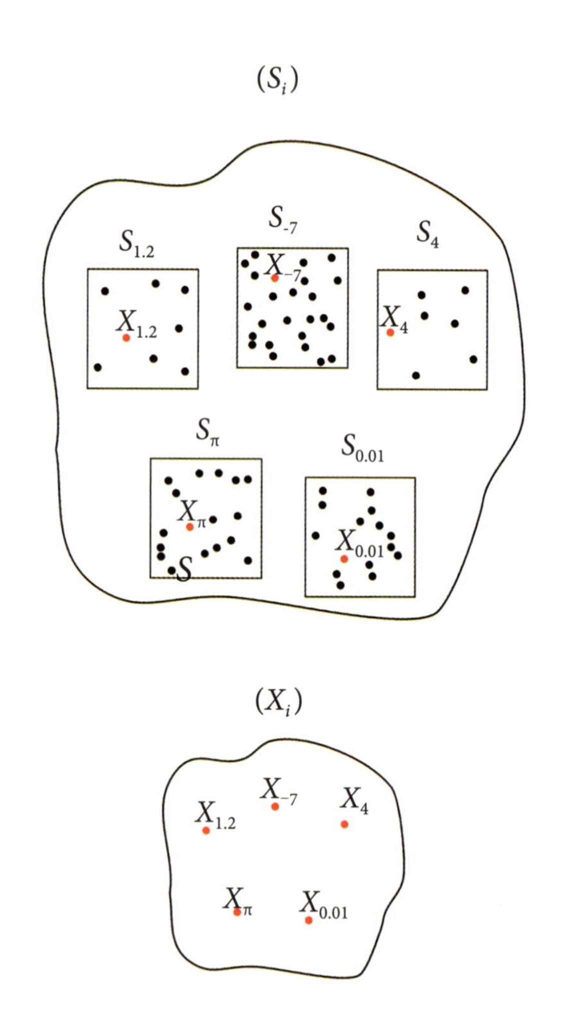

如果S_i 中每个集合中的元素都是互不相交的，那么必然存在一个集合X_i包含S_i中每个集合中的一个元素。

罗素在考虑选择公理时想象有无限多只袜子和鞋。

小）之间关系的论文却被两个审稿人给拒稿了：第一个审稿人是弗雷谢（Fréchet），他认为塔斯基所构造的两个集合之间的关系显然是对的，因此这根本算不上什么新结果；另一个审稿人是勒贝格（Lebesgue），他认为塔斯基所构造的两个集合之间的关系显然是错的，因此这项工作没有意义。

“在从无限多只袜子中构造一个集合时，选择公理是必要的，但它对于无限多只鞋子就不适用了。”

——伯特兰·罗素

CHAPTER 12 第十二章

游戏 PLAYING GAMES

在本章中有一个人决定了如何做决定，电视游戏秀的参赛者玩的是囚徒游戏，计算机学会了如何找乐子，一位计算机达人通过赌博发了大财，而我们则开启了能够赚取一辆凯迪拉克的大门。

数学能够帮助人们找出赢得大奖的最优策略，《让我们做个交易吧》节目中的大奖就是一辆凯迪拉克汽车。

约翰·冯·诺依曼

与阿兰·图灵一样，约翰·冯·诺依曼（John von Neumann，1903—1957）的事迹与本书中多个章节的主题都十分契合，他的贡献几乎涉及20世纪前半叶大部分重要的科学发现。

量子物理？没错，他引入了算子的记号。DNA？没错，他早在DNA的自我复制行为被发现之前就做出了预测。曼哈顿计划？没错，他是成员之一。不可判定问题？没错，他引入了一个重要的集合论公理。分形学？没错，他引入了连续几何，这导出了分形维数的概念。蒙特卡洛仿真？没错，他是创始人之一。他的贡献涉及测度论、遍历论、算子理论、格论、量子逻辑、数理经济学、线性规划、统计

学、流体理学、计算理论等。

冯·诺依曼在我这个年纪的时候，就已经在这一长串列表上的每个领域中都做出了突出贡献，有的领域我甚至连听都没听过。而更令人感到羡慕的是，这些都不是冯·诺依曼对于数学最重要的贡献。

冯·诺依曼出生于匈牙利，他发明了博弈论，这是研究如何进行最优决策的学科。1928年，冯·诺依曼证明了完全信息下双玩家博弈的极大极小定理。这种博弈中的最优策略对应于最糟糕的后果影响最小的情况。随后他将该结果推广至非完全信息博弈以及多玩家博弈。

冯·诺依曼应用博弈论最著名的例子就是冷战。他意识到，一旦苏联和美国都拥有核武器，那么从博弈论角度上来说唯一能够阻止双方采用核武器的方案就是反击将会彻底摧毁另一方。这样无论哪一方都不会主动发动战争，也不会解除武装。

冯·诺依曼称这种学说为“确保相互摧毁”（Mutually Assured Destruction），简称MAD（英文“疯狂”）。这个学说有一点小问题，那就是这个学说依赖于人类从不犯错误或怒发冲冠，这听上去的确有点疯狂。当美国与苏联在长达40余年的冷战中不断产生分歧的时候，地球上的核弹末日未曾出现的原因竟然是幸运，而非正确的决策。

约翰·冯·诺依曼（最右）与普林斯顿高等研究院的同事。

博弈论能够让和平继续吗？

冯·诺依曼以其天赋异禀而著称。他的记忆力惊人，心算能力卓众，而其思考的速度无人能及。艾萨克·哈尔珀林（Isaac Halperin）曾评述道：“想跟上冯·诺依曼的思维速度无异于骑着三轮车追跑车。”

囚徒困境

英国曾有一档名叫《金球》的电视游戏节目，这是一个充满了虚张声势、暗箭伤人的残酷游戏。这档电视游戏秀由加斯坡·凯洛特（Jasper Carrott）主持，他是一名喜剧演员，因其对于国外广告的挖苦而知名。无论如何，《金球》这档电视节目着实引人注目。

在经过几轮阴谋诡计后，比赛最终只剩两名参赛者。与其他许多游戏秀一样，他们会给对方挖各种陷阱，以便最终赢得巨额奖金。每位玩家手里有两个金球，一个上刻着“平分”，而另一个上刻着“偷取”。

如果两位玩家都选择了“平分”，那么结局将是阳光普照、皆大欢喜：他们每个人拿走奖金的一半；如果有一位玩家选择了“偷取”而另一位玩家选择了“平分”，那么选择“偷取”的玩家将拿走所有奖金，而选择“平分”的玩家一无所获；如果两位玩家都选择了“偷取”，那么最后他们俩都两手空空、无功而返。

《金球》节目的刺激之处在于看着两个不是数学家的人尝试着说服对方自己是好人、不会狡诈地做出“偷取”奖金这种恶劣行为，然后最终真这么做。实际上，游戏秀的最后一轮基于博弈论里的一个著

《金球》节目中充满了虚张声势、虚实并用，主要基于博弈论中的一个问题。

两个囚徒都面临着同样的困境，那么他们究竟该告发对方吗？

名问题：囚徒困境，最早由梅里尔·弗勒德（Merrill Flood）和梅尔文·德雷希尔（Melvin Dresher）于1950年提出。

囚徒困境的传统背景中有犯罪团伙中的两个人，他们被逮捕时的证据都不充分。现在每个人有两种选择，要么选择行使继续保持沉默的权利，要么举报另一个人。如果两个人都选择沉默，那么他们都会获轻罪，很可能在狱中服刑一两年；如果一个人选择举报，而另一个人选择沉默，那么举报方无罪释放，而沉默方获重罪，在狱中服刑很长一段时间；如果两个人都选择举报，那么两人都将获罪，服刑时间介于上述两种情况之间。用日常语言来说，就是他们要么选择保持沉默而“合作”，要么陷害所谓的战友而“背叛”。

这与《金球》节目是一样的，从各种方面来看最好的结果是两名囚徒都选择“合作”。但无论是囚徒困境还是《金球》节目，都有反转的情况出现。如果你身处其中一种情形，那么你的最优选择是“背叛”。因为如果另一个人选择“合作”（或“平分”），那么你选择“背叛”（或“偷取”）的判罚更轻（或奖金更丰厚）。

最长的服刑判决发生在一名囚徒选择“合作”而另一名囚徒选择“背叛”的时候。

在囚徒困境中，如果另一个囚徒选择“背叛”，那么你也选择“背叛”的话，将会得到中等长度的服刑判决；而如果你选择保持沉默的话，则会得到很长时间的服刑判决；因此在这种情形下你会选择“背叛”。在《金球》节目中，如果你的对手选择“偷取”，无论你选择“平分”还是“偷取”，都将一无所获。但假设你选择“偷取”的话，你将会亲眼看见对手脸上狡黠的笑容慢慢消失，这比任何数额的奖金都要值，相信我。

但如果博弈由一轮变成多轮之后，那么“以牙还牙”（选择对手上一轮博弈所采取行为的策略）将比总选择“背叛”的收益还高。这超出了本书的探讨范围。

实际上，囚徒困境并非仅仅适用于游戏秀或假设情形中的简单问题，它还可以用于描述选择竞争和合作的其他许多场景，例如运动员服用兴奋剂、广告的花费、蹭吃蹭喝以及核武器装备竞赛等。

综合双方的情况，最短的服刑判决发生在两名囚徒均选择“合作”的情况，但谁敢承担这种风险呢？

人类在中国策略游戏围棋中能够战胜计算机的原因在于围棋所有可行位置的数目庞大。

严肃游戏

利用计算机编程进行画圈打叉游戏并不是什么困难的问题，计算机可以在眨眼间遍历完这个游戏所有可能的步骤和解答。

即便不考虑画圈打叉游戏中的对称性和九个方格尚未填满游戏就结束的情形，在游戏中3×3的方格内画满“X”和“O”的所有可能排列数也小于400 000。像画线游戏或九子棋这种简单的游戏与画圈打叉游戏类似，它们所有可能的情形的数目很小（至少对计算机而言太小了）。

在游戏图谱的另一端是两个巨人游戏：一个是围棋，它所有合理的可能情形数的数量级是10^{170}，而国际象棋所有合理情形数的数量级是10^{50}。一些中等复杂的游戏中所有可能情形数的数量级如下：国际跳棋大约是10^{18}，而四字棋大约是10^{10}。这样一对比，可以看出，各个游戏的所有可能情形数之间存在着难以逾越的鸿沟。

20世纪50年代，亚瑟·塞缪尔（Arthur Samuel）尝试让计算机玩国际跳棋，这是历史上计算机首次涉足非平凡的游戏。塞缪尔的策略并非让计算机根据当前的位置评估走到棋局结束的胜率，他发展出一套分析任意位置棋力的系统：现在谁的棋子多？谁的王多？谁在强势位置上的棋子多？通过让计算机在所有可能的步骤进行几轮迭代，他所编写的计算机程序能够寻找到下一步棋的极大极小策略。塞缪尔所设计的程序能够与水平较好的业余选手对弈，这种水平的选手认为这个计算机对手有些棘手但仍然是可以战胜的。塞缪尔的程序中盘表现优异，但在开局和残局中表现得不尽如人意。

国际跳棋是我所知的目前已经被完全解决的最为困难的游戏，假设双方选手所下的每一步都是完美的，那么游戏最终将以平局收场。

上述结论来源于开发奇努克国际跳棋计算机程序的团队二十年来的工作结晶，奇努克是首个打败马里恩·廷斯利（Marion Tinsley）的计算机程序。廷斯利被公认为是历史上最伟大的国际跳棋选手，他在其45年的职业生涯中仅输过7场比赛，其中2场就输给了奇努克。

然而国际象棋离被完全解决仍有一段

国际跳棋是一种中等复杂的游戏，目前已经被计算机完全解决。

计算机是否能够完全解决国际象棋问题仍然是公开的问题。

距离。我仍然记得1996年观看“深蓝”以微弱劣势惜败于国际象棋世界冠军加里·卡斯帕罗夫的比赛情形，转年“深蓝”便击败了卡斯帕罗夫。

卡斯帕罗夫指责“深蓝”程序背后的IBM团队作弊了，尽管很可能“深蓝”在获胜的那场比赛中那些“超越常规的创造性”行棋步骤是由于计算机程序漏洞所造成的。如今的计算机较“深蓝”速度更快、效率更高、数据库更为庞大，因此即便在中等规模的硬件条件下，人类已经很难战胜这个由硅制造的霸主了。

挪威人马格努斯·卡尔森在13岁时即成为国际象棋特级大师。

但是对于围棋而言，即便最好的计算机选手也很难击败顶尖的人类选手，只是两者之间的差距正在逐步缩小。

埃洛等级分系统

比较两名国际象棋选手相对棋力的标准方法是埃洛等级分系统，这是一个基于正态分布的预测系统。当然，对于正态分布是否适用于国际象棋的最准确的分布仍有争议。一般而言，在埃洛等级分上领先对手100分时期望获胜概率大约是2/3，如果领先200分则期望获胜概率上升至3/4。

埃洛等级分系统异常复杂。每场比赛后（在现实中是每个月月末），战败选手的分数将会重新分配给获胜选手：如果有选手战胜了比他弱得多的选手，那么他之后可能只涨几分；但如果他赢了特级大师，那么他的评分将会飞涨！

俱乐部水平的国际象棋选手的平均埃洛等级分大约是1500，（本书写作时）世界上排名最高的选手是挪威人马格努斯·卡尔森（Magnus Carlsen），他的等级分稍低于2900，这是国际象棋历史上的最高等级分。

与之相比，目前排名最高的国际象棋计算机程序的等级分在3300左右。这意味着根据埃洛等级分系统预测，该计算机程序与卡尔森对弈的获胜概率是91%。

但在现实中，卡尔森很可能会大幅调整对战策略以免落败。

根据预测，目前世界排名第一的马格努斯·卡尔森在对阵最强的计算机程序时仍会落败。

“耶稣”克里斯·弗格森

毫不夸张地说，扑克的世界总是昏暗不堪的。在扑克的精神故乡——美国，日常的扑克比赛在很多州都是非法的，因此玩扑克的人总是鬼鬼祟祟地出现在烟雾缭绕的密室中。

扑克的世界里，充满了像阿玛里洛·斯利姆和安妮·杜克这样的人物，充满了社会这座以磨难为课程的大学的毕业生，充满了晦涩的语言和迷信的行为。很难想象，扑克的世界里会有一位面带稚气的计算机专业的学生来开启一场宏大的变革，但这正是克里斯·弗格森（Chris Ferguson）在20世纪90年代的传奇故事。

“耶稣”克里斯·弗格森利用博弈论的知识来设计扑克比赛的最佳策略。

克里斯·弗格森的父亲是一位博弈论教授，克里斯·弗格森10岁时就开始玩扑克。在他掌握博弈论后，他立即将其应用于扑克之上，并逐渐从数学的角度发现了其他玩家在打牌风格上的弱点。为此，他在2000年击败了扑克老手T. J. 克鲁梯耶，成为世界扑克锦标赛主赛事的赢家。

在弗格森之前，扑克基本上只是一个以感觉和本能为驱使的游戏。当然玩扑克肯定涉及数学，玩家可以根据一副牌还剩

数学知识告诉我们，在玩扑克时下注比对手更具侵略性往往是取胜之道。

几张牌来粗略地估计下一步的策略，也可以根据对手在牌局中的行为来预测自己的获胜概率。

实践证明，扑克玩家的打牌方式在很长一段时间里都过于保守，弗格森通过提高自己的“侵略性”收到了最好的效果。当然，此处的侵略性并非身体上的侵略性。众所周知，弗格森时常带着宽边帽子面无表情地坐在牌桌上。这里的“侵略性”，是指弗格森敢于下注的筹码多少。

下一次你想问“概率论在现实生活中究竟有什么用”这个问题时，不妨想想克里斯·弗格森，他已经通过在扑克游戏中使用概率论赢取了800万美元。

让我们做个交易吧

在美国游戏秀《让我们做个交易吧》的最后一轮中，主持人蒙提·霍尔会让你做一个有关三扇门的选择。一扇门后面的奖品是全新的凯迪拉克轿车，而另外两扇门后面呢？是臭烘烘的老山羊。现在你来选一扇门吧。

蒙提·霍尔知道哪扇门后有凯迪拉克汽车。在你做出选择后他会打开一扇门，后面正是一只老山羊。这时他会问你是坚持之前所做的决定，还是转而选择剩下那扇没打开的门。

这是一个经典的概率问题，如今在高中探讨概率时可能就会出现。但这个问题一开始鲜为人知，直到《展示》杂志的专栏作家玛丽莲·沃斯·莎凡特在1990年撰文描述了蒙提·霍尔问题。如果当时互联网已蓬勃发展的话，这个话题的传播将会更加疯狂。即便没有互联网的助

游戏开始时，你选中门后有山羊的概率是2/3。

在霍尔打开一扇后面是山羊的门后，如果你转而选择剩下那扇没打开的门，那么你赢得汽车的概率将从1/3上升至2/3。

力，《展示》杂志的信箱还是被蜂拥而至的信件给填满了。

沃斯·莎凡特耐心地解释道，改变选择通常会提高正确的概率。而我的论据是：如果你起初的选择是正确的，那么你坚持选择将赢得汽车；而如果你起初的选择是错误的，那么你改变选择将赢得汽车。又因为你起初猜错的概率高于猜对的概率，因此改变选择赢得汽车的概率比坚持选择来得高。

在最初的游戏秀中，主持人蒙提·霍尔可以控制游戏的进程。

《展示》杂志的读者对上述分析可不买账。该杂志收到了大约10000封来信，其中大约有1000封来信的作者自豪地宣称自己拥有博士学位。大部分来信都认为沃斯·莎凡特是毫无责任感可言的傻瓜，到处散播谎言和错误。甚至20世纪最伟大的数学家之一保罗·厄多斯也不认为改变选择赢得汽车的概率更高，直到他看到问题的解答才不得不承认。

另一个带有恶作剧性质的版本被称为蒙提·地狱问题[霍尔的英文原名是Hall，此处取其谐音单词Hell（地狱）。——译数以千计的来信都认为沃斯·莎凡特的观点是错误的，其中来信者不乏数学教授。而结果证明来信者才是错误的。

者注]。此时，主持人并不知道究竟哪扇门后面有汽车，其余的规则都是相同的。如果霍尔打开了一扇你起初并未选择的门，结果门后是一只山羊，那么你究竟该坚持选择还是该改变选择呢?

在这种情况下，答案是“无所谓”。区别在于，由于霍尔开门前他也不知道门后是不是山羊，因此如果开门后发现是羊，那么这意味着你起初的选择可能是正确的。考虑到一扇门后已经是羊了，因此你起初选择的门后是汽车的概率变为50%，因此无论坚持选择还是改变选择，赢得汽车的概率都是一样的。

你还可以设置更多的条件、加上更多恶作剧元素，例如霍尔并非总是给选手改变选择的机会：恶魔霍尔只有在选手起初猜对时才给他改变选择的机会（此时坚持选择才是正确的决定），而天使霍尔只有在选手起初猜错时才给他改变选择的机会（此时改变选择是明摆着的事）。

与其他游戏一样，《让我们做个交易吧》节目中的最佳策略也完全依赖于游戏规则。

第十三章 CHAPTER 13

破译密码 CRACKING CODES

在本章中，尤利乌斯·恺撒用密码来隐藏消息，而肯迪破译了这些密码。随后密码变得越发复杂，而一位天才被逼死。

英国人在第二次世界大战期间在布莱切利园解密的德国消息。

mach 15. WHITING WB 6773

Berlin to H Gr Kurland.

Date	B / TE	Freq	M.K	From P23 / To End	To Decode	Serial No
14/2/45	0857 / 0954	7691	14/2		P1 TO P23	KN/WB 6773

"TYPED"

N/A

--B++L+--TAG.DER.UEBERNAHME.DES.RGTS++MN--.C++L--.SEIT.WANN

ALS.RGTS++M--.FUEHR++M--.IM.KAMPFEINSATZ.++.VV--.OKH++X--.PA.AG

.P.++/QXR.---.ABT++M.-++K--Z++L--.I++M--A++M--.GEZ++M--.SCHN

IEWIND++N--.OBERST.U++M--.ABT++M--.CHEF.++Z--.SASASASASA...+

+Z--.--.HOKW.++.QPUWQ.QEMWM.QPPP.K--HZPH++X--FF++Q.QYMOUL.VV

10721 13/2 1000 (16897)

--.AN.H++M--.GR++M--.KURLAND++X--STOHI++M.VV--.BETR++C+-.BET

REUUNG++MA.QML-+.GEN.D++M--.FREIW++M--.VERBAENDE.IN.++.OT--

BITTET.UM.MITTEILUNG++N--.WELCHE.NICHTOSTVOELKISCHENFREIW++A

--VERBAENDE++N--.GRUPPEN.U++M--.EINZELFREIW++MN--.DIE.NICHT.

① HUT 3 D. 14/2 T.E. 0954 F. 7691 M.K. 14/2 L. Whiting No. WB 6773

② HUT 3 D. 14/2 T.E. 0954 F. 7691 M.K. 14/2 L. Whiting No. WB 6773

"TYPED"

"TYPED"

9

R46

早期的密码

秘密交流的需求在人类进行沟通后不久就出现了。

有很多实现秘密交流的方法索然无味，例如你可以背下消息的内容后到私人房间里进行交流，或者将消息藏在送信人身上的某处[这正是俚语“把它放在帽子下”（keep it under your hat，意指保守秘密）的来源]，或者先写下一封正常的书信，然后在包含秘密信息的字母下用针刺上小孔。隐写术是一种现代加密技术，例如可以通过对图片中某些部分的颜色稍做修改的方式将消息内容隐藏在电子照片中，这种改变肉眼难以察觉，但计算机却可以轻易提取。

古希腊人在使用密码进行书写。在这张绘于花瓶上的图片中，一位学生正在往刻写板上写字。这块刻写板看上去有点像今天的笔记本电脑。

尽管上述方法机敏异常，但并非数学方法。在我们感兴趣的范围内，密码中的数学从换位密码开始。

换位密码的想法很简单：你用一个字母来替换另一个给定的字母。例如，你可以用V来替换明文中的所有A，用P来替换所有B，以此类推。通信者收到加密的消息后，再利用反向映射译出原始消息。你还可以将加密的消息分割成长度相等的片段。

关键术语

明文：你希望隐藏的消息。

密文：你提交的加密消息。

最著名的换位密码当属恺撒密码了。恺撒密码是移位密码，字母表中的字母仅仅是向前或向后移动特定的位数。以向后移位3位为例，A将变为D，B将变为E，而C将变为F，如此类推。字母表最后的字母再环绕回开头，因此，W将变为Z，X将变为A，Y将变为B，而Z将变为C。解密恺撒密码只需将每个字母反向移位相应

由三步构成的换位密码

明文字母表：	ABCDEFGHIJKLMNOPQRSTUVWXYZ
密文字母表：	ZEBRASCDFGHIJKLMNOPQTUVWXY

1）原始消息：

TAKE CARE HE IS WATCHING

2）加密消息：

QZHA BZOA DA FP VZQBDFKC

3）长度相等的片段：

QZHAB ZOADA FPVZQ BDFKC

尤利乌斯·恺撒的密码如今已经不难破译。

的位数即可。

埃德加·爱伦·坡（Edgar Allan Poe）的短篇故事《金甲虫》中描写了一种换位密码。书中的主角利用频率分析技术破解了一份密码，从而开启了寻找基德船长所埋藏的宝藏的旅程（最终他成功找到了宝藏）。

这就是换位密码的弱点：一旦别人知道了这是换位密码，那么很容易将其破译。恺撒所处的时代中很少有人能够阅读拉丁文，更不用说是移位后的拉丁文了，恺撒正是因此才绕过了换位密码的弱点。对我们身边更喜欢隐秘的人而言，颇为幸运的是，如今用来隐藏秘密消息的加密方

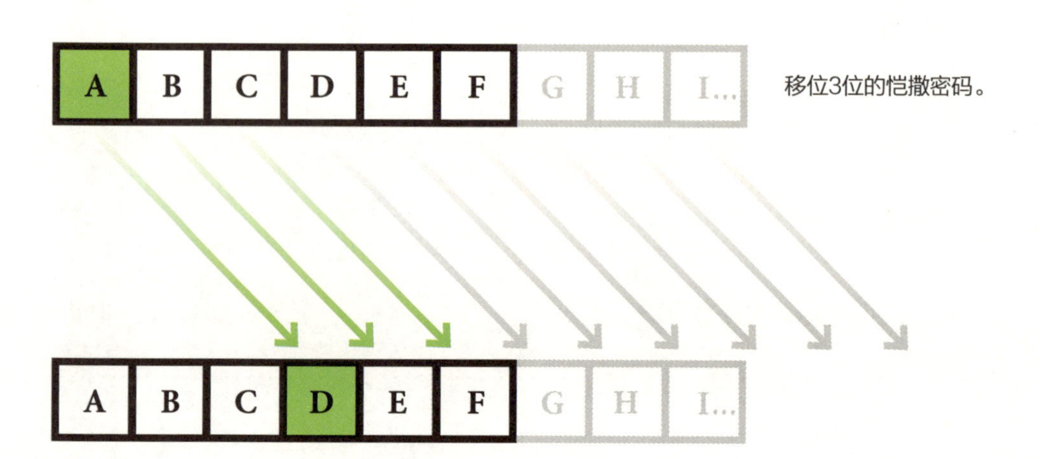

移位3位的恺撒密码。

法要安全得多。

如果你曾玩过拼字游戏或者其他类似的文字游戏的话，那么你就会知道像Q、Z、J和K这些字母的得分比E、T和A这些字母要高。为什么它们的得分高呢？因为这些字母很难使用。为什么这些字母很难使用呢？这是因为由它们构成的单词很少。当你发现有的字母不可避免地比这些难以使用的字母出现频率高时，实际上你已经可以尝试来破译换位密码了。

基德船长正在纽约港欢迎各位宾客登船。埃德加·爱伦·坡的故事《金甲虫》中的宝藏猎人正是通过频率分析破译了一份密码，进而开始寻找基德船长的宝藏。

破译恺撒密码和其他换位密码

如果你知道了密码所用的语言（如英语、西班牙语、法语或者德语等），又能够分析出每个字母或符号的出现频率，那么你已经离破译换位密码不远了。

如果你随手找一段很长的英文文本并数一数每个字母的出现频率，你就会发现字母E的出现频率最高，大约有1/8。出现频率第二高的字母是T(大约是1/11)，然后是A(大约是1/12)、O(1/13)、I(1/14)和N(1/15)，而出现频率最低的字母是Q(1/1050)、Z(1/1350)、X和J(两个的频率都大约是1/700)。

这就是换位密码最大的弱点。通过统计密文中各个字母的出现次数，你可以有效地猜出每个字母对应于什么。例如，假设密文中有200个字母，其中有25个是V，那么你完全可以假设密文中的字母V对应于明文中的字母E，这样很多单词就变得

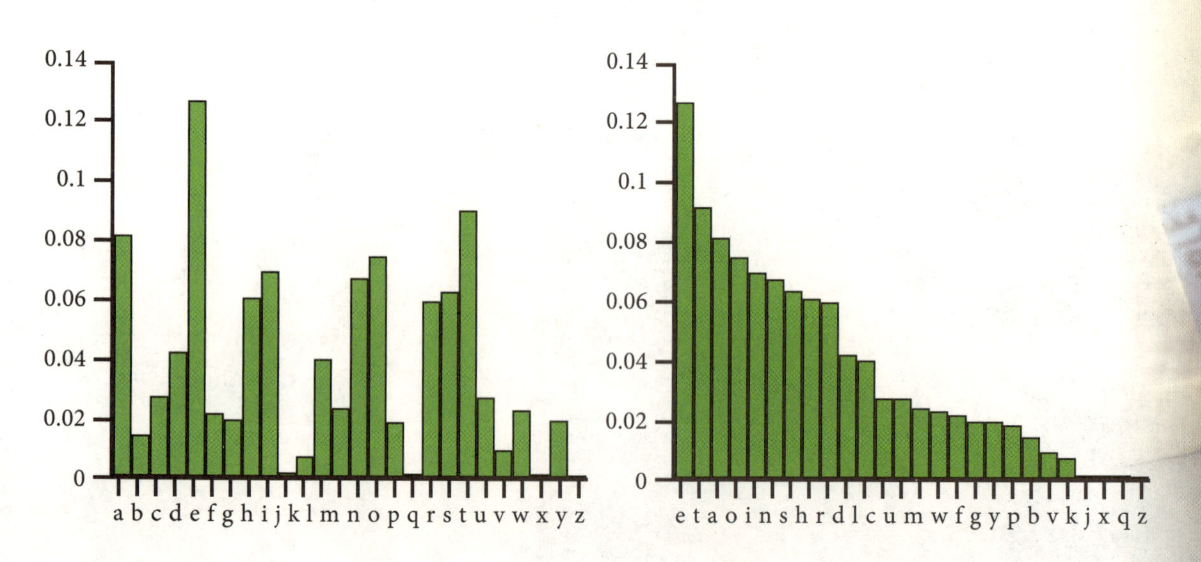

英文中各个字母的出现频率图

容易猜了。

换位密码还有其他弱点。有的双字母组合比其他双字母组合出现的频率要高得多[英语中各处都有EE和LL的字母组合，但除非你用了萤火虫一词（英文glow-worm），否则WW这个字母组合几乎从不出现]。有些字母总以特定的组合顺序出现，例如字母Q后面跟着的字母几乎肯定是U。利用这个发现你就能轻易地找出密文中的单词。例如你发现“T?E”这个字母组合出现了好几次，那么中间所缺的字母很可能是H，除非你想窃听的人正在讨论领带（英文tie）。

对我们身边的窃听者而言，遗憾的是，换位密码是当今加密方法的雏形。报纸上的谜题可能用换位密码来加密，但任何严肃的密码都不会选用换位密码的。

频率分析可以解释为什么拼字游戏中各个字母的分值不同。

肯迪

卡尔达诺认为肯迪（al-Kind，约公元801—873年）是中世纪最伟大的12个人物之一。

据说肯迪的著作逾260本，其中32本探讨几何学、12本探讨物理学。遗憾的是，肯迪的大部分著作都失传了。肯迪在哲学、神学、医学和音乐方面的著作也影响深远，他曾撰写了一系列丛书来介绍当时最流行的印度计数体系（就是如今的阿拉伯数字）的规则，还曾试图解释无穷是一种很糟糕的观点。

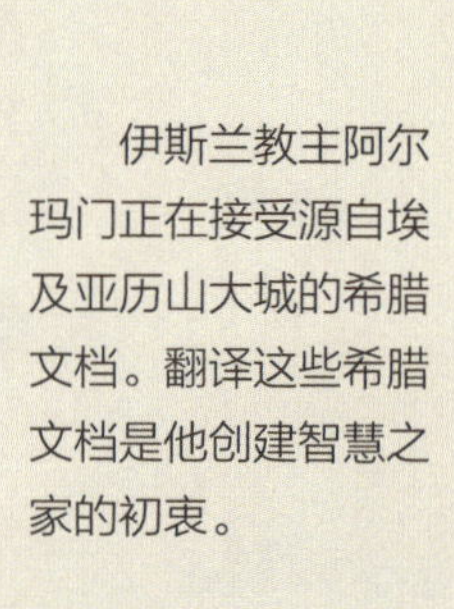

伊斯兰教主阿尔玛门正在接受源自埃及亚历山大城的希腊文档。翻译这些希腊文档是他创建智慧之家的初衷。

肯迪出生于库法，其家庭世代为地方行政长官。最终肯迪移居到巴格达求学并获得了伊斯兰教主阿尔玛门的赞助，当时后者正在创建智慧之家。智慧之家是大学的原形，其主要目的是将希腊的各种知识翻译为阿拉伯文。如同所有优秀的科学家一样，肯迪不断从当时的文献中汲取知识并发扬光大。

遗憾的是，不知是由于宗教还是学术原因，肯迪受到了当权者的冷落，据说去世时孑然一身。

本书中提及肯迪的主要原因在于，他被公认为是频率分析的创始人。密码学本身是一门隐秘的学问，因此，有关密码学，很少能够断言“这个人是这项技术的创始人”。

多字码密码

当保有秘密之人发现他们的秘密并非像他们想象的那般安全时，他们就开始秘密地寻找让秘密变得更加秘密的办法。

换位密码发展的下一站是多字码密码，在这种密码中，加密者同时使用多个换位字母表。据说是肯迪在9世纪发明了多字码密码，但有关多字码密码最早的记录来自1467年意大利人莱昂·巴蒂斯塔·阿尔伯蒂（Leon Battisti Alberti）。阿尔伯蒂密码首先使用一种换位密码，然后再切换到另一种换位密码，切换的标志是一个大写字母或者数字。

在几十年后的1499年，约翰内斯·特里特米乌斯（Johannes Trithemus）撰写了《隐写术》一书，这本书1606年才出版，刚出版就险些遭禁。这本书表面上是介绍如何利用灵魂进行远距离的交流，但一旦真正理解这本书的内涵，就会发现实际上它所讲述的是密码学（最终天主教会于1900年将这本书从教廷禁书目录上移除）。特里特米乌斯在书中所描述的一种密码在加密每个字母后更换一次用于加密的字母表：例如，文本的第一个字母使用移位1位的恺撒密码加密，而第二个字母则是移位2位的恺撒密码，以此类推。

诗人、艺术家、建筑设计师、祭祀、密码学家阿尔伯蒂，他是真正意义上的文艺复兴伟人。

15世纪的秘密是不幸的，因为特里特米乌斯和

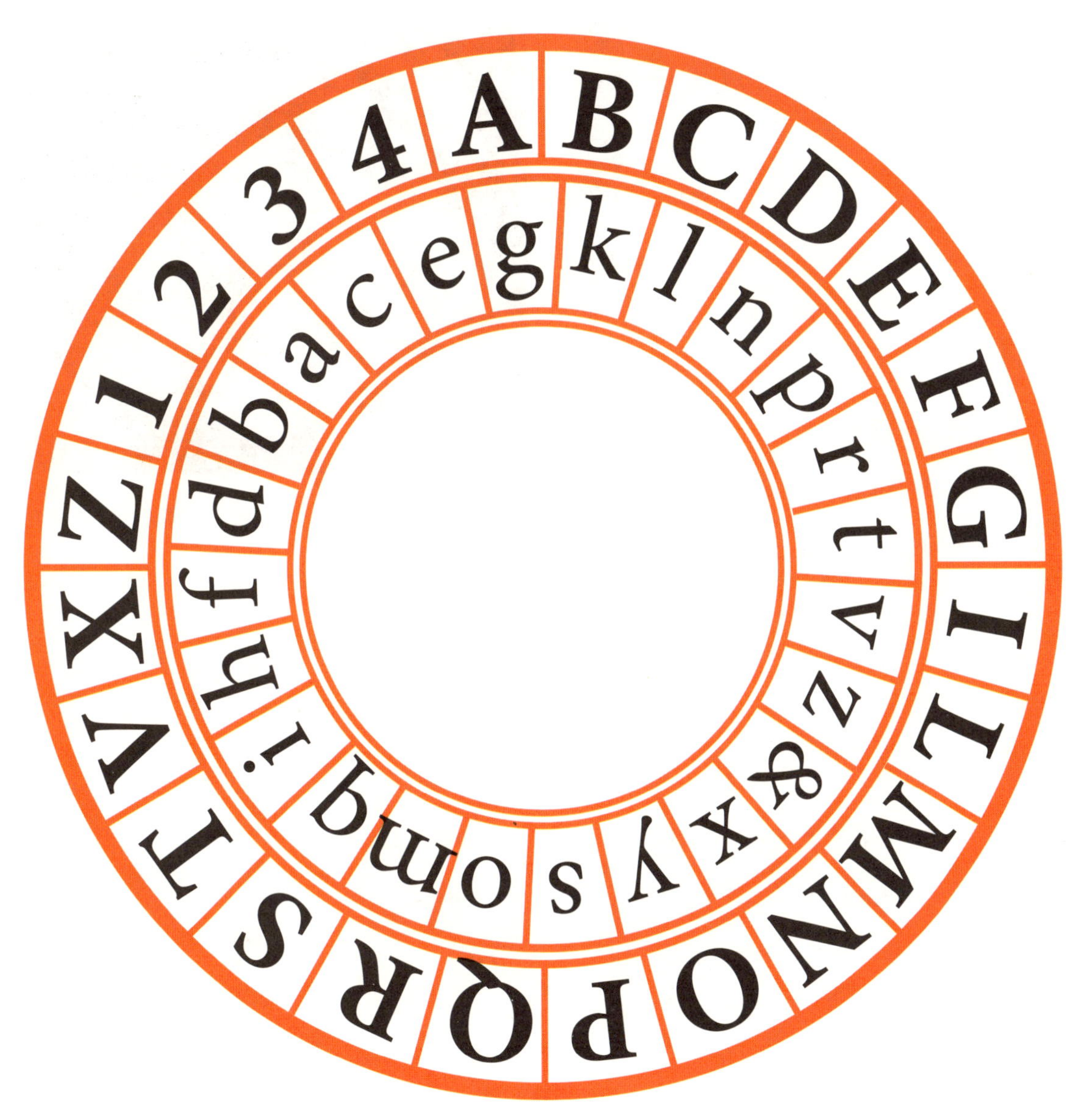

1467年，阿尔伯蒂在其论文《论用密码书写》中描述了由可以独立旋转的同心圆环所制成的密码盘。要加密的消息处于外环，而加密后的消息处于内环，密码盘的这种结构可以随时快速旋转至任意位置。

阿尔伯蒂所设计的密码很容易破译；而16世纪的秘密是幸运的，因为意大利人吉奥万·巴蒂斯塔·贝拉索（Giovan Battista Bellaso）设计密码的想法更为高明。30年后，法国人布莱斯·德·维吉尼亚（Blaise de Vigenère）也设计出了类似的密码，如今这种密码通常被称为维吉尼亚密码。

贝拉索所设计的密码中不再使用规模很小的随机字母表或是特里特米乌斯那种可以预测的集合，而是使用了关键词或关键短语。例如，假设关键词是SECRET-PROJECT，那么明文的第一个字母将用移位18位的恺撒密码进行加密（将A移位至S，关键词的第一个字母），第二个字母使用移位4位的恺撒密码，以此类推。当关键词中的所有字母用完后再回到其起点。例如关键词SECRETPROJECT有13个字母，因此明文中的第13个字母就后移19位（即将A移位至T——关键词的最后一个字母），然后第14个字母将用移位18位的恺撒密码加密（重新将A移位至S）。

上述方法对于密码的改进具有巨大的影响，除非破译者知道关键词是什么，否则根本无从下手。维吉尼亚密码难以破译的事实众所周知，以至于法语里将其称为“不可破译的密码”（法语原文le chiffre indéchiffrable）。直至1863年卡西斯基（Kasiski）才公开了破解维吉尼亚密码的方法。

可以认为，至少到恩尼格玛密码机出现前，维吉尼亚密码都未被破译。

德国人约翰尼斯·特里特米乌斯涉足了魔法和密码。

原文：**ATTACK AT DAWN**

秘钥：**SECRETPROJECT**

密文：**SXVIGDPKRJAP**

	A	B	C	D	E	F	G	H	I	J	K	L	M	N	O	P	Q	R	S	T	U	V	W	X	Y	Z
A	A	B	C	D	E	F	G	H	I	J	K	L	M	N	O	P	Q	R	S	T	U	V	W	X	Y	Z
B	B	C	D	E	F	G	H	I	J	K	L	M	N	O	P	Q	R	S	T	U	V	W	X	Y	Z	A
C	C	D	E	F	G	H	I	J	K	L	M	N	O	P	Q	R	S	T	U	V	W	X	Y	Z	A	B
D	D	E	F	G	H	I	J	K	L	M	N	O	P	Q	R	S	T	U	V	W	X	Y	Z	A	B	C
E	E	F	G	H	I	J	K	L	M	N	O	P	Q	R	S	T	U	V	W	X	Y	Z	A	B	C	D
F	F	G	H	I	J	K	L	M	N	O	P	Q	R	S	T	U	V	W	X	Y	Z	A	B	C	D	E
G	G	H	I	J	K	L	M	N	O	P	Q	R	S	T	U	V	W	X	Y	Z	A	B	C	D	E	F
H	H	I	J	K	L	M	N	O	P	Q	R	S	T	U	V	W	X	Y	Z	A	B	C	D	E	F	G
I	I	J	K	L	M	N	O	P	Q	R	S	T	U	V	W	X	Y	Z	A	B	C	D	E	F	G	H
J	J	K	L	M	N	O	P	Q	R	S	T	U	V	W	X	Y	Z	A	B	C	D	E	F	G	H	I
K	K	L	M	N	O	P	Q	R	S	T	U	V	W	X	Y	Z	A	B	C	D	E	F	G	H	I	J
L	L	M	N	O	P	Q	R	S	T	U	V	W	X	Y	Z	A	B	C	D	E	F	G	H	I	J	K
M	M	N	O	P	Q	R	S	T	U	V	W	X	Y	Z	A	B	C	D	E	F	G	H	I	J	K	L
N	N	O	P	Q	R	S	T	U	V	W	X	Y	Z	A	B	C	D	E	F	G	H	I	J	K	L	M
O	O	P	Q	R	S	T	U	V	W	X	Y	Z	A	B	C	D	E	F	G	H	I	J	K	L	M	N
P	P	Q	R	S	T	U	V	W	X	Y	Z	A	B	C	D	E	F	G	H	I	J	K	L	M	N	O
Q	Q	R	S	T	U	V	W	X	Y	Z	A	B	C	D	E	F	G	H	I	J	K	L	M	N	O	P
R	R	S	T	U	V	W	X	Y	Z	A	B	C	D	E	F	G	H	I	J	K	L	M	N	O	P	Q
S	S	T	U	V	W	X	Y	Z	A	B	C	D	E	F	G	H	I	J	K	L	M	N	O	P	Q	R
T	T	U	V	W	X	Y	Z	A	B	C	D	E	F	G	H	I	J	K	L	M	N	O	P	Q	R	S
U	U	V	W	X	Y	Z	A	B	C	D	E	F	G	H	I	J	K	L	M	N	O	P	Q	R	S	T
V	V	W	X	Y	Z	A	B	C	D	E	F	G	H	I	J	K	L	M	N	O	P	Q	R	S	T	U
W	W	X	Y	Z	A	B	C	D	E	F	G	H	I	J	K	L	M	N	O	P	Q	R	S	T	U	V
X	X	Y	Z	A	B	C	D	E	F	G	H	I	J	K	L	M	N	O	P	Q	R	S	T	U	V	W
Y	Y	Z	A	B	C	D	E	F	G	H	I	J	K	L	M	N	O	P	Q	R	S	T	U	V	W	X
Z	Z	A	B	C	D	E	F	G	H	I	J	K	L	M	N	O	P	Q	R	S	T	U	V	W	X	Y

特里特米乌斯发明的表格法，其中每行字母均依次向右移一位。

卡西斯基检验

卡西斯基破译多字码密码的突破性方法由两步组成：首先计算出秘钥关键词的长度，然后再将密文根据该长度分行排列，并对每一列中的字母进行频率分析。

第二步实际上很简单，但第一步可不那么容易。卡西斯基方法会观察密文中重复出现的字符串，最好是3个以上字符构成的字符串，然后再计算这些字符串首字母之间的距离（指字母在字母表中的位置差）。除非这些字符串的重复出现纯属巧合，否则上述距离肯定是密钥长度的整数倍。

卡西斯基是德国步兵军官和密码破译员。

上述检验方法手动操作起来十分烦琐，但计算机操作时则简单得多。叠加法能让卡西斯基方法变得更为高效。叠加法是指将相同的密文上下并排，然后将一份密文分别平移1位、2位等。在每次平移后，记录下两份密文同一位置上下相同的字母数。当平移位数是密钥长度的整数倍时，相同的字母数会显著上升。

KCDVR	ZWEXC	NSEDM	JSSZX	SFIVY	FRZEC	PDCZA	SPCVR	ZSIVG	KOEFR	ZSIKF	WCIPU	ZWTYO	LOKVQ	LVRKR
	|	|	|	|	|			||				|	|	|
HDVRP	SBUSC	JSGCY	USUSW	KCDVR	ZWEXC	NSEDM	JSSZX	SFIVY	FRZEC	PDCZA	SPCVR	ZSIVG	KOEFR	ZSIKF

卡西斯基将两份相同的密文上下并排后对其中一份进行平移，然后记录下同一位置上下相同的字母数。当平移位数是密钥长度的整数倍时，相同的字母数会显著上升。

截获的密码

截获的密码：

OSRGM DCXZQ WTFIR ZSZEA GBMVL ASETC

秘钥：

SORRY

明文：

WEAPO LOGIS EFORT HEINC ONVEN IENCE

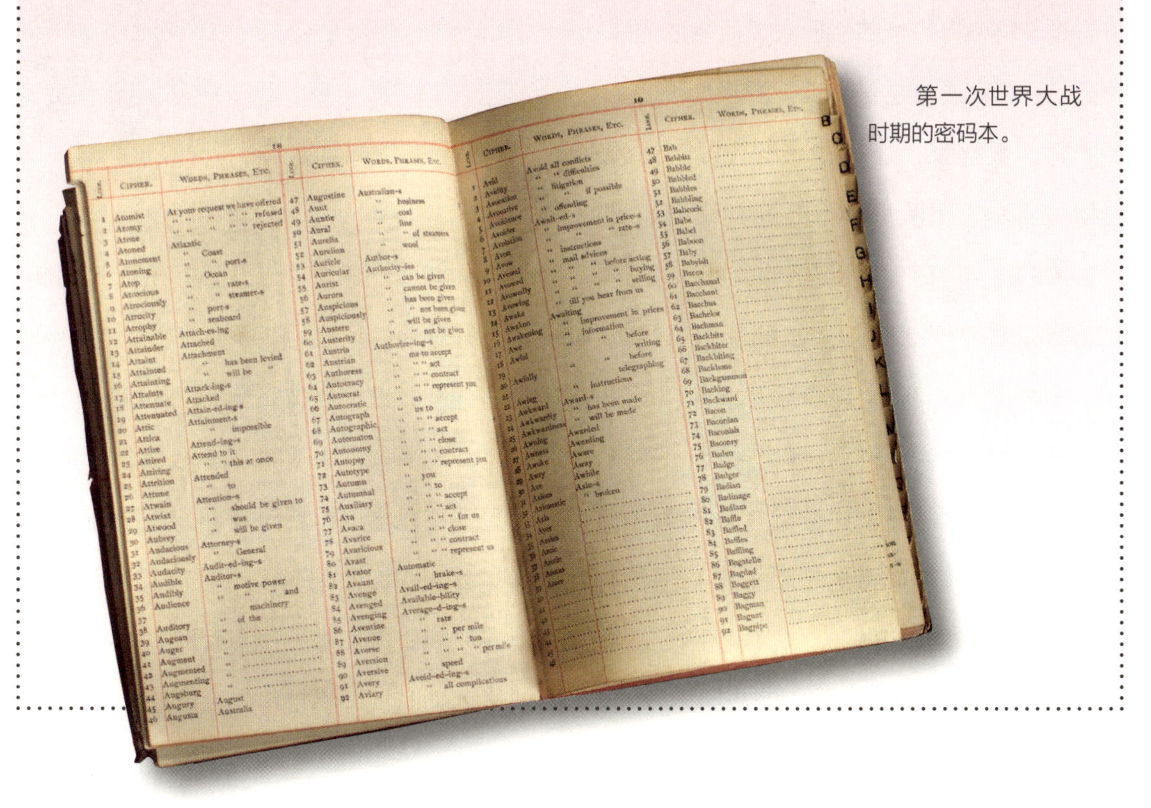

第一次世界大战时期的密码本。

布莱切利园

1945年1月，当第二次世界大战接近尾声的时候，9000人同时在同一个地点为同一个项目而奋力工作。而直到20世纪初，除了那些直接参与其中的人，世上没有人知道这项工作及其意义。

这里就是布莱切利园，它临近英国的主要铁路要道，交通四通八达。英国政府密码学校就坐落于此。布莱切利园的核心是一群稀奇古怪的科研人员所构成的团队，这里有语言学家、填字游戏高手、工程师、数学家，还有些“教授般”的人物。当然，团队里最出名的人物当属阿兰·图灵。当时他们正在试图攻破恩尼格玛密码和罗伦兹密码，如果使用得当的话，这些密码实际上是不可破译的。

恩尼格玛密码机的键盘连接至一系列转子，而这些转子又连接至一个交换台。按下恩尼格玛密码机的一个按键，电流将会通过转子（每个转子都是不同的换位密码）和交换台（另一种密码）后再传输回来，并点亮一盏灯，告诉使用者加密后的消息是什么。这之后转子会旋转，这意味着下一个按键将会被完全不同的密码进行加密。这种旋转非常有效，仅含3个转子的恩尼格玛密码机就等效于一个密钥长度接近20000多字的密码。这样只要用恩尼格玛密码机来加密一些不太长的消息，那么卡西斯基检验将变得毫无用处。恩尼格

布莱切利园如今位于米尔顿凯恩斯这座新城。

玛密码机所有秘钥的数目接近1.6×10^{20}。形象地说，假设你每秒钟可以尝试400种不同的组合，那么检验完所有秘钥的时间与宇宙的年龄差不多。

对于恩尼格玛密码机工作原理的研究大多在第二次世界大战前的波兰完成。当时，马里安·雷耶夫斯基（Marian Rejewski）用置换理论明确了恩尼格玛密码机各

转子（在表面下）
识别灯盘
键盘
插接板

德国恩尼格玛密码机。

个转子间的布线，置换理论是一个世纪前伽罗华工作的推广。雷耶夫斯基还发现了恩尼格玛密码机使用时的一个缺陷：那就是每天用恩尼格玛密码机加密的所有消息都采用了同样的基本设置，利用这个基本设置再对操作员自己选择的3个字母进行加密。这个缺陷本来问题不大，但偏偏操作员为了确保不出错会重复一次这3个字母的密钥。

这个漏洞开启了破解恩尼格玛密码机的天窗。由于知道第一个字母和第四个字母是相互关联的，雷耶夫斯基发现了密文中的一些固定式样。这些式样将转子所有可能的数目从几百的量级大幅降低至10万的量级，后者只需要几个小时就能够解决。

使用机器会让这个时间进一步缩短。雷耶夫斯基是第一个提出构造“炸弹机”的人，这是一种可以遍历所有可能直至找到正确组合的模拟恩尼格玛密码机。图灵和“医生”哈罗德·基恩也是基于这种思想才在布莱切利园建造出了一台更为复杂的“炸弹机”。现如今，如果你造访布莱切利园的博物馆，还能看见这台目前仍然可以工作的“炸弹机”。

罗伦兹密码比恩尼格玛密码机还要难破解。它的破解工作需要运气（接收到了利用同一设置重新发送但稍加改动的消息）和密码分析学家比尔·图特（Bill Tutte）的灵光一现。图特从大约4000个密

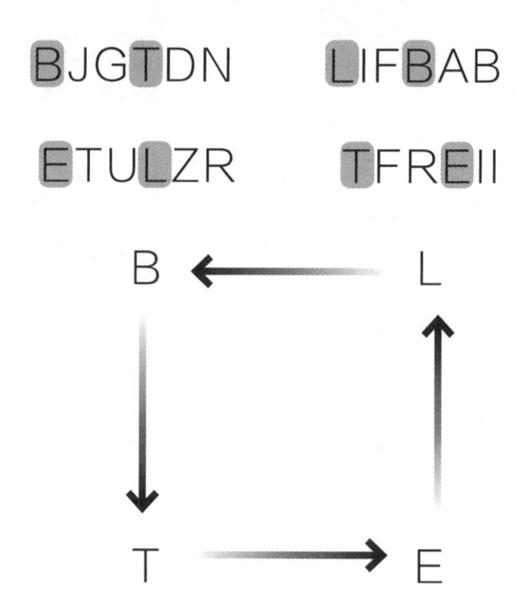

1938年前德国军方所使用的四台恩尼格玛密码机所产生加密消息中的第一个和第四个字母所构成的以4为周期的循环。

布莱切利园博物馆重建了图灵和基恩的“炸弹机”。这台“炸弹机”的每一个转鼓模拟了恩尼格玛密码机中一个转子的运动。

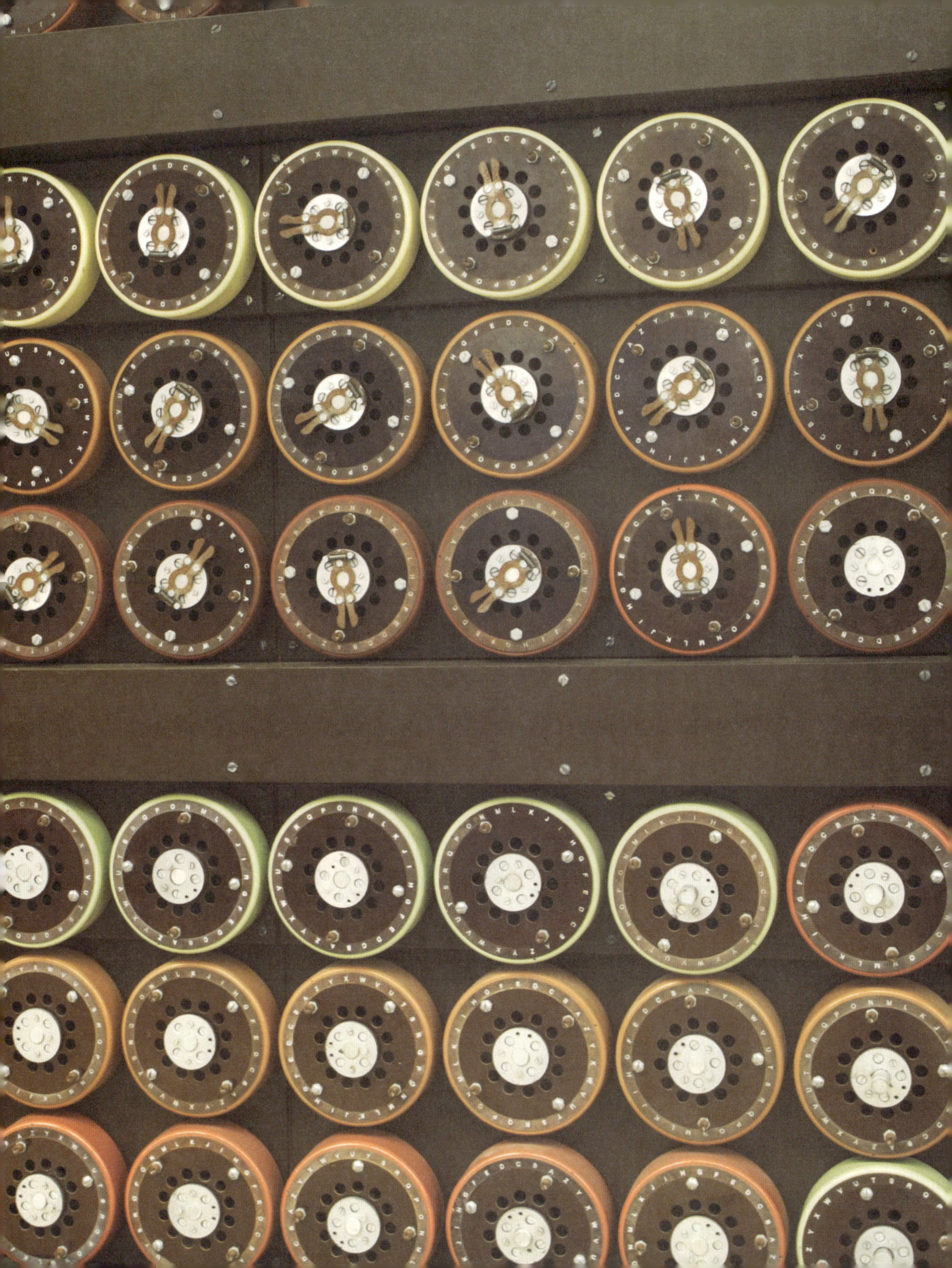

德国从1942年开始启用罗伦兹密码。

文字符中推导出了罗伦兹密码系统的所有结构。

图特在布莱切利园的团队建造了一台可以解密罗伦兹密码的机器。由于他们谁都没见过加密消息的机器长什么样子，所以他们所建造的机器与它迥然不同。这项壮举被认为是第二次世界大战期间最伟大的脑力功绩，并最终导致世界上首台可编程计算机“巨人”的建造，后者主要用于决定各种设置。

英国人通过将聪慧的猜测、基于数学的分析、对失败的适应能力以及机械动力（当然也有大量的人力）有机地结合起来，截获和破译了德国电台通信的大部分内容。历史学家们认为，情报工作至少将第二次世界大战缩短了两年的时间。

在所有有关布莱切利园的故事中，我最喜欢的一段发生在布莱切利园的秘密最终于20世纪70年代公之于众的时候。一位丈夫让他的太太坐下，对她说：“亲爱的，我有件事要告诉你：我在战争时期曾在布莱切利园工作”。他的太太回答道：“真的吗？亲爱的，我当时也在那儿工作！”

“布莱切利园里的人简直就是只下金蛋却从来不咯咯叫的鹅。”

——温斯顿·丘吉尔

1944年的诺曼底登陆依仗于密码破译者的消息。

阿兰·图灵

单就对现代生活所产生的影响而言，世界上没有谁能比阿兰·图灵（Alan Turing，1914—1952）的功劳更大了。

第二次世界大战前，阿兰·图灵（与丘奇合作）解决了可判定性问题，这是当时的重大公开问题。在此过程中，他构想出了计算机的基本规格。尽管如今有非常多的计算机语言，但理论上它们都可以归约到与图灵所引入的简单集在数学上等价的指令集。

曼彻斯特的图灵雕像，图灵手中拿着一个苹果。雕像旁有一段加密过的文字，其对应的明文是“计算机科学之父”。

第二次世界大战期间，图灵在布莱切利园进行破译恩尼格玛密码和罗伦兹密码的工作，与此同时，他也在思考计算机能否思考的问题。他提出了如今在人工智能领域被称为“图灵测试”的想法。简言之，如果某台计算机能够成功地欺骗你让你认为它是人类，那么这台计算机就可以被认为是智能的了。图灵与杰克·古德（Jack Good）一同发现了未观测种群规模的重要统计规律，他在战后成为一名生物学家。

图灵是长跑冠军，他时常懒得坐火车而直接跑着去参加会议。他发明了跑圈象棋游戏，在这个游戏中玩家每在棋盘上下一手棋都要绕着房子跑一圈。如果你比对手回来得早，那么他就丧失了下一手棋的机会。它是少有的直接结合了智力和体力劳动的运动之一。

图灵的人生以悲剧结尾。在20世纪50年代，同性恋在大不列颠是非法的。图灵被判触犯了相关法律并被强制进行激素治疗，否则将有可能入狱，这可能是导致图灵去世的原因。他因食用被生物实验室里的氰化物污染的苹果后离世。图灵在2013年得到了死后豁免。

图灵既是身材极为匀称的跑步运动员，又是数学天才，所以他在跑圈象棋游戏中优势明显。

图灵测试

在2012年图灵百年诞辰那一天，位于曼彻斯特的图灵雕像戴上了鲜花和生日派对帽。

图灵正是在曼彻斯特大学工作时首次提出了“图灵测试”，这是对于人工智能的早期定义。图灵指出，如果一台计算机能够让一组人类裁判误以为它是人类，那么从各种实用的角度而言，它都应该被看作是智能的。2014年，计算机成功伪装成一名英语水平有限的13岁乌克兰人，通过了“图灵测试”。

阿兰·图灵概述了如下的“模仿游戏”：玩家C必须通过玩家A和玩家B对于一系列问题的答案来判断它们是否是人类。玩家A（人类）试图愚弄玩家C，而玩家B则试图提供协助。

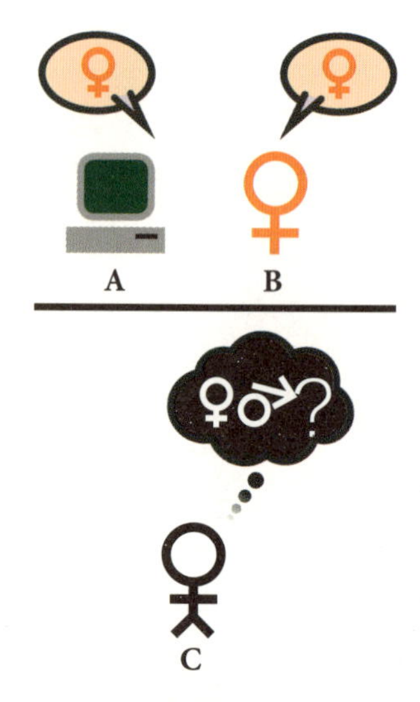

在另一个版本的“模仿游戏”中，计算机替代了玩家A，而玩家B则仍然试图提供协助。

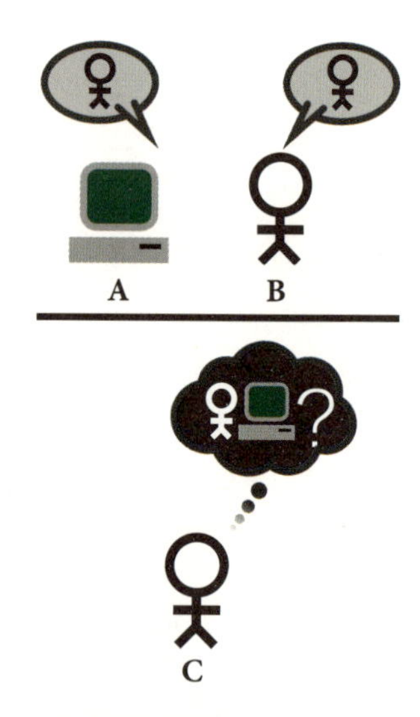

在这个版本中，玩家C还是会提出书面问题、收到玩家B和玩家C的书面答复，并在此基础上决定它们究竟谁是人类。

夏娃试图窃听

马洛里试图修改消息

爱丽丝想向鲍勃传递消息

鲍勃接收到了爱丽丝的消息

佩吉想证明爱丽丝的确发出了消息

维克多确认爱丽丝的消息是正确的

爱丽丝和鲍勃的故事

当你读到密码技术的有关说明时，很可能它是以“爱丽丝和鲍勃希望交换他们的公钥”为开头的。这里既不会说明谁是爱丽丝而谁又是鲍勃，也不会提供任何背景介绍。

下面让我来给你讲讲其中的故事。

爱丽丝和鲍勃最早出现于20世纪70年代，当时罗纳德·李维斯特（Ron Rivest）在撰写RSA协议时觉得“参与者A”和“参与者B”的写法很难让人领会，于是他决定转而使用人名。

从此以后，密码剧中主人公的各种设定就不断发展起来。通常，爱丽丝想向鲍勃传递一个消息，而邪恶的夏娃试图窃听这个消息，但是她没有能力修改消息。与此同时，还有一个坏人马洛里试图进行“中间人”攻击。在需要对交易进行核实的时候（当然，在不泄露任何消息的前提下），证明方佩吉和确认方维克多就会出场。

上述场景是密码学中最讨人喜欢的事物之一。大部分数学问题中所涉及的都是技术术语，常常让人一头雾水。但密码学中不断上演的爱丽丝和鲍勃的传奇故事却能让人即刻入戏，开始关注密码大剧中正在上演的戏份儿。

公钥密码学

克利福德·柯克斯（Clifford Cocks）可算得上是20世纪最不幸的数学发明家之一。

与其他与他经历类似的人一样，克利福德·柯克斯因为并未将公开发表其结果而失去了应得的荣誉。这并非出于他的懒惰、无能或者其他让他错失良机的常见原因，而是因为他任职于英国情报机构政府通信总部。他1973年的研究工作直到20世纪90年代才被公开。

麻省理工学院的史塔特计算机科学中心的外观标新立异。

在柯克斯完成他的绝密工作的四年后，麻省理工学院的三位数学家罗纳德·李维斯特（Ron Rivest）、阿迪·萨莫尔（Adi Shamir）和莱昂纳德·阿德尔曼

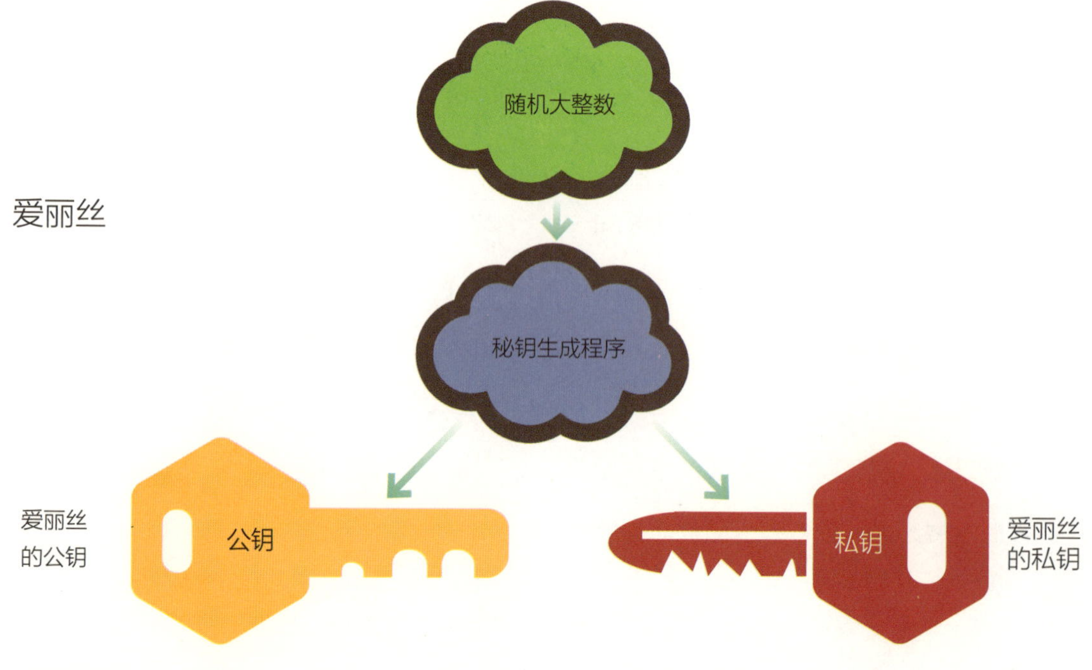

（Leonard Adelman）独立于柯克斯设计出了相同的加解密体系。

这个加解密体系如今以他们的姓名首字母命名为RSA体系。先不管究竟是谁的想法，这个体系当之无愧地算得上密码学中的重大进展。RSA加密体系的思想，是任何人都可以使用公钥进行加密后向接收方传递消息，然后接收方利用只有自己才知道的密钥对加密的消息进行解密，其中加密用的公钥对于任何人都是开放的、可以自由获取的。下面是RSA加密体系的工作原理，我将尽量避免使用复杂的数学表达。首先，鲍勃生成了一个由一对整数所构成的公钥与一个由相关整数构成的私钥。爱丽丝想给鲍勃发送一条消息，之前她已经拿到了鲍勃的公钥。现在她就用公钥来对消息进行加密。

假设鲍勃的公钥是(n, e)，而爱丽丝的消息是数字M，那么爱丽丝传输的消息T等于M^e模n的余数。假设鲍勃的私钥是d，那么他将计算T^d。此时公密钥的选取方式保证了计算结果刚好是M。

爱丽丝还能对其所发出的消息进行电子签名，这样，鲍勃就能确定他所收到

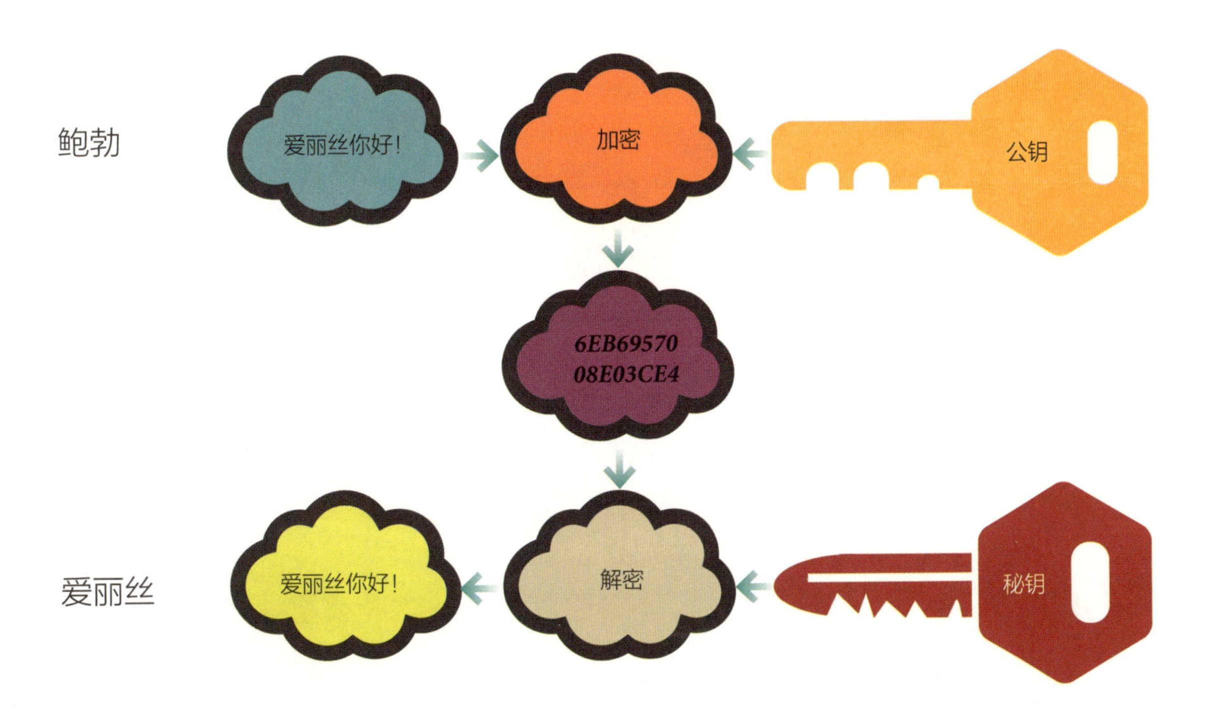

的消息的确是由爱丽丝所发出的（而非某个冒名顶替者）。此时爱丽丝会利用自己的私钥在消息上附加一个消息对应的哈希值。当鲍勃收到爱丽丝的消息后再用爱丽丝的公钥进行解密（上述体系是对称的，因此每个人的私钥和公钥可以相互解锁），将哈希函数作用于他所收到的全部消息上，并检查结果是否与签名相符。如果相符，那么他就可以确信消息的确是由爱丽丝所发出的，因为其他人不知道爱丽丝的

位于英国切尔滕纳姆的英国情报机构政府通信总部，其昵称是“甜甜圈”，它是英国情报收集和密码破译中心。

私钥。而且他还可以确信消息的内容与爱丽丝所发出的内容是一致的，否则哈希值将不同。

只有当窃听者盗取了鲍勃的私钥或者能够成功分解巨大的整数时，他才能攻破RSA加密体系。整数的因子分解指将整数写作素数的乘积，例如，15可分解为3 × 5。当整数很小时，因子分解十分容易，但是大整数的因子分解却十分困难。目前大整数的因子分解算法上有诸多进展，因此大多数公钥密码体系都转而采用椭圆曲线了，但其基本思想与技术都十分类似。与其他密码一样，RSA加密体系也需要正确使用才能确保其安全性。根据目前大整数因子分解的研究状况，如果秘钥足够长、足够随机，消息得到了正确的填充，以及所有步骤都正确完成，那么在实践上RSA加密体系是不可破解的。

银行的自动柜员机使用RSA加密体系来确保用户的信息和财产免受黑客攻击。

CHAPTER 14 第十四章

浅尝20世纪数学 A TASTE OF THE 20TH CENTURY

在本章中，英国的海岸线在每次测量时都会变长，蝴蝶并没有引发飓风，而一种奇怪的曲线解决了一道拥有350年历史的难题。

蝴蝶扇动翅膀究竟能否引发飓风？

伯努瓦·B.曼德尔布罗特

很少有人能像伯努瓦·B.曼德尔布罗特（Benoit B. Mandelbrot，1924—2010）那样创立人们无法想象的数学领域。

曼德尔布罗特出生于波兰华沙，他的家庭因他的伯父佐列姆·曼德尔布罗特而于1936年移居巴黎。佐列姆·曼德尔布罗特是法兰西学院的一名数学家，他鼓励侄子伯努瓦·曼德尔布罗特研究数学。

当德国于1940年入侵法国时，曼德尔布罗特一家从巴黎移居到法国南部的蒂勒。在法国被占领期间，他们一直居住在蒂勒，因害怕德国人发现他们是犹太人而整日惴惴不安。

第二次世界大战期间，德国士兵在巴黎红磨坊门口。

曼德尔布罗特于1944年重返巴黎继续学业，他在里昂公园高中待过一段时间。他于1947年来到美国加州理工学院求学，并在此获得航空学硕士学位。随后他回到法国，于1952年在巴黎大学取得数学科学的博士学位。

六年后，曼德尔布罗特加入纽约IBM公司，并在此工作了35年。在此期间，他研究了朱利亚集和以他命名的曼德尔布罗特集。然而曼德尔布罗特并非是发现这种集合的人，实际上，法图（Fatou）和朱利亚（Julia）早在20世纪初就首次对其进行了研究。

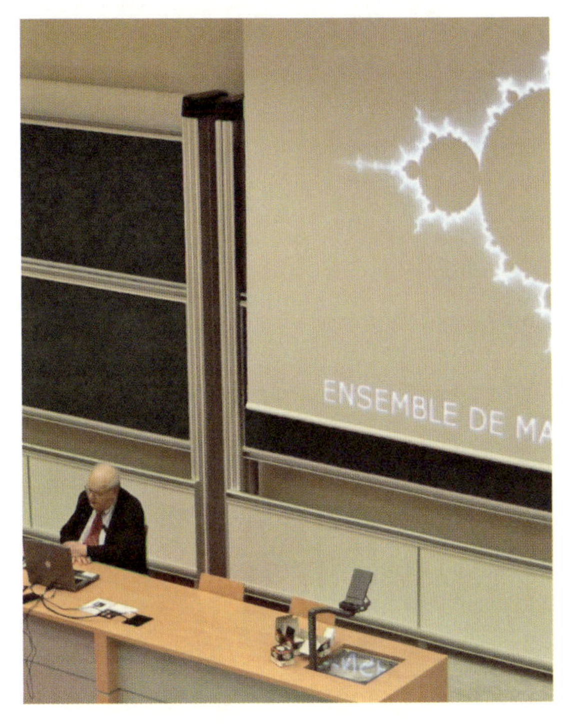

伯努瓦·曼德尔布罗特于2006年9月11日在位于巴黎近郊帕莱索的综合理工大学获法国荣誉军团军官授勋时做报告。

1975年，曼德尔布罗特引入术语“分形”来描述具有自相似性的形状，所谓自相似性，是指同样的结构在不同的尺度下重复出现。在现实生活中，分形现象比人们预想的要常见得多。

分形现象起源于数学上的好奇心（有批评者认为分形只是人为模仿计算机处理数字的方式），它在地理学（如海岸线）、动物生物学（如肺的结构）、植物生物学（如西兰花）和经济学（股票市场的月度走向与秒级变化十分相似）中广泛出现。

曼德尔布罗特于2010年死于癌症，享年85岁。

英国海岸线的长度

如果你手头有个地球仪，请拿出来找到大不列颠岛。它位于地球仪上的上部。

假设你现在必须估计一下大不列颠岛海岸线的长度，那么你手上的地球仪可以帮上你的忙。首先，确定你手上的地球仪的比例尺，然后测量一下地球仪上大不列颠岛海岸线的长度（当然这肯定是比较粗略的测量结果），最后将该长度乘以比例尺就是近似的答案。

你说需要一张更为精确的地图？好，那你可以从地图册里找一张欧洲地图，然后再用同样的方法计算一遍，越精细越好。通过这种方式，你对于英国海岸线的估计将更加准确（通常数值更大）。地图册上的地图精度更高、细节更多，而地球仪上港湾和岬角连个点都够不上。

当然你还可以更进一步。不妨找一张海报大小的大不列颠岛地图，这时你的估计值将更加准确，通常数值也更大了。你可以让精度更高，不妨再找一些海岸线各个部分的巨幅分格地图。这时你的估计值将更加准确，通常数值也更大了。在理想的假设情况下，你可以找一个滚压轮，装备上足够抵御暴风雨的各种装备，然后攀爬到岩石的表面去测量海岸线的长度，当然不要忘了考虑涨潮落潮的影响。曼德尔布罗特在1967年发表的一篇著名论文中确定了英国海岸线的几点事实（同样适用于其他海岸线）。

第一个事实有点奇怪：放大得越多，海岸线的长度越长。因此从某种意义上来说，海岸线的长度并非准确定义的。即便海岸线的长度不随涨潮、波浪和侵蚀而改变，使用不同的测量技术所测得的结果也大为不同，且测量长度不存在上限！

第二个事实就更奇怪了：在比较欧洲地图上挪威海岸线的一部分和更大幅地图上的一部分时，很难分清究竟哪段海岸线是哪段。这说明海岸线是自相似的，即在不同尺度上看上去几乎一样。

曼德尔布罗特集

- 选取两个数，分别记为x和y。很好，典型的数学变量名。
- 计算x^2-y^2+x和$2xy+y$，并将其重命名为x和y。
- 重复上述步骤，直至x和y不再变化或者变得很大。

上述步骤可以用来判断一个点是否属于曼德尔布罗特集：那些迭代不变的点正是曼德尔布罗特集中的元素。

有可能数值会变得巨大。除非你选择的x和y刚好满足$x^2+y^2<4$（将x和y看作坐标值的话，那么就是位于以原点为圆心、2为半径的圆盘内部的所有点），否则数列肯定是发散的。即便对于圆盘内的点，也只有大约12%的点属于曼德尔布罗特集。

显然，如果圆盘内的每个点都要一一进行上述过程才能判断究竟是否属于曼德尔布罗特集的话，那将是极度单调乏味的。尤其是在曼德尔布罗特集附近时，可能需要200次或数千次迭代，才能确定数列究竟是收敛的还是发散的。

原则上，判定数列是收敛的还是发散的，所需的迭代次数是没有上限的。幸运的是，如今我们可以让计算机来进行上述操作。

计算机可以快速而轻松地完成上述计算，而且还能把曼德尔布罗特集非常漂亮地描绘出来。

第一眼看上去，曼德尔布罗特集有点像一幅倒放的技艺拙劣的婴儿画像。右侧是他的身体，左侧是头，上下是圆圆的胳膊。但如果你放大后去观测边界时，你会发现更多复杂的结构。看上去像是更小的婴儿画像，如同各种突起和卷须。如果你继续放大的话，你会发现形状是类似的。

网上目前有数不胜数的曼德尔布罗特集探索器，如果有机会的话一定要试一试！

曼德尔布罗特集不仅像是一幅十分适合挂在寻常学生宿舍墙上的迷幻海报，它更激发了人们数学上的好奇心。

例如，如果你仔细观察一下曼德尔布罗特集的交点，例如婴儿身体与头的交

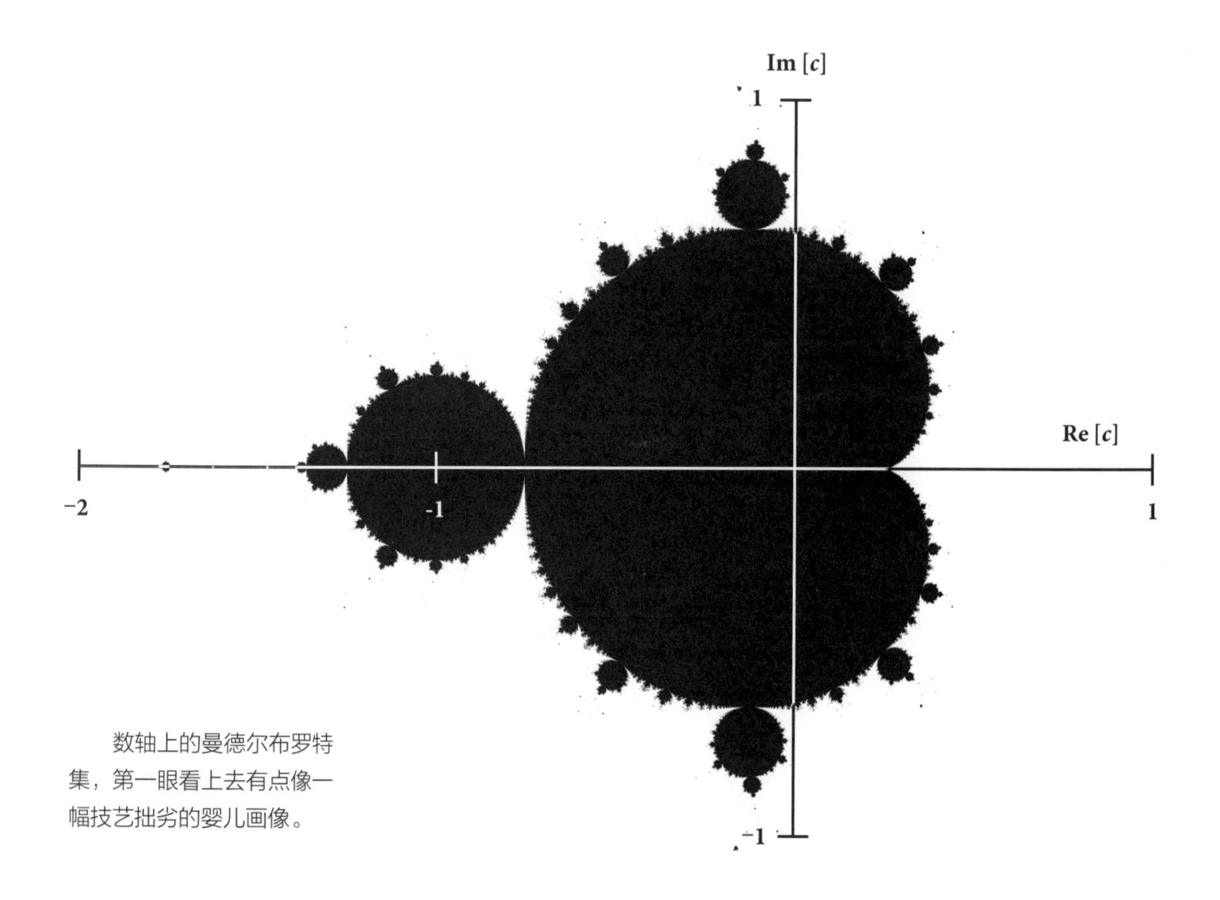

数轴上的曼德尔布罗特集，第一眼看上去有点像一幅技艺拙劣的婴儿画像。

点、头与帽子的交点这些曼德尔布罗特集很狭窄的地方，那么你会发现圆周率π。例如，当x=−0.75而y很小时，判定数列是否收敛所需的迭代步骤约等于除以y的初始值。

曼德尔布罗特集和“逻辑斯蒂映射”之间有一定的对应关系。地图的混沌区域对应于曼德尔布罗特集的卷须部分，而非混沌区域对应于突起部分。

给曼德尔布罗特集上色后的图形令人惊讶。

分形地貌

也许分形学在纯数学外最广泛的应用领域就是计算机图形学了。在选定一个形状后以随机方式对图形的一些部分进行递归改动，这样所生成的景观看上去与现实中的并无二致。

例如，可以先选一个大的水平正方形，然后沿着中心垂直地移动一个小的随机量。然后将正方形分成4个更小的正方形，并重复进行上述步骤。多次循环后得到的形状就是地貌的有效近似。多分形（其中还考虑了山峰与平原、峡湾与海滩的不同性质）等复杂的过程所产生的形状与现实中的地貌更为相近。

分形学所生成的最著名的地貌场景源自科幻电影《星际旅行2：可汗怒吼》，其中整个外星世界都是由算法所生成的。

分形技术还可用于在算法作曲领域中生成音乐。

爱德华·罗伦兹与气象模拟

声明：本作者不允许各种恼人的事实来扰乱我讲这个故事。

麻省理工学院的一间办公室里，爱德华·罗伦兹（Edward Lorenz）正坐在椅子上，手握一杯咖啡，沾沾自喜地将脚放在桌子上。他所设计的气象模拟过程运转状况完美无瑕：冷暖交替、晴雨轮替和古

2×2网格

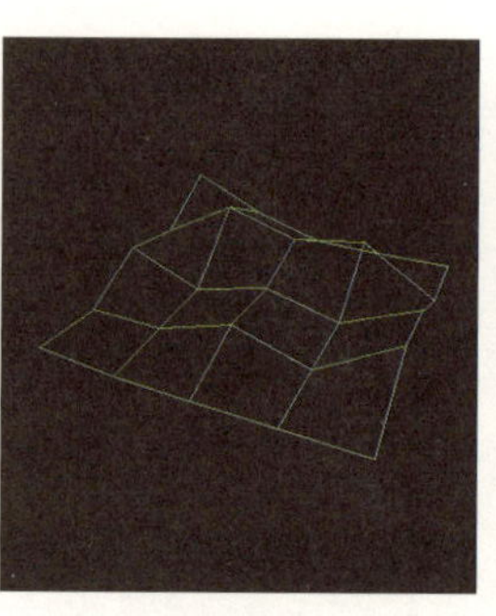

4×4网格

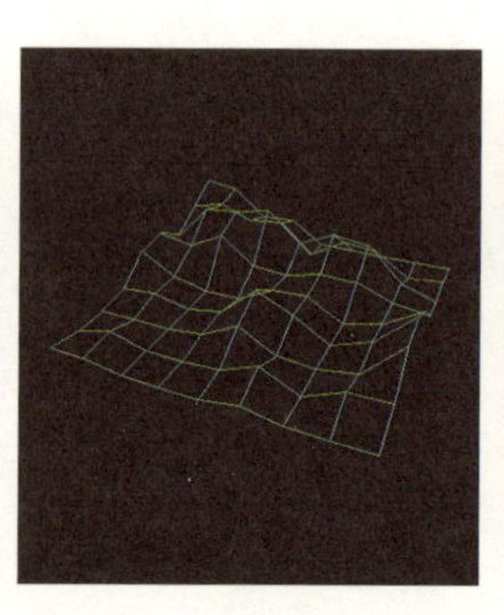

8×8网格

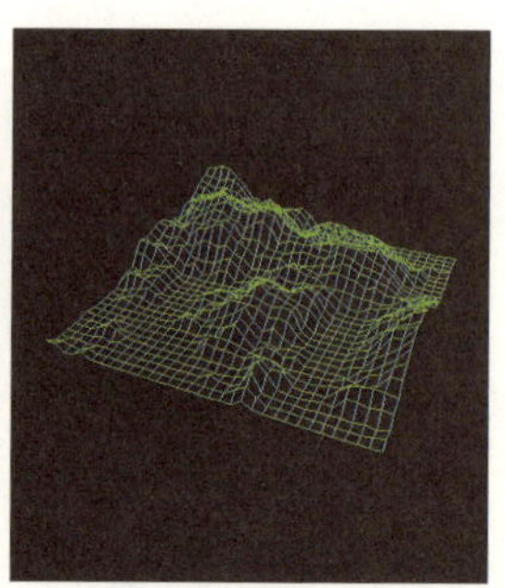

32×32网格

怪的降雪都可以模拟出来。对于20世纪60年代的计算机而言，这真是重大进展。爱德华·罗伦兹确实值得沾沾自喜。

他啜了一口咖啡，眉头紧蹙。这并不是因为咖啡不好喝（当然这咖啡的确也不太好喝），而是因为他发现实验结果无法正确打印。他默默地诅咒了一声，然后停下了计算机程序，用摇摇晃晃的点阵打印机把所有的原始数据都打印出来。这台点阵打印机如今很可能还安静地躺在马萨诸塞州剑桥某处一个学术橱柜的架子上。

罗伦兹叹了一口气，将双手的指关节捏得咯吱作响，然后细心地将打印稿中的数字重新输入到计算机里。如此一来，计算机就能在他去再倒一杯咖啡的时候继续工作了。

当罗伦兹回来的时候，他啜了一口咖啡后立马又喷了出来。这并不是因为咖啡不好喝（当然这咖啡的确是不太好喝），而是因为他的模拟结果大错特错。飓风，干旱，暴风雪……有时，甚至还有四个骑手骑着马横穿屏幕。模拟结果究竟哪儿错了？

罗伦兹马上意识到这肯定是因为他输

罗伦兹奠定了现代气象模拟图的基础。

罗伦兹并未指望他的模拟程序能够预测暴风雪。

入的数字有错。但他输入时已经十分仔细了，也许打印稿上的数字与计算机中存储的数字有些许不同?

这正是问题所在。罗伦兹根据打印稿输入的数字精度为小数点后5位，而计算机所存储的数字精度为小数点后7位。罗伦兹想，两者之间的差距也太小了，难以置信的小。那么究竟有多小呢?

罗伦兹分析了出来：打印稿中的数字与计算机中的数字之间的差距如同世界另一头的一只蝴蝶扇动的翅膀。这就是蝴蝶引发飓风这个传奇故事的起源。当然，实际上故事比上面描述的更为复杂。气象是一个混沌系统，这意味着初始状态的微小变化都可能引起最终结果的剧烈变化。

费根鲍姆常数

下面是一道数字题：

1. 从下述列表中挑选一个数字（或者自选一个数字），记作k。
2. 在0和1之间选择一个数字，记作x。
3. 将选择的数字乘以$k\times(1-x)$，重新记作x。
4. 重复步骤3，直至你发现规律为止。

数字k的建议值如下：

0.5, 1.7, 2.3, 3.2, 3.5, 3.6

当然，你也可以试试其他数字，或者干脆做一个电子表格来进行上述运算。

当k的取值较小时（小于1），x的取值将迅速变小；当k的取值位于1～3时，x的取值将收敛到一个与k有关的固定值；而当k的取值位于3～4时，奇妙的事情发生了。

当k的取值位于3～3.49时，x的取值将最终在两个数值之间震荡。再将k的取值

以蝴蝶扇动翅膀来比喻罗伦兹所忽略的两位小数误差。

变大一点，取值则在4个数值之间震荡；再变大一点后，则在8个数值之间震荡。最后当k的取值为3.57时，结果完全乱套了：x的取值左右震荡，完全没有明显的规律可言。

再在3.57附近取两个值，进行100次迭代，此时x的两个取值要么距离很远、要么距离很近，很难进行判断。这意味着，初始条件的微小变化会导致结果的巨大变化，这就是混沌的定义。

这种数字进行混乱震荡的特定过程被称为“逻辑斯蒂映射”。在研究上述过程时，米切尔·费根鲍姆（Mitchell Feigenbaum）记录下了使得行为产生变化的k的取值，这种行为的变化被称为“分叉”。顾名思义，“分叉”指“分成两个岔路”，这正是当时系统中每个解的行为。

分岔导致系统的行为从一个稳定解变

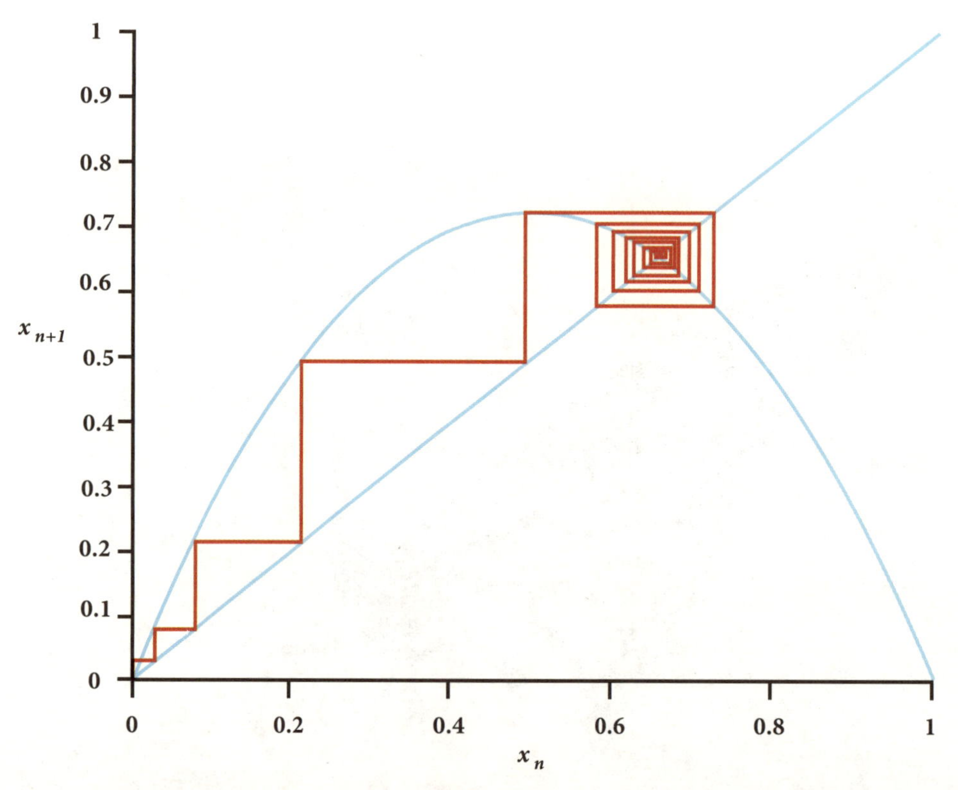

在本例中，不断进行函数迭代，则取值收敛到一个值，其过程如图中的蛛网状示意图所示。每次迭代的结果首先记于y轴，然后再转画于x轴，这样再计算下次迭代的结果，如此反复。

米切尔·费根鲍姆（摄于2006年哥本哈根尼尔斯玻尔研究所）。

为在2个解之间震荡、再到在4个解之间震荡，以此类推。费根鲍姆还发现这些分岔之间的距离在逐渐减小，而且这种行为是可以预判的。

前后两个分岔的距离比大约是4.669∶1，这个比值不依赖于特定的过程，在很多类型的映射中都出现（如在曼德尔布罗特集中）。这个比值的地位如同π在几何学中和e在微积分中的地位一样。

如今这个比值被称为费根鲍姆常数，用符号δ表示。

δ = 4.669 201 609 102 990 671 853 203 821 578（保留小数点后30位）

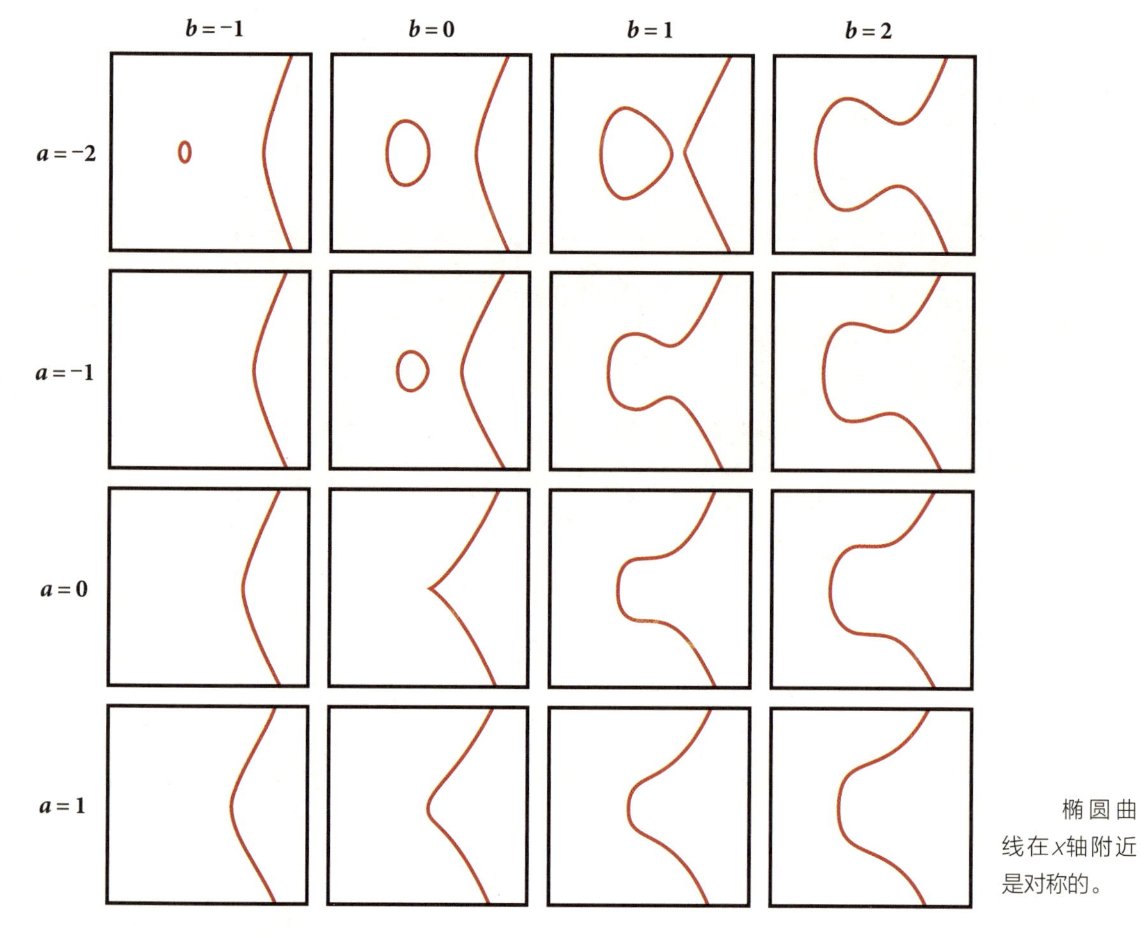

椭圆曲线在x轴附近是对称的。

椭圆曲线

第一眼看上去，椭圆曲线并不复杂。椭圆曲线指形如$y^2 = x^3 + ax + b$的函数曲线，其中a和b均为常数。

椭圆曲线可能并非形式最为简单的曲线，但它具有光滑性等良好性质。椭圆曲线在x轴附近是对称的，越往远处走形态变得越丑陋。

当然，对于a和b的特定取值，椭圆曲线可能变得不再连续（事实证明，这导致的问题不大），此时你需要想象在无穷远处也有一个点（只要你足够聪明，这导致的问题也不大）。但与分形现象不同的是，椭圆曲线具有光滑性等特点。

椭圆曲线的其中一个良好特点与过其上任意两点的直线有关。这条直线对应以下三种情况：

- 它可能与椭圆曲线交于第三点。
- 如果它与上述两点中的一点相切，则它将不会再与椭圆曲线相交。
- 如果它是竖直的，那么它将不会再与椭圆曲线相交。

但理论上，椭圆曲线的一个关键要求就是每条过其上两点的直线必与椭圆曲线交于第三点。对于上述第二种情形，这第三个点就是直线与椭圆相切的点（因为它是一个“二重根”）；对于上述第三种情形，这第三个点就是位于无穷远处的点，记作O。

这使得椭圆曲线有着良好的代数性质。此处的代数指抽象意义上的代数，而非高中里教的“在方程左右两端加减同一个数”。

特别地，在我们定义椭圆曲线上两点的加法后，这些点将构成一个交换群。对于椭圆曲线上一点A，记其关于x轴的镜像为$-A$。过椭圆曲线上任意两点P和Q做直线，则该直线与椭圆曲线交于第三点R，那么，定义P和Q相加的结果为$-R$。

上述加法运算涉及无穷远点O时有几个特例。由于过P和$-P$的直线不与椭圆曲线相交，此时定义$P+(-P)=O$。出于相同的原因，定义$P+O=P$。

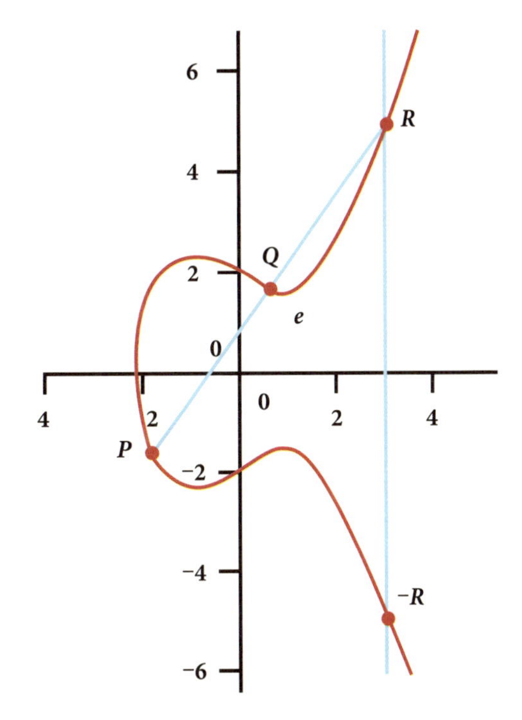

椭圆曲线良好代数性质的示意图。

那两个相同的点相加的结果是什么？在这种情况下，过该点做椭圆曲线的切线，令前文中定义加法运算时的R为该切线与椭圆曲线的交点。

在将无穷远点记作O后，曲线上的所有点按照如此定义的加法构成一个交换群。

这种定义还适用于曲线上坐标全部为有理数的点。这些性质都非常漂亮，真不错！好，我们现在构造了一个群。这项工作真漂亮，看来菲尔兹奖非我莫属了。但等一下，椭圆曲线的重要性何在？

首先，椭圆曲线本身就很重要，在研究椭圆曲线时可以充分享受到数学带来的乐趣。

美国克雷数学研究所列出的七个千禧年问题之一就是关于椭圆曲线的一个猜想。证明该猜想的人将获得克雷数学研究所提供的100万美元奖金，你不妨试一试！

椭圆曲线与模块化定理也有关系，后者是安德鲁·怀尔斯证明费马大定理的关键。

椭圆曲线主要在以下两个领域中得到应用：一个是数论，椭圆曲线可用于证明大整数是素数或用于进行整数因子分解；另一个是密码学，主要利用了椭圆曲线上所有点构成的群的如下两点性质：

- 重复多次计算每个点与自身相加的过程非常便捷；
- 计算究竟上述加法重复了多少次却十分困难。

这是“单向函数”的典型性质，单向函数指有的事情很容易进行，但窃听者想恢复事情的原始状态却很难，这对于传递秘密而言是再合适不过的了！

现代通信安全的基础是密码学。

就如同开着直升机去买菜一样，许多数学工具像是杀鸡用的牛刀。

椭圆曲线列线图

很多数学研究有点像杀鸡用牛刀、开着直升机去买菜，所用的工具与任务需求极不相符。不过话说回来，直升机降落后菜市场中孩子们惊愕的表情会让此行值回票价。

椭圆曲线列线图就是杀鸡用牛刀的典型示例。使用椭圆曲线和直尺，你可以对数字的乘除进行高精度运算，其精度将超过打印机的极限！

首先，在椭圆曲线上标出两个刻度，一个用蓝色，一个用红色。这两个刻度是互为倒数的，意即对于任意点，蓝色取值和红色取值之积为1。

将同样颜色的两个数值相连，则直线与椭圆曲线的交点处另一颜色的取值即为这两个数值之积，当然可能你需要稍微调整一下小数点的位置。

将不同颜色的两个数相连，则直线与椭圆曲线的交点处的取值是这两个数之商。此处蓝色数字的取值是初始红色数字除以初始蓝色数字的商；此处红色数字的取值是初始蓝色数字除以初始红色数字的商。

椭圆曲线还可以用于计算平方根，这主要归功于切线的巧妙应用。但我没时间再详细解释了，菜市场里的直升机都已经停两排了，我该走了。

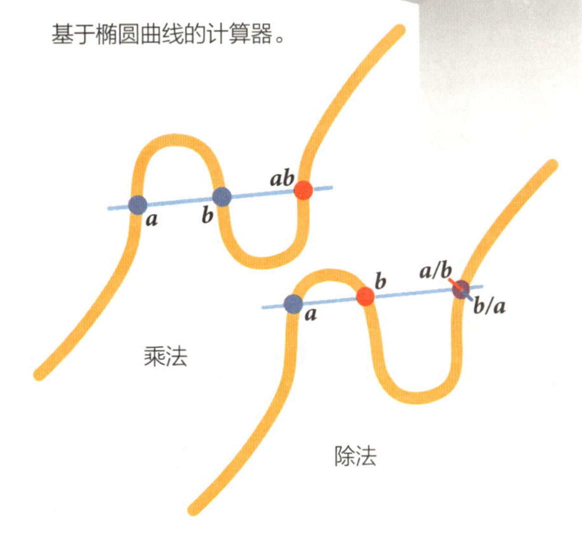

基于椭圆曲线的计算器。

椭圆曲线密码学

椭圆曲线离散对数问题听上去简单，但实际上要困难得多。首先，我们的主人公爱丽丝会从椭圆曲线上选择一点G，再选一个只有她自己知道的大整数n，然后计算$G+G+G+\cdots$，共几个G相加。简写的话，结果等于nG，将其记为Q。最后爱丽丝告诉你G和Q，如果你能计算出n来，那么你就可以解开她的所有秘密。

对于爱丽丝的秘密而言，幸运的是，计算n是异常困难的，当椭圆曲线定义于“伽罗华域”上（即所有运算都是模运算）时尤为困难。假设爱丽丝想给鲍勃发送一条加密过的消息，那么他们可以首先在公开场合通话，“让我们选用这个椭圆曲线吧，在上面选一个基点G”。然后爱丽丝再选定一个只有自己知道的大整数n，计算出nG，并将计算结果告诉鲍

爱丽丝希望与鲍勃进行秘密通信。

勃（可以在公开场合沟通）。

在鲍勃这边，他也像爱丽丝一样选择一个只有自己知道的大整数m，计算出mG，并将计算结果告诉爱丽丝（还是可以在公开场合沟通！）。至此，爱丽丝和鲍勃已经建立了共同的密码基础：鲍勃将爱丽丝的数字连加m次即可得到mnG，注意m只有鲍勃自己知道；而爱丽丝将鲍勃的数字连加n次即可得到同样的nmG，注意n也只有爱丽丝自己知道。对于别人而言，没人知道足够的信息来计算出这个结果！只要爱丽丝和鲍勃确信没有人窃取到他们的秘密整数，他们就可以以此为基础进行完全秘密的通信。

我只是好奇爱丽丝和鲍勃一直以来都在忙什么呢？

安德鲁·怀尔斯

安德鲁·怀尔斯（Andrew Wiles，1953—）是“天才都是站在他人的肩膀上”这条规矩的罕见例外，尽管他在证明费马大定理这项自1637年起数学家们就前赴后继的著名定理时也大量使用了前人的工作。

严格地说，只有怀尔斯完成其证明时，费马大定理才真正成为一个“定理”。早在10岁时，怀尔斯就迷上了这个“定理”，当时他是在图书馆的一本书上读到它的。

怀尔斯在瞻仰位于法国博蒙德洛马涅的费马纪念碑。

一方面，费马大定理描述如此简单，连一个中小学生都能读懂。而另一方面它又涉及各种复杂的数学知识，使得无人能够证明。

怀尔斯的童年就沉浸在学术环境之中。他的父亲是牛津大学的皇家神学教授，在此之前曾在位于剑桥的瑞德利神学院担任牧师。怀尔斯出生于剑桥，尽管瑞德利神学院并非剑桥大学的一部分，但实际上怀尔斯的早年生活都是在大学城里度过的。

怀尔斯就读于剑桥的雷斯中学，而后进入剑桥大学学习数学。怀尔斯也曾就读于牛津大学，直到20世纪80年代初他都待在美国新泽西的普林斯顿高等研究院。后来他成为普林斯顿大学的教授，然后去巴黎和牛津待了一段时间后重返普林斯顿，

位于法国卡斯特的费马墓碑上的费马头像。

最后于2011年在牛津定居。

尽管怀尔斯获得了多项学术成就，但他孩童时代时读到的费马大定理却一直萦绕在他的心头。作为成熟的数学家，怀尔斯开始独自进行费马大定理的研究工作（尽管他曾告诉过他的太太他一直在研究什么）。

他一边以较低的产量发表先前问题的研究工作，以免招致怀疑，一边花了六年的时间持之以恒地研究现有证明中缺少的关键环节。

怀尔斯被菲尔兹奖排除在外一事可能令世人愤慨，但菲尔兹奖仅授予年龄在40岁以下的数学家，而当怀尔斯于1994年完成其证明时，他已经比这个限制大了1岁。

后来国际数学家联盟授予了怀尔斯一块牌匾，他也因此获得爵士头衔。怀尔斯带头衔的全称是大英帝国爵级司令、皇家学会院士安德鲁·约翰·怀尔斯爵士。

重温费马大定理

我不会假装我懂安德鲁·怀尔斯关于费马大定理的证明，但我会尝试告诉你证明背后的想法。

安德鲁·怀尔斯的证明用的是反证法。假设费马方程$a^p+b^p=c^p$有一组非零整数解，其中p为大于等于7的素数（p为3、5或合数的情况已经作为特殊情况得以证明）。

怀尔斯，摄于2005年美国普林斯顿高等研究院举办的一次会议。

由假设知，椭圆曲线 $y^2 = x(x-a^p)(x+b^p)$不可能为模曲线，这里模曲线是一类复解析函数。这部分结果在20世纪80年代就为人所知了。

怀尔斯最终证明了如今被称为模块化定理的“谷山-志村-韦伊猜想”。该定理指出，有理数上的任意椭圆曲线都是模曲线，它就是费马大定理证明中缺少的关键环节。

这项工作的重要性可不止“干得好，安德鲁”这么简单。这个猜想最早由谷山于1956年提出，长年以来相关领域的专家都公认其不可证明。

据西蒙·辛格所著的《费马大定理》记载，怀尔斯的导师约翰·科茨（John Coates）认为该猜想“根本不可能证明”，而围绕着该猜想进行过大量研究的肯·里贝特（Ken Ribet）也是认为该猜

想完全不可接近的众多学者之一。

有趣的是，假设费马当年真证明了费马大定理，那它显然与怀尔斯的证明完全不一样。怀尔斯所使用的技巧在三个半世纪之前费马声称首次解决了该问题时连做梦也想不到。考虑到怀尔斯的证明长达150页，费马显然没法在那狭窄的页边空白处写下他的巧妙证明。

约翰・H. 科茨是安德鲁・怀尔斯的导师。

怀尔斯在英国剑桥的牛顿数学科学研究所宣布他证明了费马大定理。

CHAPTER 15

第十五章

重整混乱不堪的数据

THE TAMING OF THE MESSY

在本章中，高斯发现了太阳背后消失不见的一颗矮行星，伦敦的一位医生将苏豪区的人们从霍乱中拯救了出来，健力士公司对于学术期刊采取了零容忍政策。

伦敦和泰晤士河在19世纪中叶时是疾病的摇篮。

数据的混乱不堪

现在去找几枚骰子，最好是6枚，当然1枚也够用。掷出这6枚骰子（要是只有1枚的话就掷6次），然后将骰子的点数记录下来。你扔的这6枚骰子的点数刚好是1～6每个出现一次吗？

不是？这实际上是一个统计问题。没有什么答案是完全正确的（除非你篡改了数据，那就另当别论了）。

问题是，即便你建了一个好模型，你又怎么能保证性质不好的数据不出问题呢？这时候你最好念起统计学的神奇咒语来祈祷好运吧。

起初统计学并非数学学科，而是一门以数据为研究对象的学科，主要研究如何收集和保存状态信息。统计学在本书的字里行间总会出现，但在数学意义下，统计学指数据的分析与表示，这正是本章的主题：统计推理和统计表示对于世界的历史与未来都有着诸多影响。

卡尔·弗里德里希·高斯（Carl Frie-

卡尔·弗里德里希·高斯成功地预测了矮行星谷神星的方位。

drich Gauss，1777—1855）并非首个发现多次观测可以降低误差的数学家，实际上相关研究贯穿整个18世纪，但他的确是最早将这个结论用于解决重大问题的人。1801年，高斯基利用意大利修道士皮亚齐稍带误差的观测数据成功地预测了矮行星谷神星的方位。当时，修道士皮亚齐接连40天一直在追寻这颗小行星，但小行星借日食而消失得无影无踪。高斯独自正确地预测出了这颗小行星究竟会在何时何地出现在天空中的另一侧。

单单是掷骰子就能说明数据很少会像我们预料的那样出现。

高斯发现，给定大小的数据集中出现

德国10马克货币上卡尔·弗里德里希·高斯和正态分布模型的特写。

错误的频率与数据集大小的平方的指数倍成正比。借助上述结论，他发现进行预测的最佳方法就是让差的平方和最小。

与拉普拉斯和勒让德不同，他还发现了两者之间的关联，并由此提出了“正态分布”的概念。他还指出，在特定的条件下，正态分布就是最佳模型。实际上对于许多实际应用而言，对数据进行建模的默认方法就是正态分布。

因此，正态分布又被称为高斯分布，德国10马克货币上高斯的肖像旁就是高斯分布。

宽街的水泵

1854年，伦敦受到霍乱的侵袭。霍乱是十分可怕的疾病，当时大家主要认为霍乱的传播途径是瘴气，即那些在肮脏不堪、拥挤过度的伦敦市上空流通的恶质空气。的确，当时伦敦的空气质量很糟糕，疾病频发。

当年8月31日，爆发于拥挤过度的苏豪区的霍乱尤为严重。短短三天内，127人死亡，整个区3/4的人口在一个星期内全都迁移了出去。

这时轮到物理学家约翰·斯诺（John Snow）出场了，他对瘴气理论深表怀疑。当时他也不知道霍乱的起因，这时距路易斯·巴斯德（Louis Pasteur）提出“微生物”的概念尚有近十年的时间。斯诺和亨利·怀海德神父探访了当地的居民，将感染者记录下来，然后将死者标记于一幅

这幅罗伯特·西摩所做的卡通画说明霍乱病正在以毒气的形式传播。

英国物理学家约翰·斯诺博士（1813—1858）。

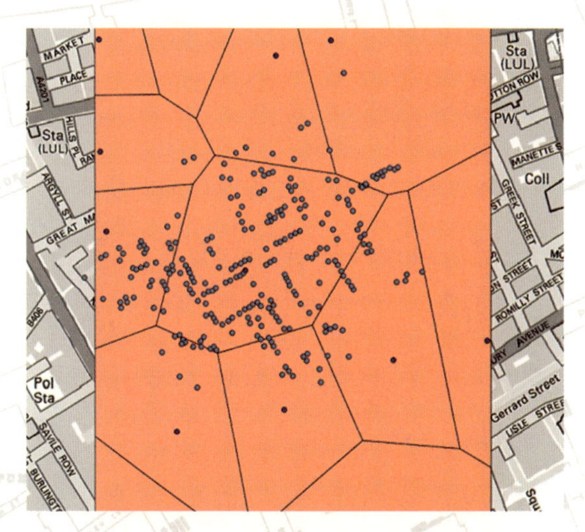

约翰·斯诺手头的伦敦苏豪区地图上的点被沃罗诺伊多边形所覆盖，这是19世纪统计学和信息图表的典型示例。

伦敦地图上。

斯诺在地图上标出向苏豪区居民提供饮用水的水泵位置，并提出了如今被称为“沃罗诺伊图”的概念。他计算出每一所房子离哪个水泵最近，并画出相应的边界。这就是斯诺用于定位疾病来源的所有证据。

斯诺和怀海德所确认的死者当中，有61位住得离宽街的水泵最近，而且已经确认他们从这个水泵中取水饮用。10位死者的家离其他水泵更近，但根据探访其中5人的家属表明，他们通常会从宽街的水泵中打水，因为那里的水质更好。而其他5人中有3人是儿童，他们的学校就在宽街。

但很奇怪，宽街水泵隔壁的修道院却完全不受霍乱影响，难道是因为他们受到了神圣的庇护吗？也许是。但更可能是因为他们只喝自酿的啤酒，这与宽街的水泵可没有任何关系。

9月7日，斯诺向圣杰姆斯教区的布施理事会报告了上述发现，然后理事会第二天就派人卸下了宽街水泵的手柄。已呈下降趋势的霍乱爆发事态迅速销声匿迹。最后，死亡人数停在了616人。

在维多利亚女王时代的伦敦市，约翰·斯诺利用统计学和信息图表发现了传染病的根源并向当局报告如何停止传染病的传播，这比类似的视觉工具普及要早了整整一个世纪。

遗憾的是，布施理事会在霍乱的暴发事态退却后马上又重新装上了宽街水泵的手柄。斯诺认为是水中的什么东西导致了霍乱的理论在当时难以置信、令人不悦。

弗洛伦斯·南丁格尔

作为人道主义的代表性人物，弗洛伦斯·南丁格尔（Florence Nightingale，1820—1910）是她所处年代的指路明灯。她被人称为“提灯的女士”，她组织了一支护士小分队来帮助在克里米亚战争中受伤的士兵康复。但为什么我们这么一本数学书里会有她的名字呢？

弗洛伦斯·南丁格尔以护士的身份广为人知，但她同时也是一位信息图表方面的先驱。

想要说服英国军方进行任何改变比登天还难。即便英国军队在巴拉克拉瓦战役中有着惨痛的人员伤亡，他们还是觉得没有什么可以改变的。这种状况直到南丁格尔开始收集死伤报告并以鸡冠花图的形式向英国军方汇报后才得以改变。鸡冠花图是南丁格尔版的饼状图，有时也被称为南丁格尔玫瑰图。

南丁格尔以一张图表向民众、政治家和军队领袖说明了如下事实：很多时候在医院里死于可预防疾病的人比死于战场负伤的人还要多。

如今，你已经习惯于在各种场合中看到信息图表，但在维多利亚女王时代的英国，信息图表还是很少见的。当然，让国会议员去阅读一份关于死伤者的详细统计学报告是不现实的，不过让他们看看图表，让他们了解一下斑疹伤寒、痢疾和霍乱令人骇然的严重性，让他们理解到这些病症正在给部队人员带来毁灭性的灾难，就足以让他们采取行动了。

改善的效果十分可观。南丁格尔在克里米亚度过的第一个冬天中，战地医院的死亡率在40%以上。但在对令南丁格尔不安的排水系统、公共卫生和治疗手段等方面进行改善后，死亡率骤降至2%。类似地，在印度农村进行的公共卫生改善也将士兵死亡率由大约7%降至2%以下。

南丁格尔还为英国私人住宅里的卫生状况进行游说。从历史上来看，她的贡献是从1871年到20世纪30年代将人均寿命提高了近二十年。

南丁格尔是信息可视化和精细记录保存方面的先驱，但她在护士职业的专业化上最有建树。南丁格尔是首位获英国功绩

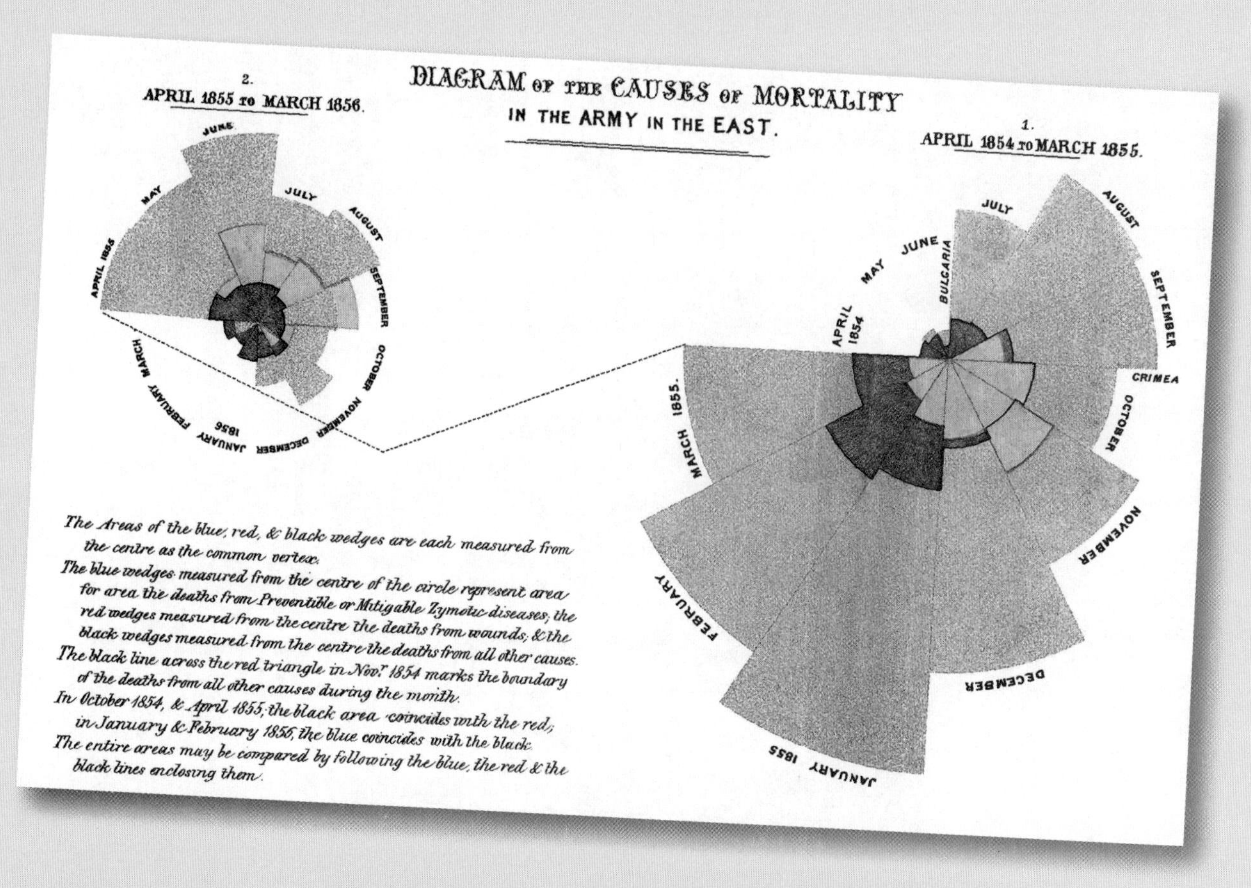

弗洛伦斯·南丁格尔做的用来说明东部军队士兵死亡原因的示意图。

维多利亚女王时代的伦敦拥挤异常、污染严重、卫生奇差。

勋章的女性，是皇家统计学会的首位女性会员，也是美国统计学会的荣誉会员。在伦敦、伊斯坦布尔以及英国白金汉郡克莱顿庄园都有纪念南丁格尔的博物馆。

位于伦敦威斯敏斯特区滑铁卢广场的南丁格尔雕像。

健力士公司的商业机密

当威廉·希利·戈塞于1899年从牛津大学新学院毕业时，他找到了一份许多毕业生都梦寐以求的工作：到位于都柏林的亚瑟吉尼斯父子公司工作。作为一名统计学家，戈塞主要关心酿酒过程中大麦的质量检测。

英国统计学家威廉·希利·戈塞（William Sealy Gosset，1876—1937）研究如何使用小样本。

在大麦的检测中有一个严重的问题：当时的绝大部分统计技术都需要大量的观测值，因此这些技术在健力士公司通常提供的小样本的有效性上是值得怀疑的。在戈塞借调至统计学创始人之一卡尔·皮尔逊（Karl Pearson）处的几个学期里，他们共同研究了小样本问题。虽然皮尔逊提供了许多帮助，但他并没有发现问题的关键所在。这可能因为皮尔逊是生物学家，对他而言所有问题都可以通过大样本来解决。

戈塞与他的雇主之间也存在着严重的问题。健力士公司先前的一位研究人员曾发表了一篇不经意间泄露了公司商业机密的学术论文。健力士公司对此深表不满，他们甚至不希望竞争对手知道公司内部设有统计机构。

因此，健力士公司禁止其员工发表任何形式的学术论文，无论内容如何、思想多么重要。

可戈塞的思想十分重要。在许多领域中，采样的成本非常高昂，因此充分利用仅有的少量信息是弥足珍贵的。戈塞苦苦

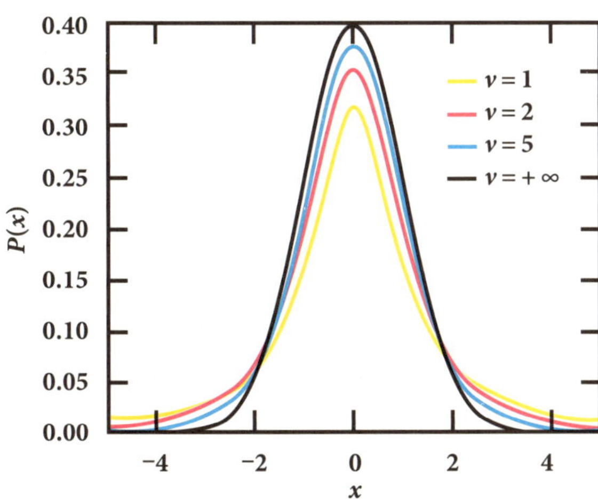

几个学生氏分布函数的概率密度函数图。

哀求健力士公司，说明他的工作根本不涉及任何商业机密，他写的论文甚至一个字也不提酿酒。“好吧”，健力士公司董事会同意了，“但你不得使用本名，否则大家都会跑到我们这里来让我们公开数据。”

“没问题”，戈塞也同意了，然后他开始以笔名“Student”（学生）发表论文。戈塞并不会因没有得到认可而沮丧，他认为另一位统计学创始人费希尔（Fisher）最终肯定也会发现同样的结论。

戈塞的工作涉及监控健力士啤酒公司所使用的大麦质量。

“没人抱怨并不意味着所有的降落伞都是完美无缺的。”

——本尼·希尔

亚伯拉罕·瓦尔德与没有归队的飞机

第二次世界大战中期，美国空军损失了大量宝贵的飞机和更为宝贵的飞行员。当时美国在被占领的欧洲领土上的节节败退让大家的担忧与日俱增。

亚伯拉罕·瓦尔德（Abraham Wald，1902—1950）因躲避纳粹而逃离故乡匈牙利，然后为同盟国工作，以期提高机组人员的生存率。

美国空军检查了在出动后因受损而只能勉强飞回英国的飞机，他们认为只要将破损的地方进行修补就能挽救这些飞机。

亚伯拉罕·瓦尔德，这位幸运地在纳粹侵略前出逃的才华横溢的匈牙利数学家却悲伤地摇着头。他觉得空军上校滑稽不堪，他说道：“长官，这里是最不适合进

在第二次世界大战期间，机组人员时常在执行飞行任务后驾驶着严重受损的飞机归队。统计分析有助于提高机组人员的存活率。

行安装重装甲的地方。”

瓦尔德发现了两件事实：首先，当时的武器装备无法准确地打击飞机中的特定部位，因为战斗机在此处与他处被击中的概率是一样的；其次，假设飞行员能够驾驶受损的机身开回基地的话，那么实际上受损处机身的现有强度比所需强度要高。因此从飞机飞行的角度考虑，受损处机身装甲对飞机的存活与否并非至关重要。

相反，需要加厚装甲的位置应该是那些“无法”存活的飞机被击中的位置。鉴于飞机的各个部位被击中的概率相等，没有飞回基地的飞机所遭受的伤害才是致命的。

瓦尔德并不满足于帮助空军高级将领理解生存偏差理论、进而拯救数百名飞行员的生命的功绩，他继续对飞机各个部位所能承受的损害程度与每次出击各个部位受损的概率进行建模。这意味着，机组指挥官可以据此规划出动架次，以便使损失最小化。

布丰的针

1730年前后，乔治-路易·勒克莱尔·布丰伯爵（Georges-Louis Leclerc, Comte de Buffon）正在书房里摆弄一大盒针。他拿起一根针，小心地扔到空中，然后记录下针是否落在一条地板的边上。

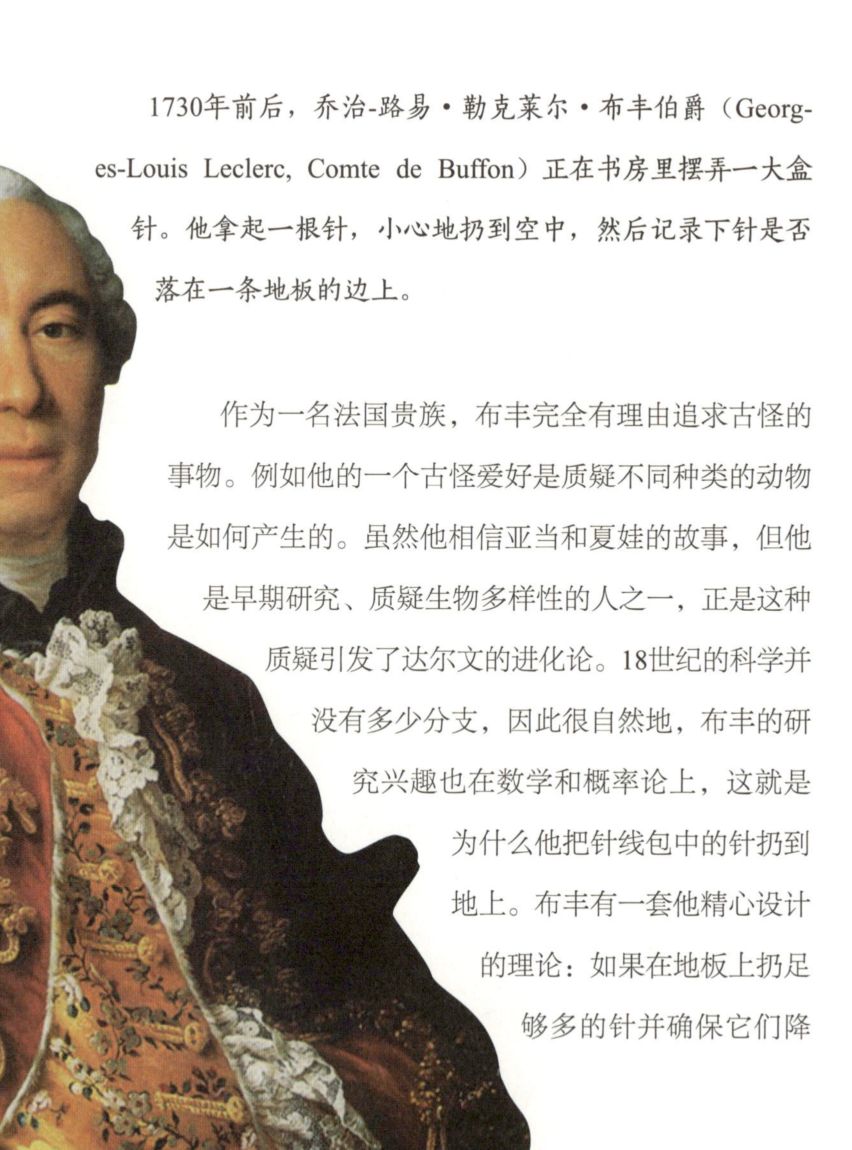

作为一名法国贵族，布丰完全有理由追求古怪的事物。例如他的一个古怪爱好是质疑不同种类的动物是如何产生的。虽然他相信亚当和夏娃的故事，但他是早期研究、质疑生物多样性的人之一，正是这种质疑引发了达尔文的进化论。18世纪的科学并没有多少分支，因此很自然地，布丰的研究兴趣也在数学和概率论上，这就是为什么他把针线包中的针扔到地上。布丰有一套他精心设计的理论：如果在地板上扔足够多的针并确保它们降

乔治-路易·勒克莱尔·布丰伯爵肖像，藏于法国蒙巴尔布丰博物馆，作于1753年。

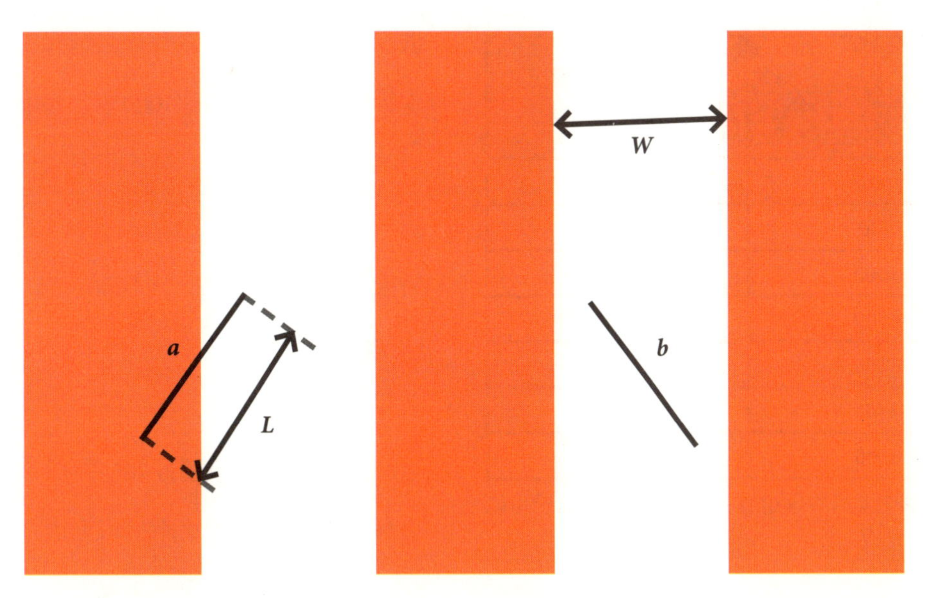

针a下落后与两块地板的边沿相交，而针b则与地板边沿完全不相交。计算出现上述两种情形的针的概率可以估算π的取值。

落时的方位是随机的，那么针下落后与地板边沿相交的概率应该是

$$2L/\pi W$$

这意味着，稍加代数运算后就可以利用这种方法估算 。

刚才布丰伯爵的所作所为正是“几何概率”领域的起源，也是历史上第一次“蒙特卡洛实验”。

并没有记录表明布丰究竟做没做过这个实验。除了对数学和生物学保有浓厚的兴趣外，布丰还是法国国王的园艺师，因此他可是个大忙人。但意大利数学家拉扎里尼（Lazzarini）的确做过这个实验，他于1901年严格按照布丰的步骤进行了实验，其实验结果出人意料地好。

实验重复次数R	与地板边沿相交的针的数目C
100	53
200	107
1000	524
2000	1060
3000	1591
3408	1808
4000	2122

布丰掷针实验的理论值，但实际上布丰自己可能并未做过这个实验。

拉扎里尼一共投掷了3408根针，每根针的长度是地板宽度的5/6，因此他所投掷的针与地板边沿相交的概率是5/3π 。

在拉扎里尼所投掷的3408根针中，一共有1808根与地板边沿相交，以此实验结果对π进行估计会得到355/113=3.1415929。

π近似到小数点后7位的结果是3.1415927，因此拉扎里尼几个小时的实验所得到的估计值已经足够接近了。这实验结果实在太好了，好得有点令人难以置信。

我并不想试图指责拉扎里尼篡改了数据。但细想一下，他为什么选择投掷3408支针呢？为什么不是3000根、4000根或者3400根？原因在于，拉扎里尼知道他想得到的分式是什么，因为355/113是一个广为人知的良好近似，在10000之内没有比这更好的分式近似了。

拉扎里尼知道，如果他在实验中投掷了213根针而113根刚好如他所盼地与地板边沿相交，那么他将刚好得到上述分式。这种情况出现的概率大约是1/20。但是，假设他的实验结果并非如此的话，他就继续再投掷213根针，看看最后是否得到113的2倍226。只要他持续进行这样的实验，那么他无法得到目标分式的概率在每组实验后都会略微下降。最后拉扎里尼一共投掷了16组针，每组213根，因此最终一共投掷了3408根。

实际上拉扎里尼挺幸运的，因为在16组投掷之内达成他的目标的概率大约是1/4，但这都无所谓了：当你在进行实验时，你不应当心怀目标，否则结果将不准确。

在自然界中，π时常出现。例如，蜿蜒的河流自水源到尽头的长度除以两者之间的直线距离的比值在理想情况下约等于3.14。

高尔顿的牛

弗朗西斯·高尔顿（Francis Galton，1822—1911）爵士是一个绝顶聪明但又充满令人作呕念头的人。他是优生学的有力倡导者（实际上，优生学这个词就是他创造的），这给他的成就罩上了一层阴影。这很可悲，因为充满可怕想法的人也可以想出好的点子。

例如，在研究人类能力的继承方式时，高尔顿想出了时至今日仍在使用的实验方法。研究双胞胎是行为遗传学的主要方式，因为如果两个人的基因相同，那么他们的各种区别都不会是基因所造成的。作为遗传特征统计方法的先驱，他将相关性和回归等概念用于特征建模之中。他发明了标准差，标准差可用于衡量一个测量值距均值的期望距离。他发明了“五点梅花形”，这是一种可用于展示正态分布形状的弹球游戏机。他使得“回归至均值”的观点深入人心，这指异常的表现（无论好坏）后通常会接着发生不太异常的表现。他还设计了如今我们用于区分指纹的系统。

弗朗西斯·高尔顿爵士在统计方法方面做出了先驱性的卓越贡献，但他在其他领域保有的观点也十分与众不同。

但高尔顿最广为人知的故事当属他逛露天集市的事。如果你曾去过教会义卖会

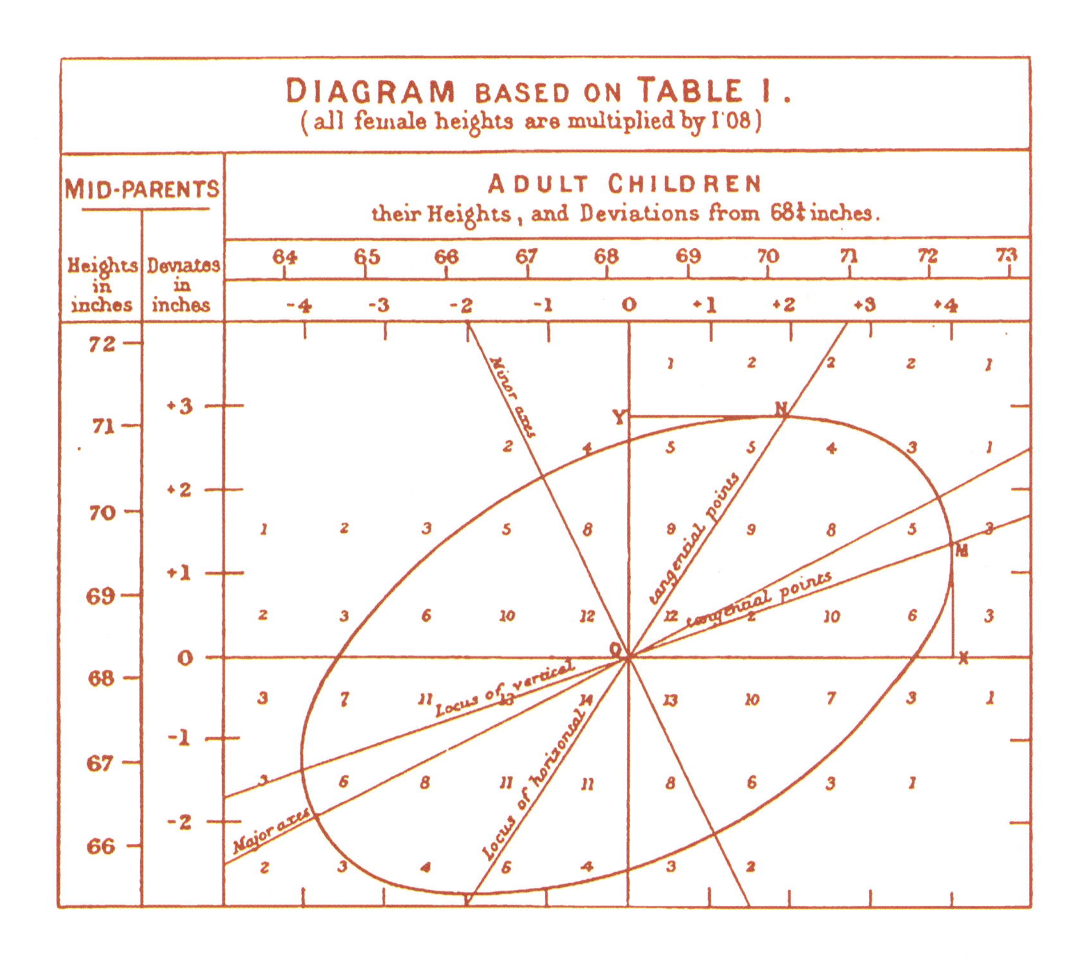

的话，你很可能会遇到过“猜猜罐子里有多少糖果”形式的竞猜活动，最后谁猜得最准谁赢得罐子。高尔顿去的这次露天集市不是“猜猜罐子里有多少糖果”，而是“猜猜这头牛有多重”。

高尔顿并不想赢得这头牛，他要一头牛有什么用？他需要的是人们关于牛体重

高尔顿所绘制的相关性图表，这是他对于家族内遗传特征进行研究的一部分。

高尔顿并非想赢得集市上的牛，他想研究人们关于牛的体重的猜测。

的猜测。在花费6便士入场费进行猜测的近800人中没有人最后猜中了牛的体重。但高尔顿发现，能够反映“民意”的所有猜测的中位值（1207磅，即547千克）与正确答案（1198磅，即543千克）的误差在5千克之内。而所有猜测的均值刚好是1197磅，即542.5千克。

《体育画报》的诅咒

美国体育界有个民间盛行的迷信说法：登上《体育画报》杂志封面的运动员的运动成绩将会猛跌，数据表明这个说法是有一定道理的。将相关的统计数据作图可以发现，运动员的状态在登上《体育画报》后的确下滑了。

体育杂志的编辑给篮球、棒球、美式足球、网球、冰球等运动的运动员带来的这种厄运究竟原因何在？为什么这些封面照片会成为阻碍运动员发挥实力的枷锁？

实际上这种诅咒并不存在。“回归至均值”就可以直观地解释这种状态下滑。如果你表现优异，登上了杂志封面，那么这意味着你的表现超出常规。有时这是因为你潜在的才能爆发，但更多的情况是因为你很走运，而好运最终都会结束。

这就是为什么老套的老板认为对员工大吼大叫有助于让他们提高工作效率，而对员工的工作大加褒奖则会降低工作效率。无论是吼叫还是褒奖，那些相较正常水平具有更高或更低表现的员工们都倾向于回归正常水平。经理们错把这种基本的统计现象归功于他们的行为。

CHAPTER 16 第十六章

当代数学英雄

MODERN HEROES

在本章中20世纪与21世纪的数学英雄惊艳登场。

数学界超级英雄的故事多姿多彩。

保罗·埃尔德什

埃尔德什溜达到他所在的系里，因一场争斗而衣冠不整。他一手拿着盛有少量衣物的手提箱，一手拿着盛满学术论文的手提箱，对大家宣布：“现在我脑洞大开。”

保罗·埃尔德什（Paul Erdös，1913—1996）热爱跟每一个与他沟通的人合作。通过合作的方式，埃尔德什一生中写作或合作了超过1500篇学术论文。

如果你曾玩过“凯文·贝肯的六度分离”游戏，那么你应该知道每一位活跃的电影演员都可以通过小于等于六次关联与凯文·贝肯联系起来，其中每次关联指共同出演了一部电影。贝肯几乎与好莱坞的每位电影演员都有过合作。埃尔德什就是数学界中如同凯文·贝肯一样的人物。许多数学家都会骄傲地自夸他们的“埃尔德什数”，它指多少篇合作学术论文可以将他们与埃尔德什联系起来。例如，我的埃尔德什数是5，当然有可能更小。我曾与

保罗·埃尔德什参加学生讨论班，1992年摄于布达佩斯。

埃里克·普莱斯特合写过文章，普莱斯时与米奇·伯杰合写过几篇文章，伯杰与凯斯·莫法特合作过，莫法特与乔治·洛伦茨合作过，而洛伦茨于1959年与埃尔德什合写过题为“On the Probability that *n* and g(*n*) are relatively prime”（论*n*与g(*n*)互质的概率）的文章。世界上共有511人的埃尔德什数为1。

埃尔德什在数学上最常用的方法是“随机方法”，这种方法指检查集合中的某个随机对象并说明该对象有特定性质的概率不为零。如果的确如此，那么集合中必存在有此性质的对象，这意味着可以证明有特定性质的对象存在而无须具体找到它！

除了对数学的挚爱外，埃尔德什还马不停蹄地奔走于学术会议、他所在的系、

数学家罗纳德·格雷厄姆（中）的埃尔德什数为1。

家庭聚会等场合，并消耗大量的咖啡。埃尔德什因为总能提出超越当今数学知识范畴的挑战问题并为其解答提供奖品而闻名。

他所提出的数学挑战很多仍未得到解决，这其中就包括考拉兹猜想。如果你能证明这个猜想，请联系罗纳德·格雷厄姆去领取属于你的500美元奖金吧！

考拉兹猜想

先选择任意一个整数。如果它是偶数，那么将它除以2；如果是奇数，将它乘以3后加1。重复上述步骤，直至出现循环为止。

以数字18为例。首先将它除以2（得到9），然后把结果乘以3后加1（得到28）。继续除以2得到14，再除以2得到7，然后乘以3后加1得到22。之后序列中的数字是

11, 34, 17, 52, 26, 13, 40, 20, 10, 5, 16, 8, 4, 2, 1, 4, 2, 1…

此时已经出现循环了！

考拉兹猜想是：无论起始数字是什么数，最终出现循环时都包含1。考拉兹猜想自1937年提出后就一直未被证明。计算机已经验证了大到10^{15}的整数，都没有发现反例，当然这离严格的数学证明还差得远。要想证明考拉兹猜想不对，只需要找到一个整数作为反例即可，要么它不会出现循环，要么它出现的循环中没有1。但要证明考拉兹猜想，则需要证明上述两种情况肯定不会发生。

如果你哪天下午无事可做，不妨试试整数27。但我事先提醒你，要准备好足够的纸。

德国数学家洛萨·考拉兹（Lothar Collatz，1910—1990）于1937年提出了考拉兹猜想。

印度数学家斯里尼瓦瑟·拉马努金（Srinivasa Ramanujan，最中间）与他的同事高德菲·哈罗德·哈代（Godfrey Harold Hardy，最右）。

斯里尼瓦瑟·拉马努金

数学家们时常收到怪异的来信。很多数学系都有那么一个秘书，他们能够异常高效地筛选出这些怪异的来信。

有的来信宣称通过取对数证明了费马大定理，有的宣称发现了π的十二进制展开所隐含的神秘含义。

但幸运的是，1913年的剑桥大学中还没有这种筛选信件的秘书，这样一封来自印度的来信才能被送至哈代的书桌上。哈代是颇具名望的理论数学家，在分析和数论上颇有建树。尽管哈代认为数学绝不应当被具体应用玷污，但他自己却因涉及生物学稳定种群的哈代-温伯格定律而知名。

回过头来说说哈代收到的这封9页长的来信，它密密麻麻地写满了等式和不等式。哈代对其中的一些结果很熟悉，但有的却难以置信。哈代怀疑这些结果是由一些巧妙而难以察觉的作弊得来的。

实际上信中的结果并不涉及作弊。这封信是尼瓦瑟·拉马努金（1887—1920）写的，他是一名来自马德拉斯（即如今的印度金奈）的自学成才的数学家。最终哈代认定拉马努金关于连分数的一些结果是对的，因为没人会选择伪造如此诡异的结果。

来年拉马努金远赴英国与哈代开展合作。拉马努金的健康状况并不好，他在英国与哈代合作六年后终因结核（也有可能是肝癌）而病倒。

拉马努金与哈代是截然不同的两种人。拉马努金的数学见解来自他的直觉，仿佛无中生有，而且通常不加证明。而哈代则坚持使用严谨的推导方式，与拉马努金的方式背道而驰。但是这两人的合作却极富成果，因为一旦数学见解得以建立，往往严谨的证明最终会随之而来。

拉马努金的成果丰富，他发现了关于双曲正割、拟西塔函数的不等式和π的无穷级数。其中一个π的无穷级数给出了π的如下精确近似：

$$\frac{9801\sqrt{2}}{4412}=3.14159273$$

其误差大约是1/40 000 000。

对于不是数学家的普通人而言，拉马努金最广为人知的故事来自哈代随手记下的一条注记。当时哈代不得不到医院里才能见到拉马努金，哈代对拉马努金说他来时乘坐的出租车是1729号，一个无趣的数字。谁料到拉马努金却立即指出，1729是能用两种不同方式写作两个整数立方和的最小整数($10^3+9^3=12^3+1^3$)。

实际上，目前是否每个数字都能用两种不同的方式写作两个五次方之和仍是没有定论的公开问题。下一次你喝咖啡时可以试着研究一下！

印度天才尼瓦瑟·拉马努金的半身像，位于印度比拉工业科技博物馆。

格里戈里·佩雷尔曼

我一直在犹豫是否应该把格里戈里·佩雷尔曼（Grigori Perelman，1966—）列入近代伟大数学家之列。佩雷尔曼是伟大的数学家这一点毋庸置疑，但他常年隐世埋名，对世间的赞誉极度反感。因此，佩雷尔曼如果你读到这部分内容的话，请接受我的道歉。

假如佩雷尔曼是追逐名利的人的话，那么他完全可以宣称“我是世界上唯一解决了克雷7个千禧年问题之一的人”。与1900年希尔伯特的清单一样，21世纪伊始，美国克雷数学研究所也列出了7个未解的数学难题，其中解决每个难题的奖金都是100万美元。这7个问题是：

格里戈里·佩雷尔曼，1993年摄于美国伯克利。

（1）P与NP问题，属于算法复杂度理论。

（2）霍奇猜想，与投影代数簇有关。

（3）黎曼猜想，同时也是希尔伯特第8问题，涉及复分析的无限和，在数论中有诸多应用。

（4）杨-米尔斯存在性，属于量子理论。

（5）纳维-斯托克斯方程光滑解的存在性，这是我本人研究流体力学的根源。

（6）贝赫和斯维纳通-戴尔猜想，与椭圆曲线的有理解有关。

（7）庞加莱猜想，与超球面的拓扑特征有关。

在上述7个问题中，只有两个解答得到了克雷数学研究所的调查。一个是Cho、Cho和Yoon关于杨-米尔斯问题的解答，但克雷数学研究所认为“深度不够”；另一个是格里戈里·佩雷尔曼于2003年给出的庞加莱猜想的证明，克雷数学研究所最终于2010年授予佩雷尔曼100万美元的奖金。

但佩雷尔曼并没有接受奖金，他认为理查德·汉密尔顿（Richard Hamilton）在试图证明庞加莱猜想的工作理应得到承认，因此该奖金的授予并不公平。佩雷尔曼还拒绝接受2006年的菲尔兹奖，他是迄今为止唯一拒收该奖的人。

如今佩雷尔曼平静地生活在俄罗斯圣彼得堡。

对于数学家而言，拒收菲尔兹奖是难以想象的，而对于每个人而言，拒收100万美元奖金也是难以想象的，但佩雷尔曼自有其理由。对于他而言，证明本身就是给自己最大的奖赏，他可不想永远像“动物园里的动物”那样供人欣赏。

佩雷尔曼被围绕着他拒收菲尔兹奖而产生的各种大惊小怪惹怒了，他决定完全从数学界隐退，当然也有人认为他在研究其他问题（有可能是纳维-斯托克斯方程）。如今佩雷尔曼与他的母亲一同居住在圣彼得堡，一律不接受记者或是其他人的骚扰。

佩雷尔曼是我心目中真正的数学英雄。证明对佩雷尔曼而言就是最大的奖赏。祝他好运。

“我不是什么数学英雄，我也不那么成功。这就是我不愿受到大家关注的原因。”

——格里戈里·佩雷尔曼

艾米·诺特

艾米·诺特（Emmy Noether，1882—1935）是20世纪最具影响力的数学家之一。

作为一名代数学家，诺特在环、域和代数的研究上做出过革命性的贡献。这三个词与其本身在中文中的意思截然不同，但它们却是众多数学理论的基础。同时，作为一名理论物理学家，诺特将对称与守恒的观点联系起来，如今这种关联被称为诺特定理，是以发现者的名字命名的定理之一。诺特定理背后的想法是物理系统中可观测的对称性都对应于某种守恒律。例如，假设你从高塔上扔下一枚炮弹，那今天扔还是明天扔不会有什么区别，因此它关于时间是不变的，这可以引出能量守恒。同样，从这个高塔还是旁边的高塔扔也不会有什么区别，因此它关于空间是不变的，这可以引出动量守恒。这种观点真是异常简洁（也有些狡猾）。

诺特的主要信条是抽象。将技术、操作方法等从应用背景中抽离出来得越多，那么它们就更为有用，因为你可以以其他方式将它们用在完全不相关的领域中。她后来非常蔑视自己的博士论文，将其称为“一堆杂乱无章的公式”。

诺特与大卫·希尔伯特和费力克斯·克莱茵（Felix Klein）在哥廷根共事多年。在她在哥廷根的前四年中，她因其女

诺特定理对于物理学至关重要。

诺特在巴伐利亚埃尔兰根大学求学，后来她嘲笑自己的博士论文为“一堆杂乱无章的公式”。

性身份而在成为哥廷根教职一事上受到颇多阻拦（当时她已经代替希尔伯特上了一些课）。院系的性别歧视阻碍了诺特的学术生涯，而当时德国政府的反犹太运动火上浇油，最终诺特于1933年远赴美国。诺特在患卵巢肿瘤两年后离世。

“我可以作证诺特是伟大的数学家，但她是一位女性，这点我可无法作证。”

——E. 兰道

玛丽安·米尔札哈尼

玛丽安·米尔札哈尼从时任韩国总统朴槿惠手中接过2014年的菲尔兹奖奖章。米尔札哈尼是首位获此殊荣的女性。

曾有一瞬间，我曾因要介绍比我还年轻的人而备感羞愧。但事实证明，玛丽安·米尔札哈尼（Maryam Mirzakhani，1977—2017）比我年长6个月，这也解释了她为什么比我的成就要高得多。（原书作者写作此书时米尔札哈尼尚未逝世。——译者注）

米尔札哈尼出生于伊朗，她曾是斯坦福大学的教授，在美国生活和工作。米尔札哈尼是2014年四位菲尔兹奖获奖者之一，她因其在模空间中封闭曲面的对称性方面的杰出工作而获该奖。

什么是模空间？很高兴你有此疑问。模空间中的点不是通常的x, y, z坐标，而是某种形式的代数或几何对象。

例如，对于椭圆这种对象而言，可以通过长轴和短轴的长度将它们进行分类（此时我们不再关注椭圆的位置和角度），因此我们只需要两个参数就可以确定椭圆。这两个参数就可以作为模空间的坐标。

测度相同的两个椭圆的坐标也相近。

据我所知，米尔札哈尼并不研究椭圆的模空间，而是黎曼曲面的模空间。她证明了复测地线（一种特别的曲线和曲面）在模空间的闭包是“异常正规的”，这意味着它们不是分形或不正规的，这与玛丽娜·拉特纳（Marina Ratner）在20世纪90年代在较为简单的空间上得出的结论一致。

米尔札哈尼曾是斯坦福大学的数学教授。

尼古拉·布尔巴基

与本章中的其他数学英雄不同，尼古拉·布尔巴基（Nicolas Bourbaki）并没有生卒年月。我臆想（1934—）可能是正确的，但给虚构的人物指定生卒年月可不是一件简单的事。

“布尔巴基”取自19世纪的法国将军查尔斯-丹尼斯·布尔巴基。

布尔巴基是20世纪30年代中期秘密集会的一群数学家，他们聚会的目的是写作一本恰当的数学书。他们并不想沿着弗雷格、罗素和怀海德所使用的“从基础证明所有结论”的写作方式，他们所写成的书并不自诩是完备的，只是尽量地抽象化和一般化。当然，书中的知识都是从公理严格证明而来的。

尽管布尔巴基的参与者是对外保密的，但我们还是知道其中的几位成员：让·库伦布（Jean Coulomb）、让·迪厄多内（Jean Dieudonné，时常充当代言人的角色）和安德雷·韦依（Andre Weil）是布尔巴基学派的创始成员，而其他成员包括两位菲尔兹奖获得者亚历山大·格罗滕迪克（Alexander Grothendieck）和赛德里克·维拉尼（Cédric Villani）。

目前布尔巴基学派已经发表了9本著作。这些书的题目令每一位数学家在读之前都会说“好，我知道这本书讲的是什

布尔巴基学派在巴黎高等师范学校有一间办公室。

么！”，然后读完后说：“好吧，我以为我知道这本书讲的是什么。”

布尔巴基学派的基本方法是以逻辑顺序对待各种知识，然后以一种条理清晰、不可否认的方式构建所有结论，即所有结论都是由先前得到的结果推出的。这种方式与庞加莱背道而驰，后者提倡“让思绪飞扬”。布尔巴基学派的成员每年聚会数次，对于书中的每行文字都大声争论，这种争论最后以投票终止。当然，布尔巴基学派所著的书除了文字没有别的了。他们只会写“那种”数学书。

布尔巴基学派引入了许多重要的词汇和符号。如今，很难想象泛函分析中没有术语“单射”、“满射”和“双射”会是什么样。而空集的符号Ø也是布尔巴基学派所创造的。最后还有受路标“险弯”所启发的页边注记符号，它意味着读者即将读到的内容比想象中的还要艰深隐晦。

在这间办公室中每年会秘密地举行几次集会。

约翰·何顿·康威

如果某个正方形与另外两个相邻，那么它保持不变；如果它与另外三个相邻，那么在下一轮循环中变为黑色（生）；否则它变成白色（死）。我知道上述系统是根据特定规则人为创造的，但这些方块看上去就像缓慢行进的蚂蚁，逐渐沿对角线横穿屏幕。

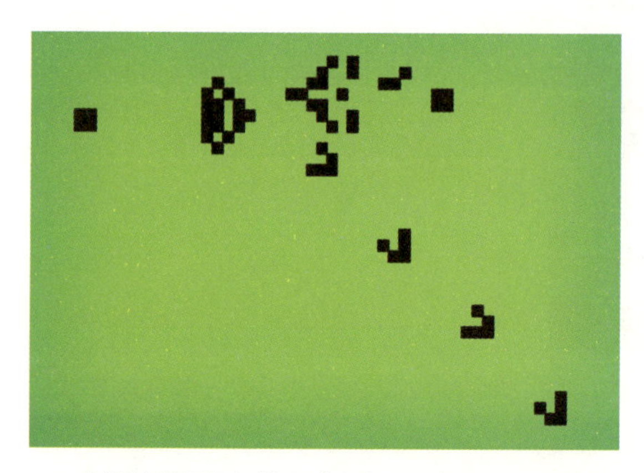

高斯帕的滑翔机枪是《生命游戏》中所生成的多种迷人图案之一。

高斯帕的滑翔机枪只是由约翰·何顿·康威（John Horton Conway）所设计的《生命游戏》中的简单规则所生成的多种图案中的一种。所有刚学习编程的人都应该首先试着实现《生命游戏》。

《生命游戏》既不是康威（1937—）所设计的唯一一款游戏，也显然不是最具策略性的游戏（它是零玩家游戏，指一旦设定好游戏的初始状态后，所有人都无法再进行任何决策）。康威还设计过《哲学家的足球》（参与游戏的两名玩家在网格上划线以便将球移动到对方的球门之中）和《豆芽》（一款令人恼火的涂鸦游戏）。

除了设计游戏外，康威还分析过索玛立方体和孔明琪等游戏，并就这个主题写了几部书。还有，他还发明了一种全新的数字系统（超现实数）、一种书写极大整数的方法（链式箭头表示法），以及用于确定任意给定日期是星期几的末日算法。

我不想介绍康威在严肃数学上的卓越成就，何况谁在乎严肃数学呢？好吧，既然你坚持想听一听，那我还是介绍一下吧。他证明了华林猜想（每个正整数都可写作37个自然数的5次方之和），在扭结理论和群论上颇有建树。他还出乎大家意

约翰·何顿·康威让数学游戏深入人心，同时也在数论上做出过重要的贡献。

料地指出，如果量子实验员可以自由地决定想测量的物体，那么被测量的基本粒子也可以同样自由地选择自身的性质。换言之，“如果实验员有自我意识，那么基本粒子也有”。

康威出生于英国利物浦，如今他是普林斯顿大学的教授。

马丁·伽德纳

本书中我要介绍的最后一位当代数学英雄实际上并非数学家，但他通过其在数学领域引人入胜的作品启迪了不可计数的数学家、魔法师和国际象棋选手。

数学作家马丁·伽德纳并未受过太多专业数学教育。

1956年，在为《矮胖子》杂志撰写了几篇了有关折纸的文章后，马丁·伽德纳（Martin Gardner，1914—2010）向《科学美国人》杂志投稿了一篇关于具有漂亮结构的六角变形体的文章。顾名思义，六边变形体指可以通过多次折叠和展开得到各种不寻常的有趣图案的六边形。

伽德纳的这篇文章的内容连孩子都能看懂（我仍记得曾在儿时的书中读到过），但背后的数学理论却并不简单（与莫比乌斯带有关），因此文章一经发表便广受好评。编辑让他再多写点同样内容的文章，就这样，伽德纳的专栏“数学游戏”便在《科学美国人》上连载了25年。

除了本书中分形学、康威的《生命游戏》和公钥密码学等许多话题外，伽德纳在这个专栏里还涉及了其他数百个话题。他的专栏文章被编成多部图书，但他最畅销的书却是1960年的《注释版爱丽丝》。伽德纳在这本书中解释了刘易斯·卡罗尔著作中的许多谜语和文字游戏。

《矮胖子》1952年创刊号的封面。

1993年，纪念伽德纳的会议在美国佐治亚州亚特兰大举行，同样的会议于1996年再度举行。从此之后，“为伽德纳聚会”活动便每两年举行一次。这是分享数学、谜题和魔术或者伽德纳曾写过的其他话题的聚会。

对于我而言，最不可思议的是，伽德纳并非正牌数学家。高中的微积分让伽德纳困惑不已，从此便不再学习数学。但伽德纳的经历说明，学校里学习的艰深数学和那些真正让人民大众都着迷的数学之间有着天壤之别。

“你跟我们的工作性质是一样的：读完教授们写的书后再重写！”

——科幻小说家艾萨克·阿西莫夫评马丁·伽德纳

同一个六边变形体的两种结构。

致谢

The publisher would would like to thank the following for their kind permission to reproduce their photographs:

The images on the following pages are Public Domain:
p7, p8, p15, p23, p32, p33, p34, p39, p41, p55, 58, p61, p68, p70, p72, p75, p81, p93, p94, p95, p101, p136, p141, p145, p146, p147, p151, p154, p158, p17,8, p180, p181, p194, p204, p206, p209, p211, p211, p213 (left), p213 (top right0, p215, p216, p217, p218, p220, p223, p224, p225, p236, p243, p249, p251, p255, p259, p260, p263, p271, p278, p284, p287, pp291, p294–295, p298, p302, p303, p306, p307, p341, p347, p349, p350, p352, p353, p354, p356, p358, p360, p364, p374, p378, p382, p387.

All other images are iStock.com unless stated otherwise:
Front cover: Mary Evans Picture Library/Alamy, Jo Ingate/Alamy, filonmar/iStockphoto.
Back cover: Jo Ingate/Alamy, filonmar/iStockphoto.
p13 Ben2, p24 Almare, p25 Lakey, p40 (top) Shutterstock.com, p40 (bottom) Claus Ableiter, p46 Stockholms Universitetsbibliotek, p47 Board of Regents of the University of Oklahoma, p49 Dreamstime.com, p50 (bottom) Giorgio Gonnella, p59 Aleph, p71 Wellcome Trust, p73 Benh Lieu Song, p116 Hans A. Rosbach, p118 Andrew Dunn, p123 Andrew Dunn, p124 Hajotthu, p126 Chris 73, p131 MJCdetroit, p133 Japs 88, p135 Cormullion, p139 DXR, p148 wikispaces, p160 Ad Meskens, p160–161 (bottom) Arnold Reinhold, p161 (top) Roger McLassus, p171 JP, p182–183 Noah Slater, p190 Bjørn Smestad, p197 ArtMechanic, p205 German Federal Archive, p208 Getty Images, p210 Andrew Dunn, p213 (bottom right) Konrad Jacobs, p222 Allan J. Cronin, p230 Dave Fischer, p239 Godot13, p240 Wellcome Trust, p248 Gryffindor, p250 Stanisław Kosiedowski, p252 Stako, p258 (top right) George M. Bergman, p270 Ibigelow, p279 Autopilot, p296 Sailko, p308 Lmno, p312 (top) Raul654, p314 British Ministry of Defence, p318 German Federal Archive, p319 David Monniaux, p325 Wolfgang Beyer, p327 NOAA, p331 Predrag Cvitanović, p340 Klaus Barner, p342 C. J. Mozzochi, Princeton N.J, p342 Renate Schmid – Mathematisches Forschungsinstitut Oberwolfach, p348 Deutsche Bundesbank, p367 (top left) Steve Lipofsky www.Basketballphoto.com, p367 (bottom left) SD Dirk, p370 Kmhkmh, p371 Che Graham, p373 Konrad Jacobs, p376 George M. Bergman, p379 Akriesch, p380 Lee Young Ho/Sipa USA, p383 (top left) Encolpe, p383 (bottom right) Marie-Lan Nguyen, p384 LucasVB, p385 Thane Plambeck, p386 Konrad Jacobs.